高等学校电子信息类系列教材

AWR 射频微波电路设计与仿真教程

主 编 张媛媛

副主编 徐 茵 徐粒栗

西安电子科技大学出版社

内 容 简 介

本书主要介绍利用 AWR 软件进行射频微波电路设计和仿真的方法，内容包括射频电路基础及 AWR 软件入门、无源器件设计、电磁仿真设计、有源器件设计、通信系统仿真、AWR 软件高阶技术，重点介绍各类射频微波电路的理论和设计仿真方法，包括功率分配器、耦合器、滤波器、阻抗匹配与变换、功率放大器、低噪声放大器、振荡器、混频器、MMIC、微带天线、多层平面电路、任意三维结构、通信系统、射频链路预算等设计实例，涵盖范围广，工程实用性强。

本书适合高等院校通信、电子信息、微电子等相关专业学生使用，对射频微波领域的设计工程师也具有较高的参考价值。

图书在版编目(CIP)数据

AWR 射频微波电路设计与仿真教程 / 张媛媛主编. —西安：
西安电子科技大学出版社，2019.10(2021.11 重印)
ISBN 978−7−5606−5493−5

Ⅰ. ① A… Ⅱ. ① 张… Ⅲ. ① 射频电路—微波电路—电路设计—计算机辅助设计—应用软件—高等学校—教材 Ⅳ. ① TN710.022

中国版本图书馆 CIP 数据核字(2019)第 215303 号

策划编辑 高 樱
责任编辑 郑一锋 阎 彬
出版发行 西安电子科技大学出版社(西安市太白南路 2 号)
电 话 (029)88202421 88201467 邮 编 710071
网 址 www.xduph.com 电子邮箱 xdupfxb001@163.com
经 销 新华书店
印刷单位 陕西天意印务有限责任公司
版 次 2019 年 10 月第 1 版 2021 年 11 月第 2 次印刷
开 本 787 毫米×1092 毫米 1/16 印 张 26
字 数 621 千字
印 数 3001～5000 册
定 价 72.00 元
ISBN 978−7−5606−5493−5 / TN

XDUP 5795001−2
如有印装问题可调换

前　言

在射频、微波电路设计领域，NI AWR 公司的 NI AWRDE 软件(通称 AWR 软件)设计功能强大、界面直观友好，可用于射频与微波小型化电路、单片微波集成电路(MMIC)、片上系统(MSOC)以及微波射频系统级封装(MSIP)等仿真设计，能够实现电路设计和版图设计的无缝衔接，辅以各种电磁求解器、仿真接口，极大地方便了用户，仿真设计结果极具准确性、可靠性和高效性。因此，AWR 软件已经成为业界最强大、最灵活的射频/微波设计工具，在各种工程研发及应用中得到了非常广泛的使用。

本书主要分为 6 部分，共 19 章。

第一部分为第 1~3 章，主要包括射频微波电路基础、AWR 软件介绍和使用入门。第 1 章主要介绍射频技术的发展和趋势，介绍较常见的几种仿真设计工具。第 2 章介绍 AWR 软件的安装、视窗、套件组成及其功能、基本操作等，是 AWR 软件的基本概述。第 3 章为 AWR 软件入门，从电路图设计和版图设计两个方面进行具体介绍，并分别以整流器设计和放大器设计为例，进行详细、完整的步骤说明。

第二部分为第 4~8 章，主要介绍射频微波无源器件的仿真设计。第 4 章介绍功率分配器的电路图设计与仿真、版图设计与仿真、电磁提取分析等，该设计实练基本涵盖了进行电路仿真所需的各项软件功能，建议重点阅读。第 5 章是耦合器综合设计，包括基本、进阶、扩展三方面内容，难度逐级提升，并扩展到硬件加工版图的设计。第 6 章介绍低通滤波器的原理及仿真设计，包括集总参数和阶梯阻抗两种电路形式。第 7 章介绍阻抗匹配电路和阻抗变换电路的原理及仿真设计。第 6、7 章只进行电路图仿真，无版图设计。第 8 章为 DBR 带通滤波器的综合设计，此部分增加了版图标注内容。

第三部分为第 9~12 章，主要介绍电磁仿真设计，即 AWR 的三种电磁仿真器及其不同应用。第 9 章主要介绍 EMSight 电磁仿真，包括螺旋电感的电磁分析、微带缝隙天线的理论及设计应用。第 10 章重点介绍 AXIEM 平面电磁仿真，其中交指型带通滤波器的设计结构较为简单，微带贴片天线为综合设计，在扩展内容部分引入了针对版图的变量扫描。第 11 章介绍 Analyst 有限元电磁仿真，分别对简单结构、参数化模型、任意三维结构进行了说明。第 12 章为多层平面电路设计，以一个 DGS 低通滤波器的综合设计为例，说明了进行多层建模以及电磁分析的方法。

第四部分为第 13~17 章，主要介绍射频微波有源器件的仿真设计。第 13 章介绍功率放大器设计，第 14 章介绍低噪声放大器设计，第 15 章介绍振荡器设计，第 16 章介绍混频器设计，均有理论说明及设计实例介绍。第 17 章是 MMIC 设计，包括设计示例、版图、电磁提取和仿真、设计验证等基本内容，并进行 MMIC 电路设计的实练。

第五部分为第 18 章，主要介绍应用 AWR 软件的 VSS 套件进行通信系统仿真，内容包括通信系统的基本理论，并以调幅示例、端到端通信系统仿真、射频链路预算分析等设计示例加以说明。

第六部分为第 19 章，介绍 AWR 软件的高阶技术及其应用，内容包括智能滤波器综合、智能连接线、符号生成器、图形预处理、输出等式、参数化建模及电磁扫描、X 模型元件和智能元件 iCells、器件库安装、PDK、DRC、负载牵引等各种智能模块及其应用示例。此章为 AWR 功能的提高部分，非常适合对软件应用有更高需求的设计人员。

需要特别说明的是，本书作为软件应用教程，强调"学"与"用"相结合，内容既有对软件功能、仿真设计的示例性介绍(读者可以逐步参照进行)，也包括一部分的设计实练和综合设计内容，设计时需要读者按要求自行计算才能进行后续内容。实练和综合设计项目均已在章节标题中标出，设计和计算结果可填入书中表格。因此，本书既适用于读者自学，也适用于高校的相关专业教学。

本书由张媛媛任主编，徐茵、徐粒栗任副主编。其中，徐茵编写第 6、7、9、13、14、15、16 章的理论部分，徐粒栗编写第 1 章以及第 2、4 章部分内容，张媛媛编写其余章节。

本书在编写过程中得到了西安电子科技大学教务处、校国家级电工电子实验教学中心的立项支持和帮助，得到了 NI AWR 公司的技术、资金支持和帮助，在此一并表示感谢！衷心感谢高樱编辑在各方面的大力支持和帮助！

由于本书内容涉及面广，编者水平有限，书中难免存在疏漏或不妥之处，敬请广大读者批评指正。联系方式：emlab@xidian.edu.cn。

编　者
2019 年 6 月

目　录

第一部分　射频电路基础及 AWR 软件入门

第二部分　无源器件设计

第三部分 电磁仿真设计

第四部分 有源器件设计

第五部分　通信系统仿真

第六部分　AWR 软件高阶技术

第一部分

射频电路基础及 AWR 软件入门

第1章　射频微波电路基础

1.1　射频技术的发展和趋势

射频/微波设计必须满足下一代通信和雷达系统所要求的许多严格的器件/系统需求，服务于 5G、物联网、航空/国防网络、无线生物医学设备和支持 ADAS 车辆等多种应用。5G 通信系统将通过提高频谱效率和提高带宽，利用新的调制波形、扩展载波聚合和毫米波频带，来实现更高的数据速率和容量。随着 5G 标准的逐步充实和落地，5G 商用/预商用的大幕即将拉开。国内三大运营商、基站设备制造商、移动芯片厂商和手机厂商等均在加快 5G 商用部署的脚步，目前整个无线通信行业已经进入 5G 产品研发、测试和生产的新阶段。

5G 已来，6G 也即将来临。通信从 1G(0.9 GHz)到现在的 4G(1.8 GHz 以上)，使用的无线电磁波的频率在不断升高，因为频率越高，允许分配的带宽范围越大，单位时间内所能传递的数据量就越大。5G 已经进入了毫米波频段，6G 将进入太赫兹频段。太赫兹频段是指 100 GHz～10 THz，是一个频率比 5G 高出许多的频段。目前，通信行业正在积极开拓尚未开发的太赫兹频段，已有厂商在 300 GHz 频段上实现了 100 Gb/s 的通信速率。这对射频技术提出了更高的要求。行业专家认为 6G 将会有 4 个发展方向：一是多网络的融合，陆地、天空甚至多层次网络融合，将来卫星跟陆地的通信联合组网中，不光有低轨卫星，还有高轨卫星，甚至有更高的卫星，进行全网络的覆盖；二是频段更高，未来随着芯片或者物理技术的成熟会使用更高的频段，而且频谱的利用方式也会发生变化；三是采用"去蜂窝"网络架构、无线能量传输技术等；四是要实现网络的 IT 化和个性化，比如可能发展成"个人定制类型的通信网络"等。

5G 是一个万物智联的世界，车联网、远程医疗等应用需要一个几乎无盲点的全覆盖网络，但"全覆盖"梦想不可能一蹴而就，相信这将在 6G 时代得到更好的完善和补充。网络建设及射频技术发展也一直不断呈现出新的趋势，例如软件化和开源化的趋势将颠覆网络建设方式。在 6G 时代，软件无线电(SDR)、软件定义网络(SDN)、云化、开放硬件等技术估计将进入成熟阶段。再如基站小型化的发展趋势，已有公司正在研究"纳米天线"，如同将手机天线嵌入手机一样，将采用新材料的天线紧凑集成于小基站里，以实现基站小型化和便利化，让基站无处不在。总体来看，6G 时代的网络建设方式或将发生前所未有的变化。

未来服务于 5G/6G 的技术内容，研究方向大致基于以下几点：

(1) 大规模无线通信物理层基础理论与技术。

针对未来移动通信的巨流量、巨连接持续发展需求，以及由此派生出的大维空时无线通信和巨址无线通信两个方面的科学问题，开展大规模无线通信物理层基础理论与技术研究，形成大规模无线通信信道建模和信息理论分析基础、无线传输理论方法体系及计算体系，获取源头创新理论与技术成果，构建实测、评估与技术验证原型系统。研究面向未来全频段、全场景、大规模无线通信系统构建，建立典型频段和场景下统一的大维信道统计表征模型，研究大维统计参数获取理论方法；围绕大维空时无线通信和巨址无线通信，开展大规模无线通信极限性能分析研究，形成大规模无线通信信息理论分析基础；研究具有普适性的大维空时传输理论与技术，突破典型频段和场景下大维信道信息获取瓶颈，解决大维空时传输的系统实现复杂性以及对典型频段和场景的适应性等问题，支撑巨流量的系统业务承载；研究大维随机接入理论与技术，解决典型频段和场景下大维随机接入的频谱和功率有效性、实时性及可靠性等问题，支撑巨连接的系统业务承载；研究大规模无线通信的灵巧计算、深度学习及统计推断等理论与技术，形成大规模无线通信计算体系，解决计算复杂性和分析方法的局限性等问题。

(2) 太赫兹无线通信技术与系统。

面向空间高速传输和下一代移动通信的应用需求，研究太赫兹高速通信系统总体技术方案、太赫兹空间和地面通信的信道模型以及高速高精度的太赫兹信号捕获和跟踪技术；研究低复杂度、低功耗的高速基带信号处理技术和集成电路设计方法，研制太赫兹高速通信基带平台；研究太赫兹高速调制技术，包括太赫兹直接调制技术、太赫兹混频调制技术、太赫兹光电调制技术，研制太赫兹高速通信射频单元；集成太赫兹通信基带、射频和天线，开发太赫兹高速通信实验系统，完成太赫兹高速通信试验。

(3) 面向基站的大规模无线通信新型天线与射频技术。

面向未来移动通信应用，满足全场景、巨流量、广应用下无线通信的需求，解决跨频段、高效率、全空域覆盖天线射频领域的理论与技术实现问题，研究可配置、大规模阵列天线与射频技术，突破多频段、高集成射频电路面临的低功耗、高效率、低噪声、非线性、抗互扰等多项关键性挑战，提出新型大规模阵列天线设计理论与技术、高集成度射频电路优化设计理论与实现方法，以及高性能大规模模拟波束成型网络设计技术，研制实验样机，支撑系统性能验证。

(4) 兼容 C 波段的毫米波一体化射频前端系统关键技术。

为满足未来移动通信基站功率和体积约束下高集成部署和大容量的需求，研究 30 GHz 以内毫米波一体化大规模 MIMO 前端架构和关键技术以及与 Sub 6 GHz 前端兼容的技术。针对毫米波核心频段融合分布参数与集总参数的电路建模与设计方法，采用低功耗易集成的分布式天线架构与异质集成技术，大幅提升同等阵列规模下毫米波阵列的发射 EIRP 和接收通路的噪声性能。同时探索多模块毫米波核心频段分布式阵列与 Sub 6 GHz 大规模全数字化射频前端的共天线罩集成化设计技术，探索高效率易集成收发前端关键元部件以及辐射、散热等关键技术问题，突破大规模 MIMO 前端系统无源与有源测试和校正等系统级技术；最终前端系统在高频段与低频段同时实现大范围波束扫描，且保持高频段与低频段前端之间的高隔离。

(5) 基于第三代化合物半导体的射频前端系统技术。

针对新一代无线通信的需求，研究基于第三代化合物半导体工艺的射频前端系统集成技术及毫米波有源和无源电路设计理论与方法。探索适用于新一代无线通信毫米波频段的第三代半导体器件的功率密度、线性、散热等性能提升技术及使用该类器件实现高性能功率放大器、低噪声放大器、双工开关等关键有源电路的原创性拓扑结构；侧重研究从半导体器件结构、工艺制层等方面及创新电路架构设计等方面提升功率放大器输出功率、效率以及线性度等关键指标的设计方法；研究 GaN MMIC 中低损耗互连(传输线)以及其他高性能无源功能性器件(如功分器、耦合器等)的设计方法；提出基于 GaN HEMT 的高集成度射频集成前端的设计新理念与新方法；探索基于第三代化合物半导体芯片的集成与封装技术。研究包含多种功能电路的高集成度 MMIC 上的设计及性能优化方法，研究从封装方面提升电路性能的方法，实现毫米波芯片、封装与天线一体化，优化前端系统的整体射频性能。

1.2　射频微波电路仿真设计工具

微波系统的设计越来越复杂，对电路的指标要求越来越高，电路的功能越来越多，电路的尺寸要求越做越小，而设计周期却越来越短。传统的设计方法已经不能满足系统设计的需要，使用微波 EDA 软件工具进行微波元器件与微波系统的设计已经成为微波电路设计的必然趋势。随着单片集成电路技术的不断发展，以 GaAs、硅为基础的微波、毫米波单片集成电路(MIMIC)和超高速单片集成电路(VHSIC)，都面临着一个崭新的发展阶段，电路的设计与工艺研制日益复杂化，如何进一步提高电路性能、降低成本、缩短电路的研制周期已经成为电路设计的一个焦点，而 EDA 技术是设计的关键。EDA 技术的范畴包括电子工程设计师进行产品开发的全过程，以及电子产品生产过程中期望由计算机提供的各种辅助功能。一方面，EDA 技术可分为系统级、电路级和物理实现级三个层次的辅助设计过程；另一方面，EDA 技术应包括电子线路从低频到高频、从线性到非线性、从模拟到数字、从分立电路到集成电路的全部设计过程。

随着无线和有线设计向更高频率的发展和电路复杂性的增加，对于高频电磁场的仿真，由于忽略了高阶传播模式而会引起仿真误差。另外，受传统模式等效电路分析方法的限制，与频率相关电容、电感元件的等效模型也会引起误差。例如，在分析微带线时，易于出错的结构通常包含交叉、阶梯弯曲、开路、缝隙等情况，因为在这些情况下都存在多模传输。为此，通常采用全波电磁仿真技术去分析电路结构，通过电路仿真得到准确的非连续模式 S 参数。

美国 NI AWR 公司的 AWR 设计套件为业界提供了最强大、最灵活的射频/微波设计环境。该套件采用独一无二的 AWR 软件高频设计平台，结合开放式设计环境和先进的统一数据模型，实现了前所未有的开放性和交互性。AWR 能实现射频与微波小型化电路设计仿真计算，以及单片微波集成电路(MMIC)、片上系统(MSOC)和微波射频系统级封装(MSIP)设计仿真。AWR 软件使用简单，建模容易，需要的计算机资源低，仿真精度高，整体设计效率高，尤其在 MMIC、MSIP 方面，AWR 软件具有极其高效和准确的解决方案。AWR

的平面电磁求解器可以实现 MMIC、MSOC 以及 MSIP 电磁仿真，从而有效提高设计器件的可靠性。另外，AWR 还提供 Analyst 电磁求解器，基于有限元算法，可以对三维电磁场进行设计和分析。同时，AWR 还为其他电磁仿真软件、热仿真软件提供电磁仿真接口，如 MWS、HFSS、IE3D、SYMMIC 等，极大地方便了用户。

其他的业界射频/微波 EDA 软件还包括 ADS、Sonnet、IE3D、Ansys HFSS、MWS 等。

ADS(Advanced Design System)是 Agilent 公司推出的微波电路和通信系统仿真软件，是国内各大学和研究所使用最多的软件之一。其功能非常强大，仿真手段丰富多样，可实现包括时域和频域、数字与模拟、线性与非线性、噪声等多种仿真分析手段，并可对设计结果进行成品率分析与优化，从而大大提高了复杂电路的设计效率，是非常优秀的微波电路、系统信号链路的设计工具。ADS 主要应用于射频和微波电路的设计、通信系统的设计、DSP 设计和向量仿真。

Sonnet 是一种基于矩量法的电磁仿真软件，面向 3D 平面高频电路设计系统，也是微波、毫米波领域内的设计工具，还可以实现电磁兼容/电磁干扰设计。Sonnet 应用于平面高频电磁场分析，频率从 1 MHz 到几千 GHz。其主要应用有微带匹配网络、微带电路、微带滤波器、带状线电路、带状线滤波器、过孔(层的连接或接地)、耦合线分析、PCB 电路分析、PCB 干扰分析、桥式螺线电感器、平面高温超导电路分析、毫米波集成电路(MMIC)设计和分析、混合匹配的电路分析、HDI 和 LTCC 转换、单层或多层传输线的精确分析、多层的平面电路分析、单层或多层的平面天线分析、平面天线阵分析、平面耦合孔的分析等。

IE3D 是一个基于矩量法的电磁场仿真工具，可以解决多层介质环境下的三维金属结构的电流分布问题。IE3D 可分为 MGRID、MODUA 和 PATTERNVIEW 三部分：MGRID 为 IE3D 的前处理套件，功能有建立电路结构、设定基板与金属材料的参数以及设定模拟仿真参数；MODUA 是 IE3D 的核心执行套件，可执行电磁场的模拟仿真计算、性能参数(Smith 圆图、S 参数等)计算和参数优化计算；PATTERNVIEW 是 IE3D 的后处理套件，可以将仿真计算结果电磁场的分布以等高线或向量场的形式显示出来。IE3D 仿真结果包括 S、Y、Z 参数，VWSR，RLC 等效电路，电流分布，近场分布和辐射方向图，方向性，效率和 RCS 等；应用范围主要包括微波射频电路、多层印刷电路板、平面微带天线设计的分析与设计。

Ansys 公司推出的三维电磁仿真软件 HFSS 是世界上第一个商业化的三维结构电磁场仿真软件，是业界公认的三维电磁场设计和分析的电子设计工业标准。HFSS 提供了简洁直观的用户设计接口和精确自适应的场解器，拥有空前电性能分析能力的功能强大的后处理器，能计算任意形状三维无源结构的 S 参数和全波电磁场。HFSS 软件拥有强大的天线设计功能，可以计算天线参量，如增益、方向性、远场方向图剖面、远场 3D 图和 3 dB 带宽；绘制极化特性，包括球形场分量、圆极化场分量、Ludwig 第三定义场分量和轴比。使用 HFSS，可以计算：

- 基本电磁场数值解和开边界问题、近远场辐射问题；
- 端口特征阻抗和传输常数；
- S 参数和归一化 S 参数；
- 结构的本征模或谐振解。

　　由 Ansys HFSS 和 Ansys Designer 构成的 Ansys 高频解决方案是以物理原型为基础的高频设计解决方案，提供了从系统到电路直至部件级的快速而精确的设计手段，覆盖了高频设计的所有环节。

　　CST(Computer Simulation Technology) 公司推出的高频三维电磁场仿真软件 MICROWAVE STUDIO(MWS)广泛应用于移动通信、无线通信(蓝牙系统)、信号集成和电磁兼容等领域，能为用户的高频设计提供直观的电磁特性。MICROWAVE STUDIO 除了主要的时域求解器模块外，还为某些特殊应用提供本征模及频域求解器模块。CAD 文件的导入功能及 SPICE 参量的提取增强了设计的可能性并缩短了设计时间。另外，MICROWAVE STUDIO 的开放性体系结构能为其他仿真软件提供链接，使得 MICROWAVE STUDIO 与其他设计环境能够集成。

第 2 章　NI AWRDE 软件介绍

2.1　软件简介

NI AWR Design Environment(NI AWRDE)软件由美国 NI 公司下属的 AWR 子公司开发，是进行射频微波电路设计的专业软件，也是本专业领域在全球范围内最主流、最先进的工程设计软件，通常也简称为 AWR 软件。全球超过 700 家公司在应用 AWR 的产品，几乎涵盖了全部的射频微波电子器件和系统的生产商。

NI AWRDE 软件是一套完整的 EDA 软件解决方案，真正简化了产品从概念、仿真到生产的整个流程。AWR 公司不断对产品进行优化与创新，对于产品、库的建立和设计方法等也提供技术咨询服务。NI AWRDE 具有革命性、前瞻性的产品架构和开放式软件平台，充分展现了 AWR 公司在射频、微波和毫米波设计应用领域的专业技术与多年的经验积累，并将电子设计自动化的效率提高到了一个前所未有的高度。

NI AWRDE 软件包含若干个功能强大的套件工具，如 Microwave Office (MWO)、Visual System Simulator (VSS)、Analog Office (AO)、AXIEM、Analyst 等。这些工具完全集成在 NI AWRDE 软件中，可以共同用于创建集成系统、RF 或模拟设计环境等。因此，设计人员无需离开 NI AWRDE 设计环境，就可以将电路设计整合到系统设计中。

NI AWRDE 软件可以设计分析射频/微波模块(MCM、SiP)、集成电路(MIC、MMIC、RFIC)、平面天线、射频印刷电路板(PCB)以及电磁分析、通信系统链路仿真等，基本涵盖了微波/射频领域内的所有研究内容。

NI AWRDE 软件创造性地统一了电路图设计和版图设计，单一数据库直接与内核同步，不需要通过许多层软件。无论设计是源自电路图、仿真还是版图，NI AWRDE 软件都能提供从原理到仿真，再到最后版图实现所需要的所有设计平台。

NI AWRDE 软件的仿真引擎包括线性仿真器、高级谐波平衡仿真器(APLAC 谐波平衡仿真器)、3D 平面电磁仿真器(AXIEM 工具)、3D-FEM 仿真器(Analyst 工具)、瞬态电路仿真器(APLAC 瞬态仿真器或可选的 HSPICE 仿真器)等。

NI AWRDE 软件界面直观、统一，其核心是高级的面向对象技术，可以确保软件具有紧凑性、快速性与可靠性。NI AWRDE 软件还兼具开放性和交互性，能与第三方工具无缝整合，因而具有极高的工程实用性，在通信、电子、半导体、航天等领域已有广泛的研发应用。

登录 AWR 官网 http://www.awrcorp.com/cn，可以查看 NI AWRDE 软件的更多介绍。

NI AWRDE 软件的基本设计流程如图 2-1 所示。

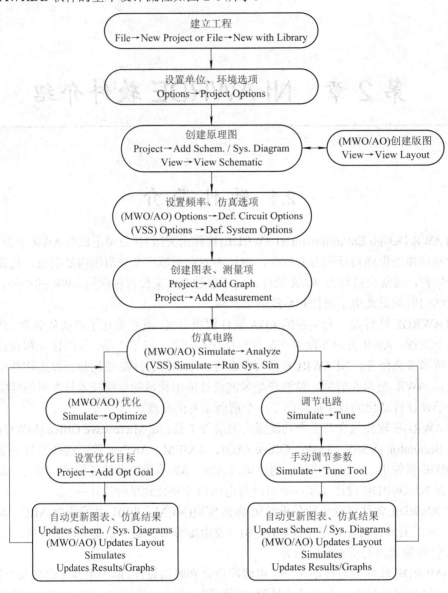

```
                    建立工程
        File→New Project or File→New with Library
                        ↓
                  设置单位、环境选项
                Options→Project Options
                        ↓
                   创建原理图                    (MWO/AO)创建版图
        Project→Add Schem. / Sys. Diagram  ←→    View→View Layout
              View→View Schematic
                        ↓
                  设置频率、仿真选项
        (MWO/AO) Options→Def. Circuit Options
        (VSS) Options →Def. System Options
                        ↓
                  创建图表、测量项
                Project→Add Graph
              Project→Add Measurement
                        ↓
                    仿真电路
        (MWO/AO) Simulate→Analyze
        (VSS) Simulate→Run Sys. Sim

    (MWO/AO) 优化                          调节电路
  Simulate→Optimize                     Simulate→Tune
        ↓                                   ↓
    设置优化目标                           手动调节参数
  Project→Add Opt Goal                  Simulate→Tune Tool
        ↓                                   ↓
  自动更新图表、仿真结果                   自动更新图表、仿真结果
  Updates Schem. / Sys. Diagrams        Updates Schem. / Sys. Diagrams
  (MWO/AO) Updates Layout                (MWO/AO) Updates Layout
  Simulates                             Simulates
  Updates Results/Graphs                Updates Results/Graphs
```

图 2-1　基本设计流程

2.2　软　件　安　装

2.2.1　安装综述

用户可以从 NI AWR 网站(www.ni.com/awr)下载并安装 NI AWRDE，或者索取安装光盘来安装该软件。安装后可以通过 NI AWRDE 软件中的元件管理器或者在 NI AWR 的网站上访问供应商器件库。

用户需要单独下载和安装 Analyst 三维电磁仿真器。如果想使用此仿真器，可查看 AWR 官网，了解有关安装 Analyst 的信息。

用户可以购买包含全部功能(如线性仿真器、非线性仿真器、电磁仿真器和版图工具)的完整 MWO/VSS/AO 许可证，也可购买仅包含一项或多项功能的许可证。授权文件决定了特定的 MWO、VSS、AO 中可使用的功能。

对于 64 位操作系统，默认的程序安装目录是 C:\ProgramFiles(x86) \ AWR \ AWRDE \ [version_number]。

2.2.2　安装准备

在开始安装 NI AWRDE 软件之前，要做好以下准备：

(1) 确保要安装 NI AWRDE 软件的 PC 满足下述最低要求(推荐的要求显示在括号中)。

硬件：Core 2 CPU(最新的多核处理器)、2 GB(4 GB)RAM、1.5 GB(10 GB)可用磁盘空间。

软件：Microsoft Windows 7、Windows 8 或 Windows 10 32 位(64 位)操作系统。

关于最新推荐的硬件要求，可查看 NI AWR 网站给出的最低要求。NI AWR 根据使用 Intel 处理器执行的测试作出这些推荐。

(2) 在安装 NI AWRDE 的升级版本时，应保留现有的版本，直到确认工程可以在新版本中成功运行。(要卸载 NI AWRDE 套件，可从 Windows 的"控制面板"中选择"程序和功能"，然后按照卸载说明进行操作。)

(3) 确保具有 PC 的管理权限。NI AWRDE 和 FLEXlm 授权管理软件的安装和配置都需要管理员权限。

(4) (可选)安装过程中，应禁用防间谍软件和病毒检查程序。安装后重新启用这些程序。

(5) NI AWRDE 不支持 unicode 语言。为了该软件能够正确运行，需要确保将操作系统设置为使用英语来作为非 unicode 程序的语言。

(6) 如果不确定如何查看语言，可以查看知识库：www.awrcorp.com / support / help.aspx?id = 9。

2.2.3　安装软件

安装 NI AWRDE 软件的操作步骤如下：

(1) 如果已从 www.ni.com/awr 下载了该软件，则可以浏览下载文件夹，运行安装文件 AWR_Design_Environment_<version_number>.msi，即可显示 NI AWRDE Setup Wizard 界面。

如果下载了 AWRDE_Analyst_<version_number>.exe 文件，则可以安装带有 Analyst 三维电磁仿真器的 NI AWRDE 套件，运行该文件以开始安装。首先安装 NI AWRDE，然后系统显示 Analyst Setup Wizard 界面，最后根据需要安装 Intel MPI 库。

如果已有安装程序光盘，则放入光盘驱动器并运行相应的安装文件。

(2) 在接受授权协议后，系统继续安装，并提示以下设定：

• 选择安装文件夹：浏览并选择要安装 NI AWRDE 的文件目录。不要将软件安装在以前安装的同一目录中。

· 设置默认单位值：选择原理图和版图中的长度单位，默认为 Microns，可改为 Millimeters 或 Mils。也可以在软件全部安装完成后，在软件运行时重新设置此默认值。

· 选择使用 NI AWRDE 打开的文件扩展名：通过选择相关的文件扩展名选项，指定想要使用 NI AWRDE 打开的文件类型。

安装过程中，系统会显示安装进度。

(3) 安装完成后，点击 Close 按钮关闭安装过程。

2.2.4　配置文件位置

默认情况下，NI AWRDE 在特定目录下查找文件和文件夹，可以更改这些默认目录，以适应漫游用户。要查看 NI AWRDE 使用的目录和文件的位置，可选择 Help→Show Files/Directories，以显示 Directories 对话框。

NI AWRDE 使用三个主要的基本位置：

(1) application：NI AWRDE 的安装目录。

(2) appdatacommon：所有用户账户共有的项目。

(3) appdatauser：某用户的特定项目。

安装目录是在程序安装时由用户指定的。appdatacommon 和 appdatauser 目录的位置是通过调用 Windows SHGetFolderPath API 确定的。管理员可以设置这些目录的实际位置。在 Windows 计算机中，这些目录的默认位置是：

· application：C:\Program Files (x86)\A WR\AWRDE\[version_number]。

· appdatacommon：C:\ProgramData\AWR\Design Environment\[version_number]。

· appdatauser：C:\Users\[username]\AppData\Local\AWR\Design Environment\ [version_number]。

第四个虚拟位置 appdata 设置为 appdatacommon 或 appdatauser，具体取决于配置的设置。所有其他子目录，除了工程外都放在三个主目录的其中一个下面。

2.3　软　件　视　窗

2.3.1　启动 NI AWRDE 软件

启动 NI AWRDE 软件的操作步骤如下：

(1) 点击 Windows 左下角的 Start 图标。

(2) 选择 All Programs→AWRDE 13→AWR Design Environment 13，基本视窗如图 2-2 所示。

AWR 软件视窗介绍

如果安装过程中 NI AWRDE 软件未配置为显示在 Start 菜单中，可双击桌面上的 My Computer 图标，打开驱动器以及安装 AWR 软件的文件夹，双击 MWOffice.exe(NI AWRDE 的执行程序)即可启动软件。

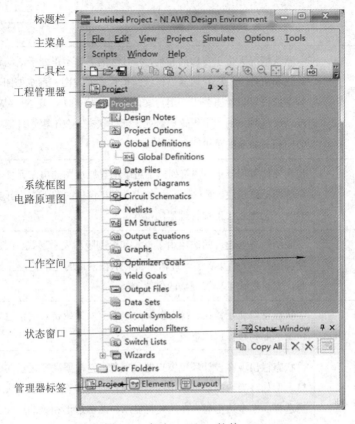

图 2-2　启动 NI AWR 软件

2.3.2　视窗构成

NI AWRDE 软件包括窗口、组件、创建线性和非线性原理图所需的菜单选项和工具,包括设置电磁结构、生成电路版图、创建系统框图、进行仿真以及显示图表。基本过程大部分都适用于 Microwave Office (MWO)、Visual System Simulator(VSS)和 Analog Office (AO)套件。NI AWRDE 软件的视窗构成如表 2-1 所示。

表 2-1　视　窗　构　成

组　件	描　述
标题栏	标题栏显示已打开的工程的名称以及与该工程一起使用的任何流程设计包(PDK)
菜单栏	菜单栏由窗口顶部的一组菜单组成,用于执行各种 MWO、VSS 和 AO 任务
工具栏	工具栏是位于菜单栏正下方的一行按钮,利用它可以快捷地执行常用的命令(例如创建新的原理图、执行仿真或者调整参数值或变量),这些按钮是否可用取决于使用的功能和在设计环境中激活的窗口(以及自定义的工具栏按钮组),可将光标定位在工具栏图标上查看按钮的名称/功能
工作区	工作区用来设计原理图和系统图、绘制电磁结构、查看和编辑版图以及查看图形。可以使用滚动条来移动工作区域,也可以应用 View 菜单下的放大或缩小选项

续表

组　件	描　　述
工程管理器 (Project 选项卡)	默认情况下位于窗口的左列，并且汇集了定义正处于活动状态的工程的全部数据和组件。工程管理器以树状结构管理原理图、系统框图、电磁结构、仿真频率的设置、输出图表、用户文件夹等。第一次打开 NI AWRDE 或者在点击 Project 选项卡时，工程管理器处于活动状态。在工程管理器中右键点击节点可访问相关命令的菜单
元件管理器 (Elements 选项卡)	在元件管理器中，完整列出了用于构建原理图的电路元件和用于构建仿真用系统图的系统块。元件管理器默认显示在窗口的左下方。当点击 Elements 选项卡时，它将取代工程管理器的位置
版图管理器 (Layout 选项卡)	版图管理器包含的选项用于查看和绘制版图表示形式、创建新的版图单元和使用原图单元库。版图管理器默认显示在窗口的左下方，当点击 Layout 选项卡时，它将取代工程管理器的位置
状态窗口 (Status Window 窗口)	状态窗口显示错误、警告以及关于当前操作或仿真的信息。StatusWindow 窗口默认显示在窗口的下方
状态栏	状态栏出现在设计环境窗口的最底部，它根据高亮显示的内容显示相应的信息。例如，当选中原理图中的一个元件时，将在此处显示元件名和 ID 信息。当选择一个多边形时，在此处将显示与此多边形相关的层和大小信息。当图表上的曲线被选中时，在此处将显示频率和测试量的大小信息。

通过菜单和工具栏，或者右键点击工程管理器的节点，可以运行多种功能和命令。

2.4　套件组成及功能

2.4.1　Microwave Office 套件

Microwave Office 套件可以进行各种微波和射频电路设计，为设计者提供了最全面、最易于使用的软件解决方案。Microwave Office 套件在业界以其简洁、统一、高效的用户界面而闻名，其独特的构架无缝整合了多种设计工具，使得射频/微波设计更快速、更容易。设计内容包括各种射频和微波模块(MCM、SiP)、集成电路(MIC、MMIC、RFIC)、平面天线、射频印刷电路板(PCB)等。

Microwave Office 套件和 Analog Office 套件中包含大量电学模型，可以使用这两款软件设计包括原理图和电磁结构的电路，然后生成这些设计对应的版图。可以使用 AWR 的任何仿真引擎执行仿真，然后根据分析需求以多种图形来显示输出结果，还可以调整或优化设计，版图会自动、即时地反映更改结果。

Microwave Office 套件的主要功能包括以下四方面：

1. 电路仿真

电路仿真包括线性仿真和非线性仿真,采用 APLAC 高频电路仿真技术。APLAC 谐波平衡仿真器包括高效的谐波平衡仿真器、针对大规模超非线性 RFIC 设计的瞬态/时域仿真器和多速率谐波平衡(MRHB)仿真器。电路仿真的具体功能包括:

1) 线性仿真

线性仿真器采用节点分析来仿真一个电路的特性,适用于元件可由导纳矩阵描述的电路,如低噪声放大器、滤波器、耦合器等。生成的典型测量项为 gain(增益)、stability(稳定性)、noise figure(噪声指数)、reflection coefficient(反射系数)、noise circles(噪声圆图)、gain circles(增益圆图)等。

线性仿真器可以快速、有效地仿真线性电路,其中一个特征就是实时调节,调节参数的同时就可以看到仿真的结果,还能进行优化(Optimize)及收益(Yield)分析。

2) 非线性仿真

非线性仿真采用 APLAC 谐波平衡仿真器,常用于功率放大器、混频器、倍频器等非线性电路设计分析。

(1) 谐波平衡。谐波平衡仿真是测量电路的端口激励,这是与线性分析的主要区别。要求添加一个端口,规定功率、频率等参数。可以定义单个及多个激励端口,以产生单频及多频分析。原理图中的谐波平衡源一经确定,执行仿真时将自动调用谐波平衡仿真器。

(2) 单频分析。单频谐波平衡分析包括在基本频率点、基本频率的整数倍以及在直流点进行电路的仿真。要求确定基本频率及谐波的总数。

(3) 多频分析。双频及三频谐波平衡仿真用于确定在不同基本频率激励时电路的输出。双频谐波平衡分析适于混频器等电路,一个频率用于仿真本地振荡,第二个频率用于射频输入。三频谐波平衡分析可用于测量混频器的互调失真(intermodulation distortion),两个频率用于射频信号,第三个作为本地振荡来驱动混频器。

(4) 非线性测量。在时域、频域均可创建非线性测量,有完整的设置,包括大信号 S 参数、功率、电压及电流。因为谐波平衡仿真在每一个谐波上的扫频功率及频率上都能进行,这就需要确定级数来固定扫频参数。在 Add Measurement 对话框中显示各级数的详细值。

2. 电磁仿真(EM)

电磁仿真不受电路模型中的许多约束条件限制,仿真精度高,局限性是运算量较大,耗时较长。电磁仿真的运算量与模型大小、网格数目等成指数倍增长,因此降低模型的复杂性就很重要。电磁仿真与电路仿真对于电路设计是互补的技术,二者可以结合起来使用。

AWR 早期的电磁仿真器是 EMSight,在频域内采用 Galerkin 矩量法,可以仿真平面三维结构,包括微带线、带状线、共面结构以及任意介质。由于 EMSight 仿真器的原始输入数据是几何图形或结构,不是带有电材料特性的电路版图,因此当电磁仿真结束后,需将电磁结果重新导入电路仿真器,才能进行联合仿真,但也无法实现将电磁结果逆向整合到电路原理图中。因此通常不推荐单独使用 EMSight 仿真器进行电磁仿真分析。

为解决 EMSight 仿真器的局限性,目前进行电磁仿真主要是应用 AXIEM 仿真器,包括 EXTRACT、ACE、AXIEM 等技术，或者在 EMSight 的基础上再叠加使用 AXIEM 仿真。AXIEM 仿真器的具体介绍参见 2.4.4 小节。

3. 布线设计(Layout)

布线图是原理图的物理示意图。在设计了电路之后，要进行布线设计以便进行硬件电路的加工制作。由于电路响应取决于构成电路的几何形状，因此布线是微波/射频电路设计及仿真的一个重要部分。在 AWR 软件中应用多 PDK 技术，可以对集成电路(IC)、封装(Package)、印刷电路板(PCB)等同时进行仿真。

AWR 软件的布线图采用先进的面向对象的设计数据库，将原理图与布线图的创建紧密结合。在电路图中的每一个元件都可以指定一个布线样式，即制版单元(artwork cell)，制版单元可以为该元件建立实际的布线对象。布线图实际上就是原理图的另一种视图，在原理图中的任何改动，都将自动且立即在布线图中更新，反之也一样。这样，AWR 软件在执行仿真前省去了复杂的设计同步及返回注解的需要。

特别需要注意的是，有的电路元件，例如微带线、T 接头、十字线、弯头及耦合线等常用传输线元件，在软件中有现成的布线样式，即采用参量化工艺单元，此类元件就可直接用于布线。而另一类电路元件，主要是集总元件，例如电容、电感以及电阻等，在软件中没有现成的工艺单元，需要手工指定。还有各种厂家的半导体元件，在版图设计时也都需要指定工艺单元。

4. 收益(Yield)分析

收益分析和优化是考虑后期硬件加工过程中引入的加工误差，在电路设计阶段就进行综合仿真，在降低成本的基础上，尽量减少因后期加工所带来的性能扰动。AWR 软件可以对加工过程中的掩膜误差、蚀刻误差、芯片位置、基板偏差等进行收益分析和优化。

综上，Microwave Office 套件是 AWR 软件的最主要组成部分，其主要功能和应用如下。

1) 功能
- 原理图/版图设计。
- 线性与非线性电路仿真。
- 电磁分析。
- 综合、优化与结果分析。
- 设计规则检查/版图—原理图一致性检查(DRC/LVS)。

2) 应用
- 微波集成电路。
- 单片微波集成电路(小信号和射频功率)。
- 射频印刷电路板。
- 微波模块。
- 集成微波组件。

2.4.2　Visual System Simulator 套件

Visual System Simulator(VSS)套件主要进行无线通信系统设计，为当今复杂的通信系统提供了一个完整的软件设计环境，使工程师们能够为每个底层组件设计合适的系统构架，制定适当的规范。

与 Microwave Office 套件一样，VSS 也建立在 AWR 独特的统一数据模型之上，无缝实现了系统和电路的协同仿真。

VSS 套件可以设计、分析完整的端到端的通信系统，设计由调制信号、编码方案、信道块和系统级性能测量等部分所组成的通信系统，可以使用 VSS 预定义的发射器和接收器执行仿真，或者通过基本模块构建自定义的发射器和接收器。根据设计的分析需求，可以显示误码率(BER)曲线、相邻信道功率比(ACPR)测量结果、星座图、功率谱等。VSS 提供了一个实时调谐器，对设计进行调谐的同时，可以在数据显示屏中实时、同步地查看结果的变化。VSS 套件还支持硬件半实物仿真。

其主要功能和应用如下。

1) 功能
- 系统指标制定。
- 算法开发。
- 调制信号创建。
- 与电路工具的协同仿真。
- 端到端仿真。
- 无线一致性测试预测。
- 半实物仿真。

2) 应用
- 无线通信系统，如 LTE、DVB-H/DVB-T、WiMAX/802.16d-2004/802.16e-2005、CDMA2000、GSM/EDGE、WLAN/802.11a/b/g、3G WCDMA FDD 和 IS95。
- 独有的有线/无线通信标准。
- 雷达系统。
- 电子战、电子对抗、电子支援等其他射频/微波系统。

2.4.3　Analog Office 套件

Analog Office 套件为小型和 RF 前端功能模块设计人员提供了直观、灵活、精确的设计解决方案，适用于大规模的硅 RFIC 和模拟 IC 设计。

Analog Office 套件提供单一设计环境，能与 AWR 整套集成工具全面交互，进行自上向下、自前向后的模拟 IC 和 RFIC 设计，涵盖了从系统级设计到最终流片的完整 IC 设计流程，具有捕获、综合、仿真、优化、版图、提取和验证等功能。Analog Office 套件使用成熟的硅工艺，采用具有射频/微波感知的有源和无源器件模型、硅晶圆厂 PDK 以及 Spectre 网表仿真，从而简化了设计流程，提高了生产效率，缩短了产品上市时间。

其主要功能和应用如下。

1) 功能
- 线性和非线性电路仿真。
- 寄生参数提取。
- 电磁分析。

- 与系统工具的协同仿真。
- 统计设计与设计中心法。
- 与后端 DRC/LVS 连接。

2) 应用

- 射频集成电路。
- 模拟集成电路。

2.4.4　AXIEM 套件

AXIEM 套件主要进行三维平面电磁分析。鉴于射频和微波电路所具有的电磁分布特性，AXIEM 套件是 AWR 设计环境中极为重要的一部分。对于射频印刷电路板、无源器件模块、低温共烧陶瓷结构、单片微波集成电路、射频集成电路、平面天线等，无论进行建模还是优化，都可以利用 AXIEM 进行高效、精确、快速的电磁分析，从而节省宝贵的时间和资金。

AXIEM 套件开创性地实现了在整个设计流程中进行并行的电磁分析和联合设计，将电路仿真和电磁分析有效地结合在一起。其主要技术包括以下几个方面。

1. 提取(EXTRACT)技术

提取技术的本质是由电路原理图驱动的电磁分析。提取的实现流程如下：

(1) 选择电路原理图中的元件、iNets 连线等，将其分配给一个特定的 EXTRACT 模块，该模块能自动将电路版图表达式提取到指定的电磁文件中。

(2) 电磁文件依据 EXTRACT 模块提取的数据自动进行参数设置，如端口类型、频率、尺寸、网格等。

(3) 运行电磁求解器后，电磁仿真结果就将自行无缝逆向地整合回电路原理图，与此同时，电路仿真器自动使用电磁结果替代被提取元件的电路模型，并以此为基础进行电路的仿真、优化和调试。

提取设计也可以用于只有版图设计的元件，例如只在版图中出现的表面地、供电回路、过孔栅栏、隔离器，或者没有电特性的机械结构等。

提取的实现需要两个模块：

(1) STACKUP 元件：通常来自晶圆厂商提供并预设好的 PDK(Process Development Kits 制程工艺开发向导)，也可以通过在 LPF(Layout Process File，版图工艺文件)中添加材料到各个板层，然后在 STACKUP 的参数设置窗口中的用户图形界面对这些板层进行自定义设置。

(2) EXTRACT 模块：有若干选项，包括电磁文件的更新、初始化、所参考的 STACKUP、边界尺寸、电磁求解器种类等，均由模块参数控制。如果已添加的 EXTRACT 模块被禁用，则其关联的元件将还原为电路模型，iNets 还原为短路线。

2. 自动电路提取(ACE)技术

ACE 技术是使用电磁准静态模型，应用基于版图的仿真进行电路提取。应用 ACE 技术，可自动从版图中对传输线进行识别，主要是分析传输线的平行耦合特性，把版图结构分解为现有的电路模型，从而极大减少了对复杂互连线进行初步建模的时间。

与 AXIEM 技术相比，ACE 技术计算速度快，但不能捕获全频段内所有物理特性，精度稍差；但若与电路元件仿真相比，ACE 仿真的全局精确度则更高。综合来看，电路仿真不能考虑版图的耦合性，无法保证精确度，AXIEM 仿真及其他电磁求解器需要消耗更多抽取和仿真时间，而 ACE 技术则处在这两者之间，在精度和速度上做了一种折中处理，因此非常适用于电路的前期设计。

3．电磁分析(AXIEM)技术

AXIEM 技术是利用麦克斯韦方程进行三维平面的全波求解，是专门面向三维平面应用的电磁仿真工具。AXIEM 技术作为独立的电磁仿真器，可以与整体电路和系统的仿真、版图、验证进行交互操作，在设计流程的早期就可以进行电磁仿真，而不仅仅是等到设计后期。

AXIEM 技术相比传统的 EMSight 求解器，具有更高的精度和速度。其主要功能和应用如下。

1）功能

- 电磁提取技术驱动 EM 仿真。
- 版图/图形编辑器。
- 自适应网格加密。
- 离散和快速频率扫描。
- 可视化与结果后处理。

2）应用

- 片上无源元件。
- IC、射频 PCB、模块的封装与互连。
- 天线与天线阵。

综上，在应用 AWR 软件进行设计时，通常可以将电路模型、ACE 技术、AXIEM 技术联合在一起，共同形成一个完整的设计流程，即根据电路模型进行原始设计、分析，利用 ACE 进行调节、优化，最后应用 AXIEM 进行电磁仿真、验证。

2.4.5　Analyst 套件

Analyst 套件是基于三维有限元法(FEM)进行电磁仿真分析，可以用来求解任意三维结构中的端口参数和电磁场特性，已经无缝集成到 AWR 软件的设计环境中。通过一次鼠标点击，就可以实现从电路概念到全三维电磁验证的整个过程。

Analyst 套件是 AWR 软件在电磁仿真领域的重要技术突破，应用三维电磁仿真与电路分析集成在一起的设计流程，极大地提高了设计精度，缩短了设计周期，让设计者有更多时间去对电路进行设计和优化。

其主要功能和应用如下。

1）功能

- 原理图驱动的电磁仿真。
- 版图/图形编辑器。
- 自适应网格加密。
- 离散和快速频率扫描。

- 二维、三维可视化(近场动画)。
- 结果的后处理。

2) 应用

- 片上无源器件。
- 射频 PCB、模块的封装与互连。
- 有限介质(IC 封装、PCB 边缘、非均匀板)。
- 多层次设计(SoC，SiP)。

2.4.6　AWR 软件接口

AWR 软件作为射频/微波设计软件，能够提供完善的接口技术，能与第三方软件或硬件制造商无缝连接，从而实现了一个强大而完整的设计环境。接口设计主要针对印刷电路板、测试和测量、MMIC 热分析以及相关的综合技术。

AWR 软件已经适配的软件、硬件接口包括：

- Anritsu。
- Antenna Magus。
- ANSYS。
- AMPSA。
- Cadence。
- CapeSym。
- Mentor Graphics。
- Modelithics。
- National Instruments (NI)。
- ODB++。
- Optenni Lab。
- Zuken。

2.5　基　本　操　作

本节介绍 NI AWRDE 软件窗口、菜单选项和相关的命令，用以创建工程和仿真设计。其基本操作包括：

- 创建工程以组织和保存设计。
- 创建系统框图、电路原理图和电磁结构。
- 在原理图中放置电路元件。
- 在系统图中放置系统块。
- 将子电路包含到系统框图和原理图中。
- 创建版图。
- 创建和显示输出图形。
- 对原理图和系统框图进行仿真。

- 对仿真进行调谐。

2.5.1　工程的内容

一个工程可以包含任意一组设计，包含一个或多个线性原理图、非线性原理图、电磁结构或系统级模块等，工程还可以包含与设计关联的任何项，例如全局参数值、导入的文件、版图视图和输出图形等。在工程管理器中，可以查看工程中的所有组件和元素。所做的修改会自动反映在相关的元素中。

由于 MWO、VSS、AO 这三个套件是完全集成到 NI AWRDE 软件中的，因此，可以使用基于 MWO 的电路设计来启动工程，也可以使用基于 VSS 或 AO 的系统设计来启动工程。无论用哪一种方式启动，工程最终能够组合所有元素。

2.5.2　创建、打开和保存工程

创建和仿真设计的第一步是工程的创建。

第一次启动 NI AWRDE 软件时，会加载名为 Untitled Project 的默认空白工程。每次只允许一个工程处于活动状态。在主窗口的标题栏上会显示处于活动状态的工程名称。

创建工程及设置单位

要创建工程，选择 File→New Project。再选择 File→Save Project As，输入新工程的名称，并指定要保存的目录。此时工程名将显示在标题栏中。

要打开现有的工程，选择 File→Open Project。

要保存当前的工程，选择 File→Save Project。保存工程时，与其关联的任何项都会自动保存。NI AWRDE 工程保存为*.emp 文件。

创建(命名)工程后，即可创建设计，可以运行仿真分析设计，可以应用多种图表格式观察仿真结果，调整或优化所需的参数值和变量，实时查看仿真结果，还可以生成此设计的版图，并将版图以 DXF、GDSII 或 Gerber 文件的形式导出。

2.5.3　设置工程单位

要设置工程单位，选择 Options→Project Options，再选择 Global Units 页，即可更改工程的全局默认单位。用公制单位需勾选 Metric units 框，英制单位不用选。单位改变不会影响参数的值。

2.5.4　打开示例工程

NI AWRDE 在安装目录中提供了多个工程示例(*.emp 文件)，以演示关键概念、程序功能、特点以及特定元素的用法。

打开示例工程

搜索并打开示例工程的步骤如下：

(1) 选择菜单 File→Open Example；打开 Open Example Project(打开示例工程)对话框，所有示例的工程名和关键词显示在对话框中。

(2) 在对话框下端的文本框内输入 getting_started，上方窗口即显示相关工程；按住 Ctrl 键并点击 Name 栏，则按名称筛选，也可按住 Ctrl 键并点击 Keywords 栏，则按关键词筛选，筛选结果如图 2-3 所示。

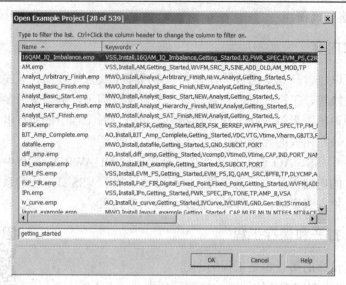

图 2-3　示例工程筛选结果

2.5.5　创建测试台

NI AWRDE 软件提供多个测试台示例，它们可用作不同应用(例如混合器、放大器和振荡器)的设计向导。这些测试台是为了导入到工程中而创建的。

导入测试台

将测试台导入到工程中的步骤如下：

(1) 选择 File→Import Project。

(2) 浏览 C:\Program Files\AWR\AWRDE\13\Examples\或 C:\Program Files (x86)\AWR\ AWRDE\13\Examples\，然后导入所要的测试台。测试台工程的文件名具有 TESTBENCH 前缀，如图 2-4 所示。

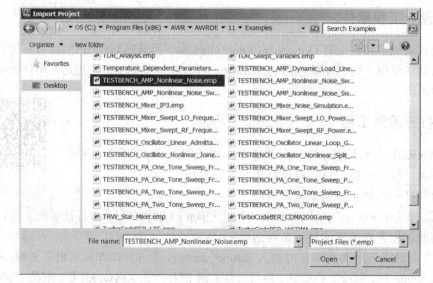

图 2-4　测试台工程

2.5.6　在 MWO 中使用原理图和网表

电路原理图(Circuit Schematic)设计是 AWR 软件的基本功能，在
电路原理图中可以调用多级子电路图，也可直接调用电磁结构模型。

使用原理图和网表

原理图是电路的图形表示形式，网表则是基于文本的描述。

要使用原理图，点击 Project 标签，打开工程管理器，在工程树状
图中右键点击 Circuit Schematics 项，弹出选项如下：

· New Schematic：创建新的原理图，可指定原理图的名称。

· Import Schematic：导入一个原理图，即将某原理图复制并作为本工程的永久文件。
原理图文件的扩展名为 *.SCH，网表文件的扩展名为 *.NET。

· Link To Schematic：链接至一个原理图，能处理原理图但不复制到工程中。该文件
必须始终适于工程读取。当其他用户更新该文件时，允许当前工程保留数据不变。

要使用网表，在工程树状图中右键点击 Netlists，也有不同选项，操作与原理图类似。
例如，选择 New Netlist，可以创建新的网表，然后指定网表的名称和类型。

指定原理图或网表的名称后，会在右侧工作区打开其窗口。在工程树状图中，也会自
动在 Circuit Schematics 或 Netlists 项下添加新的子节点。此时菜单栏和工具栏智能显示专用
于构建及仿真原理图或网表的命令选项和按钮。已创建了原理图和网表的工程管理器界面
如图 2-5 所示。

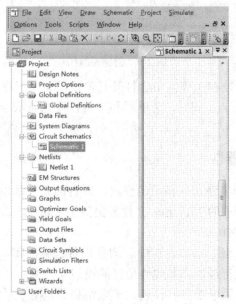

图 2-5　创建原理图和网表

2.5.7　在 VSS 中使用系统图

要创建系统图，可在工程树状图中，右键点击 System Diagrams，
选择 New System Diagram…，然后指定系统图的名称，界面如图 2-6
所示。

在 VSS 中使用系统图

图 2-6   创建系统图

指定系统图的名称后，在工作区中会打开其窗口，而且工程管理器会将新项目显示为 System Diagrams 下的子节点。同时，菜单栏和工具栏智能显示专用于构建及仿真系统的命令选项和按钮。

2.5.8   使用元件管理器

元件管理器用于管理电路元件和系统模块，所有的元件都以层次结构存储。元件管理器中的 Libraries 文件夹提供了来自生产商的各种电学模型和 S 参数文件。

电路元件包括模型、源、端口、探针、测量设备、数据库，以及可放入电路原理图以执行线性和非线性仿真的模型库。

元件管理器介绍

系统模块包括信道、数学工具、仪表、子电路和其他用于系统仿真的模型。

· 要查看元件或系统块，点击软件左下方 Elements 标签，元件管理器将取代工程管理器窗口。

· 要展开和折叠模型类别，点击类别名称左侧的"+"或"-"，以查看或隐藏其子类别。在点击类别/子类别时，可用的模型会显示在窗口的下窗格中。如果模型数超过了窗口可以显示的数量，则会显示一个垂直滚动条，以便向下滚动以查看所有模型。

· 要将模型放入原理图或系统图，可直接点击模型并将其拖入窗口中，松开鼠标按键，右键点击可以旋转模型(如有必要)，确定位置后，点击左键确认放置。

- 要编辑模型参数，在原理图或系统图窗口中双击元件图形，打开 Element Options 对话框，在其中指定新的参数值。还可以编辑各个参数值，具体方法是：双击原理图或系统图中的值，然后在显示的文本框中输入新值。在编辑时，按下 Tab 键可移动到下一个参数。

元件管理器界面如图 2-7 所示。

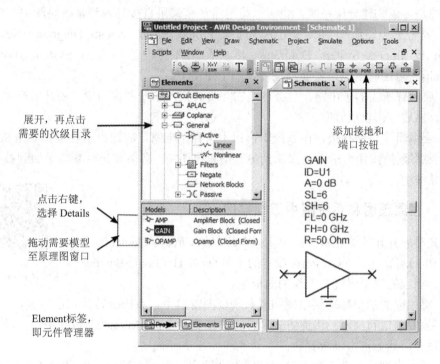

图 2-7　元件管理器界面

注意：选择 Draw→More Elements 可显示 Add Circuit Element 或 Add System Block 对话框，以搜索元件。按住 Ctrl 键，同时点击列标题可更改用于筛选的列。

2.5.9　在原理图中添加子电路

子电路可以通过在原理图中包含子电路块(也即将原理图插入到另一原理图内部)来构建分层电路。电路块可以是原理图、网表、电磁结构或数据文件。

- 要将子电路添加到原理图中，在元件管理器中点击 Subcircuits。可用的子电路将显示在窗口的下窗格中。它们包括与工程关联的所有原理图、网表和电磁结构，以及为工程定义的任何已导入的数据文件。

- 要将数据文件用作子电路，必须首先创建数据文件或将其添加到工程中。要创建新的数据文件，选择 Project→Add Data File→New Data File；要导入现有的数据文件，选择 Project→Add Data File→Import Data File。任何新的或导入的数据文件都会自动显示在元件管理器的可用子电路列表中。

- 要放置所需的子电路，直接点击它并将其拖入原理图窗口中，松开鼠标左键，确定其位置，然后点击以放置它。

· 要编辑子电路参数，在原理图窗口中选择子电路，右键点击并选择 Edit Subcircuit。此时在工作区中将会打开原理图、网表、EM 结构或数据文件。可以像编辑各种电路块类型那样来编辑它。

2.5.10　在系统图中添加子电路

子电路可以构建分层系统，也可以将电路仿真结果直接导入到系统块图中。

· 要将子电路添加到系统图中，选择 Project→Add System Diagram→New System Diagram 或 Import System Diagram，然后在元件管理器中点击 System Blocks 下的 Subcircuits。可用的子电路将显示在窗口的下窗格中。

· 要放置所需的子电路，直接点击它并将其拖入系统图窗口中，松开鼠标左键，确定其位置，然后点击以放置它。

· 要编辑子电路参数，在系统图窗口中选择子电路，右键点击并选择 Edit Subcircuit。

· 要将系统图作为子电路添加到另一个系统图中，必须首先将端口添加到被指定为子电路的系统中。

2.5.11　在原理图和系统图中添加端口

首先要展开元件管理器中的 Ports 节点。在 Circuit Elements 或 System Blocks 节点下，点击 Ports 或它的子节点，如 Harmonic Balance 子节点。相应的模型出现在下端的面板中。

添加端口和连接线

· 将相应的端口拖动到原理图或系统框图窗口中，右击旋转并点击放置。

· 放置端口和接地的快捷方式是，点击工具栏上的 Ground 或 Port 按钮，确定接地或端口的位置，然后点击以放置它。

· 要编辑端口参数，可在原理图或系统图窗口中双击端口，以显示 Element Options 对话框。

注意：可以在放置端口后更改其类型，方法是：双击端口，然后在对话框的 Port 选项卡上选择 Port type。

2.5.12　在原理图和系统图中添加连线

可以使用连线来连接元件或系统块，此时元件或系统块的节点会显示绿色的小方框，表示节点已连接。也可以在放置元件或系统块时，使其节点直接接触在一起来连接，此时节点会显示绿色的小圆圈。

· 要使用连线来连接元件或系统块节点，先要将光标放在某节点上，光标将显示为线圈符号。在此位置点击以标记连线的起点，然后将鼠标滑动到需要弯曲的位置。再次点击以标记弯曲点。可以进行多次弯曲。

· 点击右键以撤销最后添加的线段。

· 要从已有的一条线开始添加连线，先要选择该线，右键点击并选择 Add wire，然后点击以标记连线的起点。

· 要终止连线，可点击另一个元件节点或另一条连线的上方。

• 要取消连线,可按下 Esc 键。

2.5.13 在网表中添加数据

在创建网表时,会打开一个空白的网表窗口,可以在窗口中输入某一原理图对应的文本。网表数据按特定顺序在块中排列(每个块定义元件的一个不同属性,例如单位、等式或元件连接)。有关创建网表的更多信息,可在 AWR 软件的 User Guide 中查看 "Creating a Netlist"。

2.5.14 创建电磁结构

电磁结构是任意的多层电气结构,例如带有空气桥的螺旋电感。

要创建电磁结构,在工程管理器中右键点击 EM Structures 节点,选择 New EM Structure,指定电磁结构的名称,选择适当的电磁仿真器,则在工作区中会打开一个电磁结构窗口,在工程树状图中的 EM Structures 节点下会新增一个电磁结构项。点击结构名称前的 "+" 号,可以展开其子节点,包括用于定义边界和描述电磁信息的项目。

使用电磁结构

此外,菜单和工具栏会智能显示专用于绘制及仿真电磁结构的选项。

创建电磁结构的界面如图 2-8 所示。

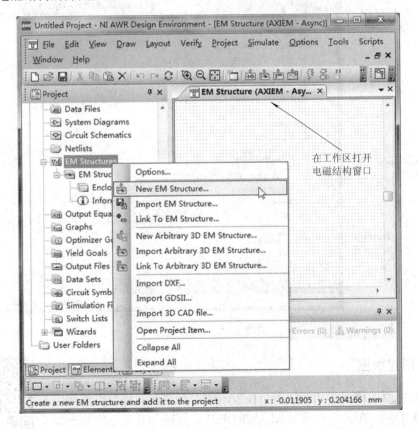

图 2-8 创建电磁结构

2.5.15　定义电磁结构界限

在绘制电磁结构之前，必须先定义界限。界限指定了电磁结构各层的边界条件和介电材料。

· 定义界限：在工程树状图中展开新的电磁结构项，双击其下的 Enclosure 项，显示对话框，定义界限。定义界限后，可以在版图管理器中绘制电磁结构，例如矩形导体、过孔、边缘端口等。

· 查看 2D 电磁结构：双击工程树状图中的电磁结构项，激活 2D 视图。

· 查看 3D 电磁结构：右键点击工程树状图中的电磁结构节点，选择 View 3D EM Layout，激活 3D 视图。

· 查看动态特性分布：激活 3D 视图时，点击工具栏上的 Animate 按钮，查看电流、电场等电磁特性动态分布情况。

定义电磁结构界限的界面如图 2-9 所示。

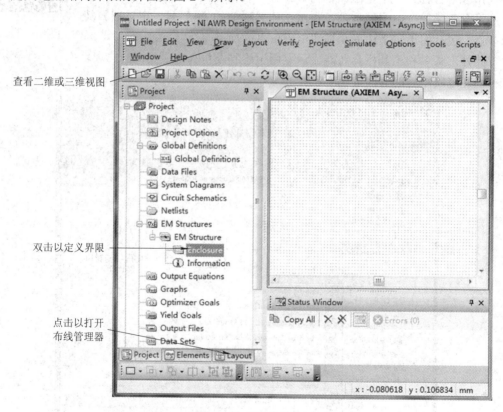

图 2-9　定义电磁结构

2.5.16　创建版图

版图是电路的物理形式的视图。在版图中，原理图的每个组件均由版图单元来表示。在面向对象的 NI AWRDE 中，版图与其表示的原理图和电磁结构紧密集成，是同一电路的另一种视图。对原理图或电磁结构

创建版图

的任何修改，会自动、同步地反映在其相应的版图中。

　　要创建原理图的版图，先点击原理图窗口使其激活，然后选择 View→View Layout，此时将自动显示原理图的版图视图，如图 2-10 所示。也可以点击工具栏上的 View Layout 按钮，查看原理图对应的版图。

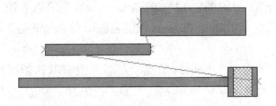

图 2-10　原理图的版图视图

　　所产生的版图包含版图单元，它们表示在版图窗口中对应的电气元件。由版图可知，此时各个模型的端面还未正确连接。应用菜单 Edit→Select All 和 Edit→Snap Together，可将版图自动连接在一起，连接后的版图如图 2-11 所示。

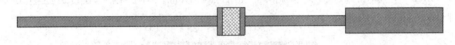

图 2-11　连接后的版图

　　在选择 View→Layout 时，将自动为常用的电气元件(例如微带线、共面波导和带状线元件)生成具有默认版图单元的相应原理图组件。生成版图后，原理图窗口以蓝色显示与默认版图单元不对应的组件，并以洋红色显示具有默认版图单元的组件。对于没有版图单元的组件，必须使用版图管理器创建或导入版图单元，具体设置可查看第 2.5.18 小节"使用版图管理器"。

　　在原理图的版图窗口中也可以单独绘图。通过使用绘制工具，可以建立基板轮廓、绘制 DC 偏置焊盘或将其他详细信息添加到版图中。在此模式下，版图不是原理图元件的一部分，因此不能作为衔接过程的一部分移动。

2.5.17　修改版图属性和绘图属性

　　要修改版图属性和绘图属性，以及为没有默认单元的元件创建新的版图单元，需点击 Layout 选项卡以打开版图管理器，如图 2-12 所示。

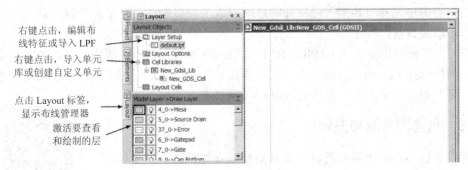

图 2-12　版图管理器

2.5.18　使用版图管理器

版图管理器中的 Layer Setup 节点可以定义版图属性,例如绘图属性(线颜色或层图案等)、3D 属性(厚度和层映射)等。要修改层属性,双击 Layer Setup 节点下的项(即图 2-12 中的 default.lpf);也可以右键点击 Layer Setup 节点,并选择 Import Process Definition,导入 lpf 文件以定义这些属性。

版图管理器介绍

利用版图管理器中的 Cell Libraries 节点,可以为没有默认版图单元的电路元件创建版图单元。功能强大的单元编辑器以布尔运算的形式提供此类功能,可用于形状相减与合并、坐标输入、阵列复制、任意旋转、分组和对齐等工具,也可以右键点击 Cell Libraries 节点,并选择 Import GDSII Library 或 Import DXF Library,将原理图的单元库(例如 GDSII 或 DXF 文件)导入到 AWR 软件中。

创建或导入单元库后,可以浏览这些库,然后选择要包含在版图中的所需工艺单元。点击"+"和"−"以展开和折叠单元库,然后点击所需的库,则可用的工艺单元将显示在下方窗口中,如图 2-13 所示。

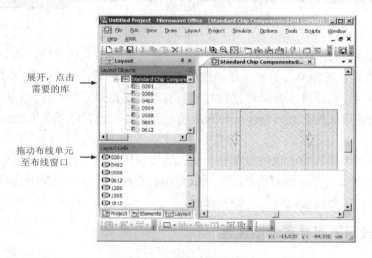

图 2-13　可用的工艺单元

定义单元库后,可以将单元分配给原理图元件。也可以在相应版图中直接使用单元,方法是:点击单元并将其拖入已打开的原理图版图窗口中,松开鼠标左键,确定其位置,然后点击以放置它。

要将原理图版图导出为 GDSII、DXF 或 Gerber 格式,需点击版图窗口以使其处于活动状态,然后选择 Layout→Export Layout。要从单元库中导出版图单元,需在版图管理器中选择单元节点,右键点击并选择 Export Layout Cell。

2.5.19　创建测量图和测量项

可以通过不同的图形来查看电路和系统仿真的结果。在执行仿真前,可以创建图形,并指定要绘成图形的数据或测量项,例如增益、噪声或散射系数等。

添加测量图和测量项

要创建图形，在工程管理器中右键点击 Graphs，选择 New Graph，会弹出指定图形名称和图形类型的对话框。此时会在工作区中显示一个空白图形，而且图形名称显示在工程树状图中的 Graphs 节点下。可以使用如表 2-2 所示的图形类型。

表 2-2　图 形 类 型

图形类型	描　　　述
Rectangular(矩形)	在 X-Y 轴上显示测量结果，如频率与其他测试量的关系
Constellation(星座)	显示复数信号的同相(实部)与正交(虚部)分量
Smith Chart(史密斯圆图)	在单位半径的反射系数圆图上显示无源的阻抗或导纳
Polar(极坐标)	显示测量结果的幅度和相角
Histogram(柱状图)	以柱状图的形式显示测量结果
Antenna Plot(天线方向图)	将测量结果的扫描维度显示为角度，并将测量结果的数据维度显示为幅度
Tabular(表格)	在数字列中显示测量结果(通常针对频率)
3D Plot(三维图)	在 3D 图形中显示测量结果

要指定绘成图形的数据，在工程树状图中右键点击新图形的名称，然后选择 Add Measurement。此时将显示 Add Measurement 对话框，如图 2-14 所示，可从整个测量项列表中选择测量项。

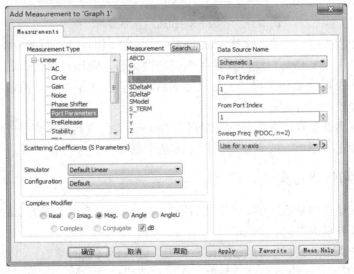

图 2-14　Add Measurement 对话框

2.5.20　设置仿真频率并执行仿真

要设置 MWO 套件的仿真频率，在工程树状图中双击 Project Options 节点，或者选择 Options→Project Options，然后在 Project Options 对话框中的 Frequencies 选项卡上指定频率值。默认情况下所有原理图均使用此频率进行仿真。

也可以对某个原理图单独设置仿真频率，方法是：在工程管理

设置频率和仿真分析

器中右键点击 Circuit Schematics 下的某个原理图名称，然后选择 Options。在弹出的窗口中选择 Frequencies 选项卡，清除 Use project defaults 复选框，然后指定频率值。

　　要设置 VSS 套件的系统仿真频率，在工程树状图中双击 System Diagrams 节点，或者选择 Options→Default System Options，然后在 System Simulator Options 对话框中的 Basic 选项卡上指定频率值，如图 2-15 所示。

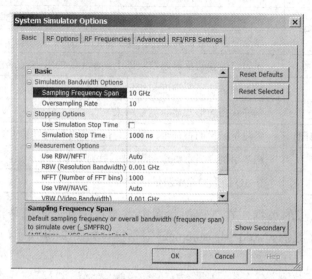

图 2-15　System Simulator Options 对话框

　　要在活动工程上运行仿真，选择 Simulate→Analyze，将自动运行整个工程的仿真分析，并且针对工程的不同文档，自动区别使用不同的仿真器，例如线性仿真器、谐波平衡非线性仿真器或 3D 平面电磁仿真器等。仿真完成后，可以在图形中查看测量的输出结果，并可以根据需要轻松地进行调整或优化。

　　也可以执行局部仿真，方法是：右键点击 Graphs 节点或其子节点，以便仅仿真分析被选中的图形或特定的图形，或者仅对图形上的某个测量项执行仿真分析。

2.5.21　调节和优化仿真

　　调节器和优化器都是实时的，可以实时观察仿真结果的变化，或者实时查看电路参数和变量的变化。

　　调节时首先点击工具栏上的 Tune Tool 按钮，选择要调整的参数，再点击 Tune 按钮，通过移动滑条来调节数值。在调整或优化时，原理图和关联的版图都会自动更新。重新运行仿真时，仅重新计算已修改的部分。

手动调节电路

2.5.22　使用命令快捷方式

　　在 NI AWRDE 中使用键盘命令的快捷方式(或热键)可以显著提高效率。使用默认的菜单命令快捷方式可以执行许多常用操作，例如仿真、优化、在工程管理器/元件管理器和版图管理器之间导航等。默认的快捷方式显示在菜单上。也可以自定义热键，选择 Tools→Hotkeys，在显示的 Customize 对话框中创建，例如将窗口水平排列设为 H，窗口垂直排列设为 V，窗口全部关闭设为 C 等。

2.5.23　使用脚本和向导

脚本和向导可以通过自定义自动化并扩展 NI AWRDE 功能。这些功能是通过 Microwave Office API 实现的，这是一款符合自动化的 COM 服务器，可应用任何非专用的语言(如 Visual Basic 或 Java)进行编程。

脚本是 Visual Basic 程序，可以编写此类程序以完成各种任务，例如在 NI AWRDE 中自动构建原理图。要访问脚本，选择 Tools→Scripting Editor，或者选择 Scripts 菜单上的任何选项。

向导是动态链接库(DLL)文件，可以制作此类文件，以创建适用于 NI AWRDE 的附加工具(例如滤波器综合工具或负载牵引工具)。向导显示在工程管理器中的 Wizards 节点下。

2.5.24　使用在线帮助

在线帮助提供有关 NI AWRDE 软件中的窗口、菜单选项和对话框的信息，还提供有关设计概念的信息。

在主菜单栏中选择 Help 菜单，或者在设计过程中的任何时候按 F1 键，即可获取在线帮助。显示的帮助主题是上下文相关的，具体取决于活动的窗口和所选的对象类型。以下是一些示例：

• 如果活动的窗口为图形，则帮助主题为 Working with Graphs。

• 如果活动的窗口为原理图且未选择任何对象，则帮助主题为 Schematics and System Diagrams in the Project Browser。

• 如果活动的窗口为原理图且选中某元件，则帮助主题为该元件的帮助页面。

• 如果活动的窗口为原理图且选中等式，则帮助主题为 Equation Syntax。

• 如果活动的窗口为原理图版图且未选择任何对象，则帮助主题为 Layout Editing。

要查看上下文相关的帮助，还可以：

• 在大多数对话框中点击 Help 按钮。

• 右键点击元件管理器中的模型或系统块，并选择 Element Help；选择原理图中的元件或系统图中的系统块，并按 F1 键；点击 Element Options 对话框中的 Element Help 按钮。

• 点击 Add/Modify Measurement 对话框中的 Meas Help 按钮。

• 在 NI AWRDE 脚本开发环境中选择关键字，例如对象、对象模型或 Visual Basic 语法等，按 F1 键获得帮助。

注意：在后续章节中，将 NI AWRDE 软件统一简称为 AWR 软件。

第 3 章　　AWR 软件入门

3.1　电路图设计入门——整流器

本节介绍如何使用 AWR 软件来进行电路原理图的仿真分析。以一个简单的二极管整流器电路为例，说明 AWR 软件电路原理图设计的基本操作和设计流程。主要包括以下步骤：

- 创建工程；
- 创建原理图；
- 添加元件并编辑；
- 创建测量图；
- 添加测量项；
- 设置频率及单位；
- 仿真分析；
- 手动调节；
- 编辑图表；
- 保存工程。

3.1.1　创建工程和原理图

首先，在本机适当位置新建一个文件夹，并命名。

(1) 创建新工程。

启动 AWR 软件，默认为打开一个未命名的新工程。

从主菜单选 File→Save Project As，保存路径选择自建的文件夹内，工程名称取为 Ex3a.emp，保存。

(2) 创建新原理图。

从主菜单选 Project→Add Schematic→New Schematic。

在弹出对话窗中，输入原理图名称 Rectifier，左键点 OK。

(3) 激活元件管理页。

在主窗口左侧下方，左键点 Elements 标签，激活元件管理页。

(4) 添加元件。

在元件管理页上部，左键选 Nonlinear 组，点 "+" 号展开元件路径，选择 Diode 项。

在元件管理页下部，选择元件 SDIODE，左键点住元件符号并向右侧原理图内拖动，此时会出现一个镜像符号。

放开左键，鼠标移至适当位置，点击左键放置元件。

(5) 旋转元件。

左键点"+"展开 Lumped Element 组，选择 Resistor 项；在元件管理页下方窗口，左键点住元件 RES 并向右侧原理图内拖动；放开左键后先不放置，点右键将元件旋转 90°，紧靠着放在二极管右侧。

重复以上步骤，从 Sources 组选 AC 项，在元件管理页下部选择元件 ACVS，放置在二极管左侧。

注：不同元件管脚重叠放置后，出现绿色方块标示，即表示管脚之间已自动连接。

(6) 完成电路图。

将光标放在元件管脚的×上，光标变成线轴表示已处在管脚上，点左键开始连线，移动鼠标到另一管脚，再点左键确定。×应该变成绿圆圈，表示已连接。

左键选中 MeasDevice 组，在元件管理页下方窗口选择仪表 V_METER，并放置、连接。

从 Interconnects 组选择 GND 项，添加到原理图，添加连线完成原理图。

注：绘图过程中多余的元件、连线，都可通过主菜单 Edit→Delete 删除。

(7) 编辑模型参数值。

左键双击原理图中的任意元件符号，可编辑参数值。

双击元件 RES，弹出 Element Options 对话窗。

在 Parameters 页，编辑元件的 ID，将 R1 改为 Rload，再将电阻的 Value 设为 50(欧姆)，点确定。

重复以上步骤，浏览元件 ACVS 的各项设置。完整电路如图 3-1 所示。

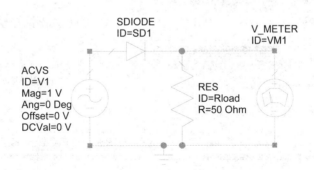

图 3-1　电路原理图

注意：绘制原理图时，可使用搜索功能，按下 Ctrl + L，输入元件名称，如 RES，搜索并添加。

3.1.2　创建图表及测量项

(1) 添加图表。

从主菜单选择 Project→Add Graph，或在工具条点 Add New Graph 按钮。

在弹出窗口 New Graph 中，选择 Rectangular 项，点 Creat，添加 Graph 1。

(2) 添加测量项。

在左侧工程管理页中选择 Graph 1 项，点右键选 Add Measurement 项。

另一种方法是使用工具条按钮或从主菜单选 Project→Add Measurement，弹出 Add Measurement to 'Graph 1'对话窗。

各项参数的具体设置如下：

在 Measurement Type 栏选择 Nonlinear→Voltage；

在 Measurement 栏选择 Vtime；

在 Data Source Name 栏选择 Rectifier；

在 Measurement Component 栏选择 ACVS.V1；

在 Offset 栏保持 None 不变；

在 Sweep Freq 栏保持 Plot all traces 不变；

左键点 Apply 按钮，添加，界面如图 3-2 所示；

再将 Measurement Component 栏改为选择 V_Meter.VM1；

点确定，关闭对话窗。

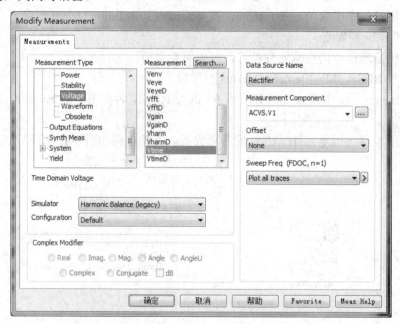

图 3-2　添加测量项 Vtime

3.1.3　设置频率及单位

点 Project 标签，回到工程管理页。

从主菜单选 Options→Project Options，或者在左侧工程管理页内直接双击 Project Options 项，弹出 Project Options 对话窗。

在 Frequencies 页设置工程频率：将右下角的 unit 项设为 MHz，勾选 Sigle point 项，输入 500(MHz)，点 Apply 按钮，则在左侧 Current Range 栏显示当前频率范围。

点确定。

3.1.4　仿真分析

(1) 分析电路。

从主菜单选 Simulate→Analyze，仿真分析电路，Graph 1 的测量结果见图 3-3(a)，为时域结果。

(2) 观察输出频谱。

重复之前的步骤，添加 Graph2，将测量项由 Vtime 改为 Vharm。频谱结果见图 3-3(b)。

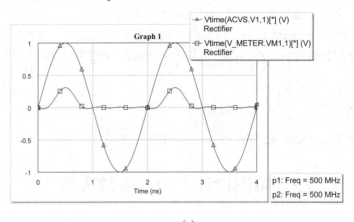

(a)

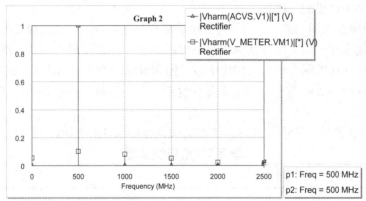

(b)

图 3-3　仿真分析结果

3.1.5　手动调节

从主菜单选 Window→Rectifier，将原理图激活为当前窗口。

从主菜单选 Simulate→Tune Tool，将鼠标移至原理窗，此时会出现一个调节工具符号，可以将元件参数设置为可调的。

用该工具选中原理图中 ACVS 元件的 1V(即 Mag，电压)，RES 元件的 50Ohm(即 R，电阻)。

注：参数设置为可调后，参数值均以蓝色显示，Element Options 对话窗内的 Tune 项也

会自动同步勾选；与此同时，在 Variable Tuner 窗口会自动添加一个滑条。

从主菜单选 Simulate→Tune，打开 Variable Tuner 窗，拖动滑条可进行实时调节仿真，即改变元件数值的同时就能在测量图中看到调节的效果。

在 Variable Tuner 窗，分别调节 Mag、R 参数，在 Graph 1(时域)、Graph 2(频域)观察相应的波形变化情况。

3.1.6　编辑图表

图表的名称、字体、颜色等都可以自行设定，一般取默认。

应用 Edit→All to Clipboard 命令，可以将当前激活的任意窗口，包括电路图、模型图、测量图等，拷贝复制到剪贴板，然后可以再粘贴到 Word、PPT 等文档中，以进行报告或论文的撰写引用。

3.1.7　保存工程

从主菜单选择 File→Save 或 File→Save As，保存工程。

3.2　版图设计入门——放大器

版图是原理图的物理表示。由于高频电路的响应依赖于组成的几何结构，因此版图是设计与仿真中至关重要的一部分。

AWR 软件中的版图功能，使用面向对象的编程技术架构，与它的原理图和电磁结构设计功能紧密地结合在一起。版图实际上是原理图的另一种表现形式，对原理图所做的任意修改都会同时反映在版图中，从而实现了原理图和版图的同步，这也是 AWR 软件的特色和优势所在。应用 AWR 软件可以生成各种复杂版图，如单片微波集成电路、各种形式的多层电路板等。

当使用 AWR 软件的版图功能时，常用的快捷键如表 3-1 所示。

表 3-1　常用快捷键

按　　键	版　　图
+ 键	放大
− 键	缩小
Home 键	全局观察
按下 Ctrl 键，选择一个图形，移动鼠标	锁定到拐角、边缘以及圆的中心
选择一个图形，按住鼠标左键，点击 Tab 键或 Space 键	输入坐标来移动图形
点击分层的图形，按 Ctrl + Shift	循环选择各层图形

本节介绍如何创建原理图的版图，包括以下主要步骤：
- 导入版图工艺文件(LPF)；
- 编辑数据库单位和默认的网格大小；
- 导入版图单元库；

- 在原理图中导入并放置数据文件；
- 更改元件符号；
- 在版图中放置微带线；
- 为原理图中的元件设定封装；
- 查看版图；
- 将元件设置为参考点；
- 创建封装单元；
- 在版图中应用 MTRACE2 元件；
- 版图的衔接功能；
- 输出版图。

3.2.1　创建新工程

版图设计的完整工程名称为 layout_example.emp，工程创建步骤如下：

(1) 选择 File→New Project。

(2) 选择 File→Save Project As，出现另存为对话框，选择适当的保存路径。

(3) 输入 layout_example 作为工程名，点击 Save 保存工程。

3.2.2　导入版图工艺文件

版图工艺文件(LPF)定义了默认的版图设置选项，包括绘图层、层的映射、三维视图及 EMsight 映射。

导入版图工艺文件的具体步骤如下：

(1) 在窗口的左下方点击 Layout 选项卡，打开版图管理器。

(2) 右键点击版图管理器中的 Layer Setup 节点，在弹出菜单中选择 Import Process Definition。显示 Import Process Definition(导入版图工艺定义)对话框。

(3) 找到 AWR 软件的安装目录，例如 C:\Program Files(x86)\AWR\AWRDE\13 或者 C:\Program Files \ AWR \ AWRDE\13，双击打开。如果改变了默认的安装路径，请查找相应的目录。

(4) 选择 MIC_english.lpf 文件，点击 Open。选择 Replace 替换默认的 lpf 文件。

图 3-4 为版图管理器窗口。

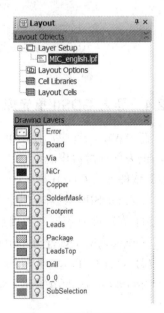

图 3-4　版图管理器窗口

3.2.3　设置数据库单位和默认的网格大小

数据库单位定义了版图的最小精度。特别要注意，在某一工程中，这个参数一旦被设定将不能再次改变。更改数据库的单位，可能会导致四舍五入的误差，从而引起版图问题。

网格的大小也非常重要，因为许多 IC 设计要求必须对齐到某一个网格上。网格必须大于或者等于数据库单位，一般情况下设置网格为 10 倍的数据库单位。

设置数据库单位和网格大小的步骤如下：

(1) 选择 Options→Layout Options。出现 Layout Options(版图选项)对话框。

(2) 点击 Layout 选项卡，将 Grid spacing(网络间距)设置为 0.1，Database unit size 设置为 0.01。

(3) 将 Snap together 设置为 Auto snap on parameter changes(参数变化时，自动衔接)。

设置结果如图 3-5 所示，点击 OK。

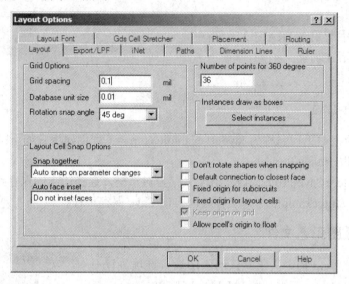

图 3-5　Layout Options 对话框

3.2.4　导入 GDSII 单元库

在 AWR 软件中，使用单元库提供封装和引脚的定义信息，也为单片微波集成电路和射频集成电路提供标准单元。AWR 软件支持 GDSII 格式。

导入 GDSII 单元库的步骤如下：

(1) 在版图管理器中右键点击 Cell Libraries，如图 3-6 所示，在弹出菜单中选择 Import GDSII Library。

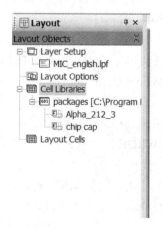

(2) 查看 C:\Program Files\AWR\AWRDE\10\Examples\或 C:\Program Files (x86)\AWR \ AWRDE \ 10\Examples，并双击打开。

(3) 选择 packages.gds 文件并点击 Open。在版图管理器中导入单元库。如果显示警告信息，点击 OK，忽略警告。

图 3-6　Cell Libraries

3.2.5　导入数据文件

导入数据文件的步骤如下：

(1) 在工程管理器中，右键点击 Data Files，在弹出菜单中选择 Import Data File(导入数据文件)，显示 Browse for File(查找文件)对话框。

(2) 查看 C:\Program Files\AWR\AWRDE\13\Examples\或 C:\Program Files (x86)\AWR\ AWRDE\ 13\Examples 目录。

(3) 选择 N76038a.s2p 文件，点击打开，将数据文件导入到软件中。

3.2.6　调用数据文件并设置接地点

在原理图中调用数据文件并添加接地的步骤如下：

(1) 在工程管理器中右键点击 Circuit Schematics，在弹出菜单中选择 New Schematic，创建新的原理图并将其命名为 qs layout，点击 Create。

(2) 在工具栏中点击 SUB 图标 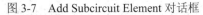，向原理图中添加子电路，显示 Add Subcircuit Element 对话框。

(3) 从列表中选择 N76038a，并将 Grounding Type 设置为 Explicit ground node(显示接地节点)。对话框如图 3-7 所示。

(4) 点击 OK，将其放置在原理图中，即将数据文件 N76038a 作为子电路，在原理图中调用。电路如图 3-8 所示。

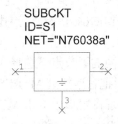

图 3-7　Add Subcircuit Element 对话框　　　图 3-8　调用数据文件 N76038a

3.2.7　改变元件符号

子电路的符号(Symbol)默认为黑箱形式，缺点是性能显示不直观。可以将其更改为场效应管的符号，从而方便查看栅极、漏极和源极对应的节点。

具体步骤如下：

(1) 在原理图中双击子电路元件，显示 Element Options 对话框。

(2) 点击 Symbol 选项卡。

(3) 在列表框中选择 FET@system.syf，点击 OK。如图 3-9 所示。

图 3-9　改变元件符号

3.2.8　在版图中放置微带线元件

微带元件具有默认的版图单元。版图单元是参数化的并且可以通过修改相应的参数调整版图的尺寸。AWR 软件将某些微带元件设计为智能单元(智能元件)，不要求输入元件尺寸参数值。智能元件自动继承了所连接元件的相应参数。

放置微带线元件，步骤如下：

(1) 在元件管理器中，展开 Microstrip 节点，然后点击 Lines 子节点。选择 MLIN 并将其放置在原理图窗口中 N76038a 子电路的节点 1 处。

(2) 展开 Microstrip 节点，点击 Junctions 子节点。选择 MTEE$模型并将其添加到原理图中，连接如图 3-10 所示。

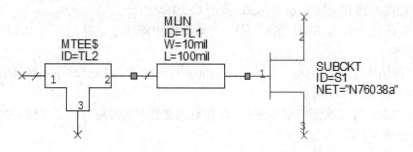

图 3-10　放置微带线元件

注意： 名字结尾为 $ 的元件是智能元件，会自动继承它们所连端口的属性。名字的结尾为 X 的元件是电磁模型。如上所述，命名为 MTEEX$ 模型的是一个基于电磁模型的微带 T 型结，它的宽度和与之相连的元件端口的宽度自动保持相同。

(3) 展开 Microstrip 节点，点击 Lines 子节点，选择 MTRACE2 模型并将其连接到 MTEE$ 元件的节点 1。

(4) 在相同的子节点下选择 MLEF 模型，并将其放置在原理图中。右击三次来旋转这个元件，然后把它连接到 MTEE$ 元件的节点 3。

(5) 在原理图窗口中双击 MTRACE2 元件，显示 Element Options 对话框。

(6) 点击 Parameters 选项卡，MTRACE2 设置如图 3-11 所示，点击 OK。

(7) 重复步骤(5)和(6)，设置 MLIN 和 MLEF 元件的参数，如图 3-11 所示。

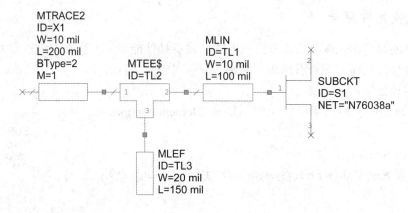

图 3-11　元件参数设置

(8) 点击 Substrates 节点，选择 MSUB 并将其放置在原理图中，如图 3-12 所示。

(9) 在原理图窗口中双击 MSUB 元件，显示 Element Options 对话框，具体参数如图 3-12

所示，点击 OK。

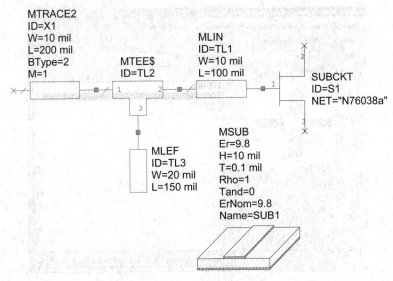

图 3-12　添加 MSUB 元件

(10) 在电路最左端添加一个端口，在 SUBCKT 元件的节点 2 上再添加一个端口。

(11) 点击工具栏上的 Ground 图标，将其连接到 SUBCKT 元件的节点 3 处，电路如图
3-13 所示。

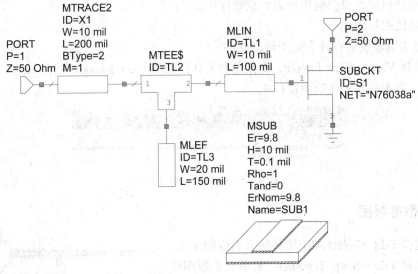

图 3-13　添加端口和接地

3.2.9　为原理图元件配置封装单元

封装单元是原理图中元件的物理表示，分配封装单元步骤如下：

(1) 在原理图窗口双击 N76038a 子电路中的元件，显示 Element Options 对话框。

(2) 点击 Layout 选项卡。

(3) 将 Library Name 设置为 packages，并在对话框右侧的列表中选择 Alpha_212_3，如

图 3-14 所示，点击 OK。

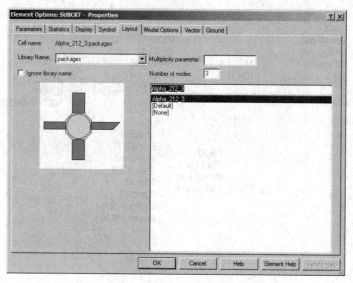

图 3-14 Layout 选项卡设置

3.2.10 查看版图

原理图和版图是相同数据库的不同视图形式。在原理图中编辑参数会同步到版图中，在版图中的任何修改也会同步更新到原理图中。

查看版图的步骤如下：

(1) 点击原理图窗口使之处于活动状态。

(2) 选择 View→View Layout，或者点击工具栏中的 View Layout 图标，如图 3-15 所示。查看版图，版图将显示在版图窗口中。

图 3-15 View Layout 图标

3.2.11 衔接版图

(1) 选择 Edit→Select All，选择所有的版图单元。

(2) 选择 Edit→Snap Together，将所有的版图单元衔接在一起，如图 3-16 所示。

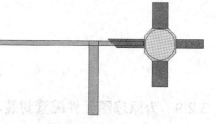

图 3-16 衔接后的版图

3.2.12 连通性检查

进行连通性检查的步骤如下：

(1) 如果当前版图与图 3-17 显示不同，点击并拖拽版图窗口的 Alpha_212_3 单元到如图 3-17 所示位置。右键点击这个元件并在弹出菜单中选择 Rotate 进行旋转。当光标显示为一个 90° 的圆弧时，按住鼠标键并按顺时针方向移动光标(旋转角度步进为 45°)，直到这个元件的方向是正确的为止。

　　(2) 选择 Verify→Highlight Connectivity Rules，显示 Connectivity Highlight Rules(连接高亮规则)对话框，如图 3-18 所示，点击 OK。

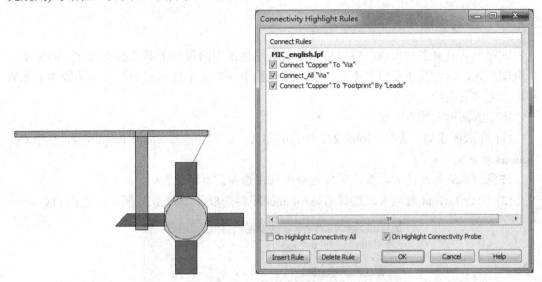

　　图 3-17　调整 Alpha_212_3 单元　　　　图 3-18　Connectivity Highlight Rules 对话框

　　(3) 选择 Verify→Run Connectivity Check 进行连通性检查。在弹出的 LVS 错误中显示相应的错误信息。选择错误信息，在原理图和版图窗口会突出显示与此对应的元件，如图 3-19 所示。

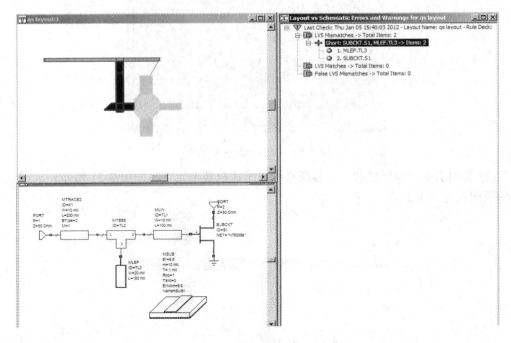

图 3-19　连通性检查

　　(4) 选择 Verify→Clear LVS Errors，清除 LVS 错误。

(5) 选择 Edit→Select All，选择所有的版图单元。

(6) 选择 Edit→Snap Together，衔接所有的版图单元。

(7) 选择 Verify→Run Connectivity Check，LVS 错误窗口中不显示任何错误信息。

3.2.13　固定版图单元

版图单元具有多种属性，可以用来确定版图视图中的每一个单元的连通性。固定某一个版图单元，即保持所在位置不变，在衔接过程中该单元不会再移动。固定的版图单元通常用来定义版图的参考点。

固定版图单元的步骤如下：

(1) 在版图窗口，选择 Alpha_212_3 封装单元。右击并选择 Shape Properties，显示 Cell Options 对话框。

注意：在进行此步骤之前，要首先确保取消选择所有的元件。

(2) 点击 Layout 选项卡，选择 Use for anchor 复选框，如图 3-20 所示，点击 OK。

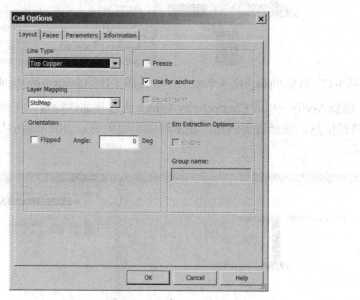

图 3-20　Cell Options 对话框

(3) 此时会有一个红色的十字标靶符号显示在封装单元上，如图 3-21 所示。表示该单元的版图位置固定不动。

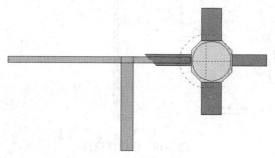

图 3-21　固定版图单元

3.2.14　创建封装单元

创建电容元件的封装单元的步骤如下：

(1) 点击 AWR 软件主界面左下角的 Layout 选项卡，激活版图管理器。

(2) 右键点击 Cell Libraries 下的 packages 节点，在弹出菜单中选择 New Layout Cell。出现 Create New Layout Cell 对话框。

(3) 命名为 chip cap，点击 OK。绘图窗口显示在工作区中。

(4) 将工具栏上的 Grid Spacing 设置为 10x。右击工具栏，选择 Schematic Layout，则新增 Schematic Layout 工具栏。界面如图 3-22 所示。

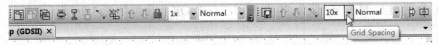

图 3-22　设置工具栏

(5) 在左侧上方窗口选中新建的 chip cap 项，打开下方的 Model Layer→Draw Layer 窗口，点击 Copper 层的最左侧图标，激活该图层，如图 3-23 所示。注意不要点击右侧的灯泡图标，它代表显示或隐藏该图层。

(6) 选择 Draw→Rectangle。

(7) 把光标移动到绘图窗口，然后点击 Tab 键或者 Space 键，显示 Enter Coordinates 对话框。

(8) 分别将 x 和 y 的值设置为 0 和 10，如图 3-24 所示，并点击 OK。

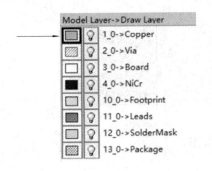

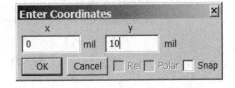

图 3-23　选中 Copper 层　　　　　　　　图 3-24　设置坐标

(9) 再次按 Tab 键或 Space 键，显示 Enter Coordinates 对话框。

(10) 分别设定 dx 和 dy 值为 10 和 −10，注意确定 Rel 项已自动勾选上，点击 OK。选择 View→Zoom In 或 View→Zoom Out，调整视图，适中显示，如图 3-25 所示。

图 3-25　绘制矩形

注意：绘制模型的方法，除了可以输入坐标绘制外，也可以点击鼠标并拖拽图形，直接进行手动绘制。模型建立后也可以重新编辑尺寸。

(11) 在左侧下方的 Model Layer→Draw Layer 窗口，选择 Footprint 层，准备绘制焊垫。

(12) 点击 chip cap 模型窗口，使之处于活动状态。

(13) 选择 Draw→Rectangle。

(14) 将光标移动到 chip cap 窗口，然后点击 Tab 键或者 Space 键。显示 Enter Coordinates 对话框。

(15) 分别将 x 和 y 的值设置为 10 和 10，点击 OK。

(16) 再次按 Tab 键或者 Space 键，显示输入坐标对话框。

(17) 分别输入 dx 和 dy 值为 20 和 -10，点击 OK。模型如图 3-26 所示。

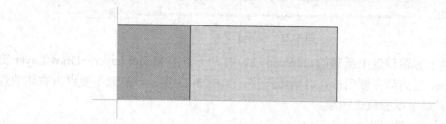

图 3-26　绘制 Footprint

(18) 在 Model Layer→Draw Layer 窗口重新选择 Copper 层，在 chip cap 模型窗口中，选中最左侧的矩形，再点击 Ctrl + C 和 Ctrl + V 进行复制和粘贴。模型如图 3-27 所示。

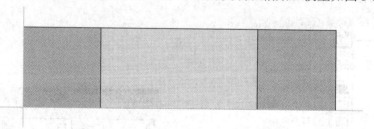

图 3-27　复制矩形

3.2.15　为封装单元添加端口

封装单元编辑器中的端口能定义端面，以便与其他版图单元连接。端口箭头的方向确定了与相邻版图单元相连的方向。

为封装单元添加端口的步骤如下：

(1) 选择 Draw→Cell Port。

(2) 将光标移动到 chip cap 模型窗口，按下 Ctrl 键，将光标移动到矩形区域的左下顶点，出现十字交叉符号，如图 3-28 所示，不要释放 Ctrl 键。

(3) 保持 Ctrl 键处于按下状态，点击并按住鼠标左键，直到另一个十字交叉符号显示在左上顶点，如图 3-29 所示。

(4) 释放鼠标键和 Ctrl 键，绘制好的端口端面如图 3-30 所示。

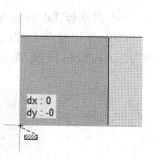

图 3-28　端口起点

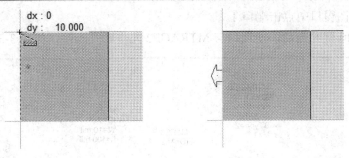

　　　　　图 3-29　端口终点　　　　　　　　　图 3-30　端口端面

　　(5) 为了成功地运行连通性检查，必须正确设置封装库的端口属性。选择单元端口 1，右键点击并选择 Shape Properties。

　　(6) 在 Properties 对话框中，点击 Layout 选项卡，将 Model Layers 设置为 1_0->Copper，如图 3-31 所示，然后点击 OK。

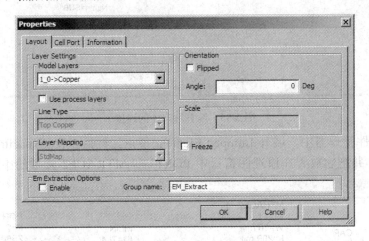

图 3-31　设置 Layout 选项卡

　　(7) 重复上述步骤，在另一个端口处添加方向相反的端口，即从上方顶点开始向下绘图。完整的电容封装单元如图 3-32 所示。

图 3-32　电容封装单元

　　(8) chip cap 单元封装设计完成，关闭该窗口。

3.2.16　设置电容的封装

　　设置电容的封装的步骤如下：

(1) 在原理图窗口中点击端口 1。

(2) 按住 Ctrl 键并拖动，使端口与 MTRACE2 元件断开连接，如图 3-33 所示。

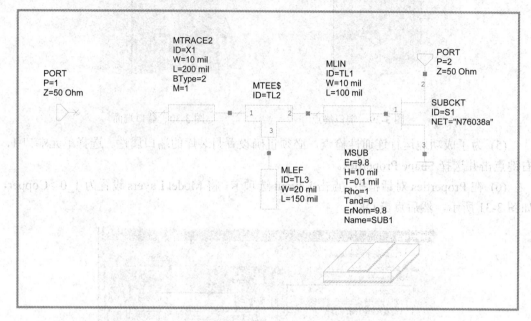

图 3-33　断开端口 1 的连接

（3）在元件管理器中，展开 Lumped Element 节点，然后点击 Capacitor 子节点。选择 CAP 模型，并把它放置在原理图窗口中 PORT1 和 MTRACE2 元件的中间，如图 3-34 所示。

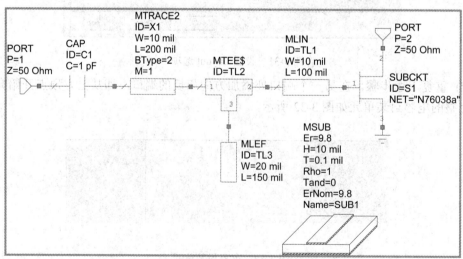

图 3-34　完整电路原理图

(4) 双击原理图窗口中的电容 C1 元件。显示 Element Options 对话框。

(5) 点击 Layout 选项卡。

(6) 在 Library Name 处选择 packages，并在列表处选择 chip cap，如图 3-35 所示，点击 OK。

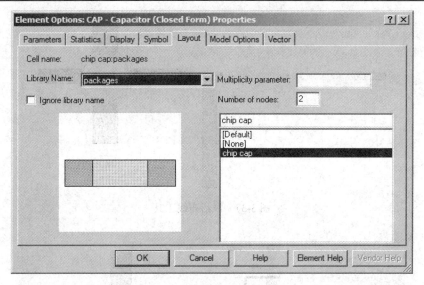

图 3-35　设置 Layout 选项卡

(7) 选择 View→View Layout，在工作区域显示出新的版图。选择 Edit→Select All，再选择 Edit→Snap Together，将所有的版图连接在一起。原理图对应的初始版图如图 3-36 所示。

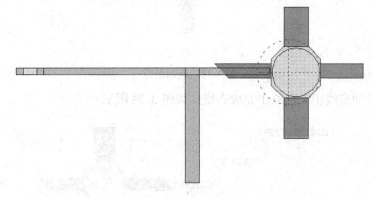

图 3-36　初始版图

3.2.17　编辑 MTRACE2 元件版图

MTRACE2 元件是一个特殊的元件，可以在版图视图中编辑，以改变微带线的版图形式。编辑 MTRACE2 元件版图的步骤如下：

(1) 在版图视图中双击 MTRACE2 元件，微带线变亮，同时会有蓝色的菱形方块出现在元件上。

(2) 移动光标到最右侧的方块上，直到出现如图 3-37 所示的双向箭头，双击，则激活布线工具。

(3) 移动绘图工具到 MTRACE2 元件的另一端，在每个需要拐弯的地方点击鼠标左键，如图 3-38 所示。绘制时，通过右击可以删除前一个节点，按 Esc 键可以取消操作。如果布线工具移动到 MTRACE2 相反的方向，最终的路径将被翻转。

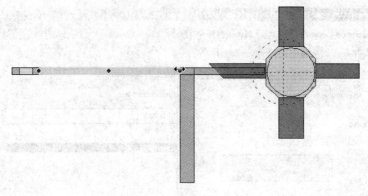

图 3-37　激活布线工具

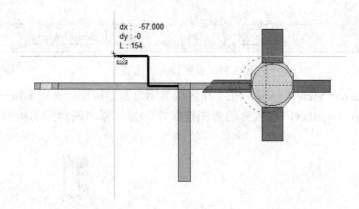

图 3-38　绘制拐弯

(4) 持续移动布线工具，双击完成布线，如图 3-39 所示。

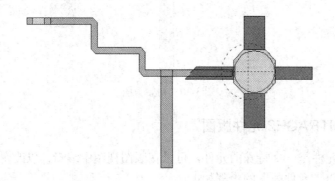

图 3-39　编辑 MTRACE2 元件版图

　　注意：MLIN 元件在版图中是一条直的微带线，不能弯折。弯曲的微带线要使用 MTRACE2 元件，可以在版图中编辑，设置拐角的属性。

3.2.18　版图单元的衔接功能

　　衔接功能(snap)可以连接不同结构的封装单元，可以在版图选项对话框中设置衔接选项。
　　设定衔接选项的步骤如下：

(1) 选择 Options→Layout Options，显示 Layout Options 对话框。

(2) 点击 Layout 选项卡，Snap together 项设置为 Manual snap for selected objects only(仅对选择的器件进行手动衔接)，如图 3-40 所示，点击 OK。

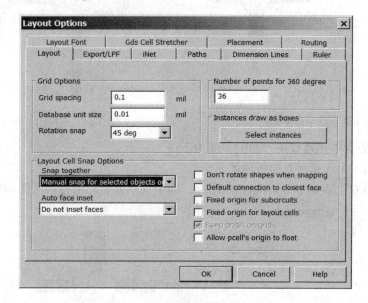

图 3-40　设置 Snap together 项

将版图单元分开，可查看版图未衔接时的效果，其步骤如下：

(1) 点击 MLEF 的版图单元，将它拖拽到如图 3-41 所示的新位置。

(2) 对 MTRACE2 元件和电容重复步骤(1)，版图如图 3-42 所示。

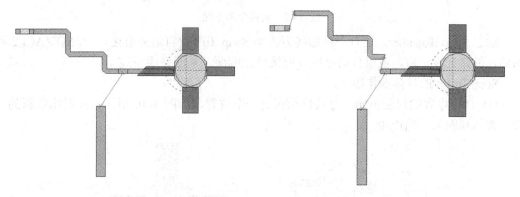

图 3-41　移动 MLEF 的版图单元　　　　　图 3-42　移动其他单元

与图 3-39 对比可知，此时版图中新出现了几条连接线，表明版图单元中的端面并没有连接到一起。

将版图单元重新连接到一起的步骤如下：

(1) 按住 Shift 键，在版图窗口中依次选择 MLEF、MTRACE2 和 MTEE$版图单元，如图 3-43 所示。注意，选择的第一个单元将作为版图衔接的参考点。

(2) 点击工具栏上的 Snap Together(自动衔接)图标，则将选中的三个元件自动衔接在一起，如图 3-44 所示。注意，此时版图单元并没有全部连接在一起。

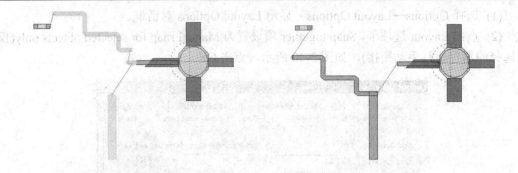

图 3-43　选中相关单元　　　　　　　　图 3-44　衔接相关单元

把所有的版图单元连接在一起的步骤如下：

(1) 按 Ctrl + A 选择所有的版图单元。

(2) 在工具栏上点击 Snap Together 图标，即全部单元自动衔接。版图如图 3-45 所示。

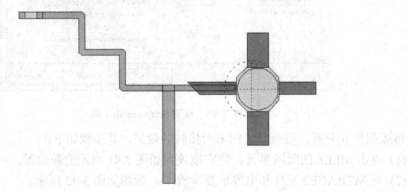

图 3-45　衔接全部单元

除了 Snap Together，还有一种衔接方式是 Snap To Fit(自适应衔接)。当 MTRACE2 版图单元的路径设定后，可以自动延展以衔接单元端面，从而完成布线。

Snap To Fit 的具体操作如下：

(1) 选择电容的封装单元，将其移动到另一个位置，如图 3-46 所示。此时出现新的连线，表示端面未正确连接。

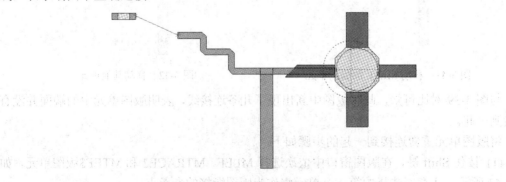

图 3-46　移动电容单元

(2) 选择 MTRACE2 的版图单元，如图 3-47 所示。

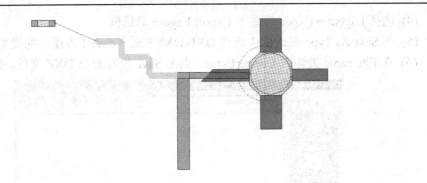

图 3-47　选择 MTRACE2 版图单元

(3) 点击工具栏上 Snap To Fit 图标，则 MTRACE2 单元自动延伸并连接到电容单元。如图 3-48 所示。

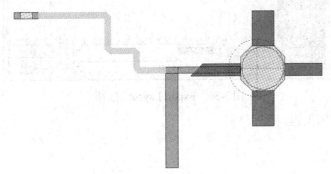

图 3-48　应用 Snap To Fit

3.2.19　输出版图

本案例介绍了输出了 DXF 文件的方法，AWR 设计环境也可以输出 GDSII 和 Gerber 文件。

(1) 选择 Options→Drawing Layers，显示 Drawing Layer Options 对话框。

(2) 点击 File Export Mappings 文件夹。

(3) 点击左侧窗口的 DXF 节点，在 Write Layer 栏中取消选择所有的复选框，然后选择 Copper 复选框。在 File Layer 栏中将其命名为 Copper，如图 3-49 所示，点击 OK。

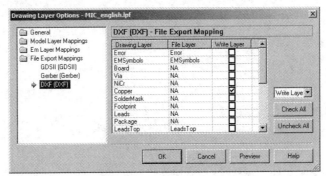

图 3-49　Drawing Layer Options 对话框

(4) 选择 Layout→Export。显示 Export Layout 对话框。

(5) 在 Save As Type 对话框中选择 DXF(DXF Flat, *.dxf)作为保存的类型。

(6) 在 File name 处输入 CopperLayer，点击 Save 保存输出 DXF 文件，如图 3-50 所示。

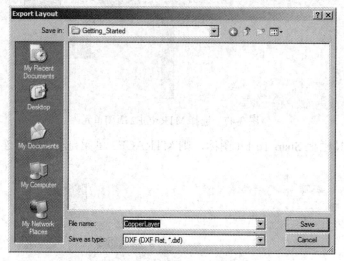

图 3-50   Export Layout 对话框

(7) 保存并关闭工程。

第二部分

无源器件设计

第 4 章　实练：功率分配器设计

设计一个 2 路等分功率分配器，采用微带电路结构。输入端特性阻抗 $Z_0 = 50\ \Omega$，工作频率 $f_0 = 3\ \text{GHz}$，要求 S_{11}、$S_{23} < -30\ \text{dB}$；基板参数 $\varepsilon_r = 9.8$，$H = 1000\ \mu\text{m}$，$T = 18\ \mu\text{m}$。

基本内容：测量特性指标 S_{11}、S_{21}、S_{23}（单位 dB）与频率（$0.5f_0 \sim 1.5f_0$）的关系曲线。调节微带线的尺寸，使功分器的性能达到最佳。

进阶内容：进行版图设计，包括元件封装、布线调节，尤其是 MTRACE2 元件的布线。

扩展内容：利用自动电路提取(ACE)技术，提取电磁模型，进一步缩小版图尺寸。

4.1　功率分配器基本理论

4.1.1　概述

功率分配器是一种将一路输入信号能量分成两路或多路信号能量输出的器件，也可反过来将多路信号能量合成一路输出，此时也可称为合路器。

功率分配器按路数分为 2 路、3 路、……、多路功率分配器；功率分配器按结构分为微带功率分配器和腔体功率分配器；按能量分配可分为等分功率分配器和不等分功率分配器，常用的是等功率分配；按电路形式可分为微带线、带状线、同轴腔功率分配器。几种功率分配器的区别如下：

(1) 同轴腔功分器优点是承受功率大，插损小，缺点是输出端驻波比大，而且输出端口间无任何隔离；微带线、带状线功分器的优点是价格便宜，输出端口间有很好的隔离，缺点是插损大，承受功率小。

(2) 实现形式不同。同轴腔功分器是在要求设计的带宽下先对输入端进行匹配，到输出端进行分路；而微带功分器先进行分路，然后对输入端和输出端进行匹配。

作为一种低耗的无源器件，功率分配器种类繁多，已广泛应用于雷达系统、天线馈电系统中。

4.1.2　技术指标

· 频率范围：是各种射频/微波电路的工作前提，功率分配器的设计结构与工作频率密切相关。必须首先明确分配器的工作频率，才能进行后续的设计。

· 承受功率：在大功率分配器/合成器中，电路元件所能承受的最大功率是核心指标，它决定了采用什么形式的传输线才能实现设计任务。一般地，传输线承受功率由小到大的次序是微带线、带状线、同轴线、空气带状线、空气同轴线，要根据设计任务来选择传输线。

- 分配损耗：主路到支路的分配损耗实质上与功率分配器的功率分配比有关。理想的两等分功率分配器的分配损耗是 3 dB，四等分功率分配器的分配损耗是 6 dB，常以 S 参数 S_{21} 的 dB 值表示。
- 插入损耗：输入输出间的插入损耗是由于传输线(如微带线)的介质或导体不理想等因素，及端口不是理想匹配所造成的功率反射损耗造成的，常以 S 参数 S_{11} 的 dB 值表示。
- 隔离度：支路端口间的隔离度是功分器的另一个重要指标。如果从支路端口输入功率，则只能从主路端口输出，而不应该从其他支路输出，这就要求支路之间有足够的隔离度。两支路端口 2 和 3 的隔离度用 S_{23} 或 S_{32} 的 dB 值表示。
- 驻波比：驻波比是驻波波腹处的电压幅值 V_{max} 与波节处的电压幅值 V_{min} 之比。驻波比是表示两端口合理匹配的重要指标，因此每个端口的电压驻波比越小越好。

4.1.3　设计原理

一节 2 路功分器是结构最简单的多端口网络结构，如图 4-1 所示。信号输入端的功率为 P_1，其他两个输出端的功率分别为 P_2 和 P_3，理论上 $P_1 = P_2 + P_3$；若 $P_2 = P_3$，则称为等功率功分器。一分二的等功率功分器是设计功分器的基础，其他各种各样的功分器特性大都是由此推导而来的。

当输入阻抗、输出阻抗均为 Z_0 时，多节的 2 路功分器电路结构如图 4-2 所示。

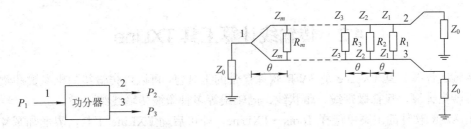

图 4-1　一节 2 路功分器结构示意图　　　　　图 4-2　m 节 2 路功分器

当 $m = 1$ 时，即为一节 2 路功率分配器，结构如图 4-3 所示。此时，Z_{02}、Z_{03} 的长度均为 $\lambda_{p0}/4$，$Z_{01} = Z_0$，$Z_{02} = Z_{03} = \sqrt{2} Z_0$；输出端 $Z_{04} = Z_{05} = Z_0$；隔离电阻 $R = 2Z_0$。

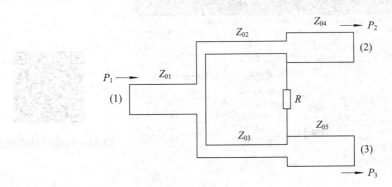

图 4-3　一节 2 路等功率分配器结构示意

当 $m = 2$ 时，2 节 2 路功分器电路结构如图 4-4 所示。

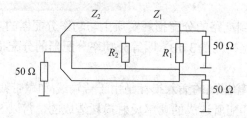

图 4-4　2 节 2 路功分器结构示意

此时隔离电阻 R_i 可由下式得到：

$$R_2 = \frac{2Z_1 Z_2}{\sqrt{(Z_1 + Z_2)(Z_1 - Z_2)\cot^2 \phi}} \tag{4-1}$$

$$R_1 = \frac{2R_0 (Z_1 + Z_2)}{R_2 (Z_1 + Z_2) - 2Z_2} \tag{4-2}$$

其中，$\phi = \dfrac{\pi}{2}\left(1 - \dfrac{1}{\sqrt{2}} \times \dfrac{f_2/f_1 - 1}{f_2/f_1 + 1}\right)$。

当 $m \geqslant 3$ 时，隔离电阻求解比较繁琐，可以通过查工程图表得到对应的 Z_m 值。各个元件的电长度 θ 均为 $\pi/2$，即长度是 1/4 波长。

4.2　传输线计算工具 TXLine

传输线计算工具 TXLine 是 AWR 软件自带的工具包，可以对传输线的电参数和物理参数进行转换计算，包括微带线、带状线、同轴线等多种微波传输线结构。

由 AWR 软件的主菜单选择 Tools→TXLine，即可启动 TXLine 工具，界面如图 4-5 所示。界面上方的标签为不同结构的传输线，依次为微带线(Microstrip)、带状线(Stripline)、共面线(CPW)、接地共面线(CPW Ground)、同轴线(Round Coaxial)、隙状线(Slotline)、耦合微带线以及耦合带状线。图中所示为微带线(Microstrip)。

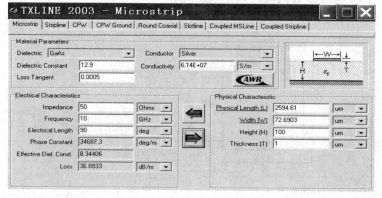

TXLine 传输线计算器介绍

图 4-5　TXLine 工具界面

Microstrip 标签页的左上部是材料参数，包括 Dielectric(介质)、Dielectric Constant(介电常数 ε_r)、Loss Tangent(损耗因子)、Conductor(导体)及 Conductivity(导电率)，其中 Dielectric 和 Conductor 项为下拉菜单选项。

页面右上部是微带基板的物理参数示意图。

页面左下部是电特性参数，包括 Impedance(阻抗)、Frequency(频率)、Electrical Length(电长度)、Phase Constant(相位常数)、Effective Diel. Const. (有效介电常数 ε_{re})以及 Loss(损耗)。

注意：Electrical Length 的单位有 2 种，分别为 deg(度)和 rad(弧度)，通常取 deg。不同单位的换算：1λ(波长) = 360 deg = 2π rad，例如 $\lambda/4$ = 90deg。

页面右下部是物理特性参数，包括 L(导带长度)、W(导带宽度)、H(基片高度)及 T(导带厚度)。

页面中间有两个箭头，点击 $\Longleftarrow$ 可由物理参数算出电参数，点击 $\Longrightarrow$ 可由电参数算出物理参数。计算出的参数会加下划线进行标示。

应用 TXLine 工具计算时，首先设置公共参数 Dielectric Constant、Height、Thickness、Frequency，再输入电参数 Impedance、Electrical Length，点击 $\Longrightarrow$，即可得到物理参数 W、L；或者输入 W、L，点击 $\Longleftarrow$，即可计算 Impedance、Electrical Length。

注意：计算时，电参数 Impedance 对应转换计算的物理参数 W，电参数 Electrical Length 对应转换计算的物理参数 L。

4.3　电路图设计与仿真

4.3.1　初始参数计算

根据设计要求，在应用软件进行仿真设计之前，首先需要确定功率分配器的结构，进行电路初值计算。一个 2 路等分功率分配器的结构如图 4-6 所示。图中，$Z_0 = 50\ \Omega$，Z_{02}、Z_{03} 的长度均为 $\lambda_{p0}/4$。其他参数计算：$Z_{01} = Z_0$，$Z_{02} = Z_{03} = \sqrt{2}\,Z_0$，$Z_{04} = Z_{05} = Z_0$，$R = 2Z_0$。将计算结果填入表 4-1。

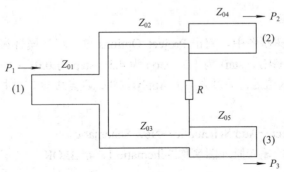

图 4-6　功率分配器结构示意

4.3.2　物理参数计算

启动 AWR 软件，从主菜单选 Tools→TXLine，启动传输线计算器工具，选择 Microstrip

标签页。

设置基板参数：Dielectric 项选择 Alumina(即 ε_r 默认为 9.8)，Conductor 选择 Copper，Frequency 设为 3 GHz，下方右侧的 Height 设为 1000 μm，Thickness 设为 18 μm。

在页面下方左侧的 Impedance 项输入电阻值，Electrical Length 项输入电长度，点击⟹按钮，即可算出微带线的 L(长度)、W(宽度)，将计算结果填入表 4-1。TXLine 工具的具体介绍参见 4.2 节。

表 4-1　初值计算(已知条件：$\varepsilon_r = 9.8$，$H = 1000$ μm，$T = 18$ μm，$f_0 = 3$ GHz)

参数	阻值/Ω	电长度/deg	L/μm	W/μm
Z_{01}	50	20		
Z_{02}、Z_{03}		90		
Z_{04}、Z_{05}		20		
R		/	/	/

4.3.3　电路图仿真分析

1．创建新工程

启动 AWR 软件，默认为打开一个未命名的新工程。

从主菜单选 File→Save Project As，选择适当的保存路径，设置名称为 Ex4.emp，保存工程。

2．设置单位

主菜单选 Options→Project Options，显示工程属性窗口，选择 Global Units 标签页，设置单位：频率为 GHz，电阻为 Ohm，长度勾选 Metric units 项，类型设为 μm。

点击菜单 Options→Layout Options，显示版图属性窗口，选择 Layout 标签页，设置：Grid spacing 为 10 μm，Database unit size 为 1 μm，Snap together 设置为 Manual snap for selected objects only。

3．设置工程频率

在工程管理器的树状图中，双击 Project Options 项，显示属性窗口，选择 Frequencies 标签页，设置：单位 GHz，start 为 1.5，stop 为 4.5，step 为 0.01。

注意：输入频率数值后，必须先点击 Apply 按钮，再点击确定，才能正确设置工程频率。

4．创建原理图

从主菜单选 Project→Add Schematic→New Schematic。

在弹出对话窗中，输入原理图名称 Schematic 1，点击 OK。

5．绘制原理图

所需元件：MLIN，MTRACE2，MTEE$，RES，PORT，MSUB。

激活 Element 元件管理器，在不同的元件类别内选择所需的元件并添加至原理图。也可直接应用快捷方式 Ctrl + L，搜索元件并添加。电路原理图如图 4-7 所示。

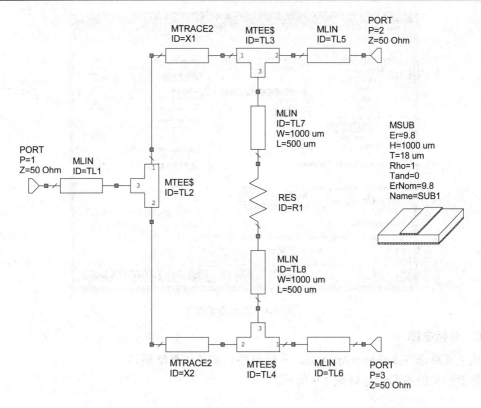

图 4-7　电路原理图示意

注意：主要微带元件的 W、L 值未在上图中显示，需要按照表 4-1 的数值自行编辑。另外，在隔离电阻 RES 的两端各连接了一个微带线元件，且已标出数值，其作用相当于电阻元件的焊盘。

6．添加图表

从主菜单选择 Project→Add Graph，或在工具条点 Add New Graph 按钮。

在弹出窗口中，选择 Rectangular 项。

点击确定，添加 Graph 1。

7．添加测量项

在左侧工程浏览页中选择 Graph 1 项，点右键选 Add Measurement 项，另一种方法是从主菜单选 Project→Add Measurement。

显示 Add Measurement to 'Graph 1' 对话窗，设置：Measurement Type 项选择 Linear→Port Parameters，Measurement 项选择 S，Data Source Name 项选择 Schematic 1，To Port Index 项选 1，From Port Index 项选 1，左下方参数选择 Mag，勾选 dB；点击 Apply 按钮，即添加 S11 测量项，如图 4-8 所示。

重复上述步骤，其他项不变，将 To Port Index 改为 2，点击 Apply 按钮，添加 S21 测量项。

重复上述步骤，其他项不变，将 To Port Index 设为 2，From Port index 设为 3，点击 Apply 按钮，添加 S23 测量项。点击 OK，测量项设置完成。

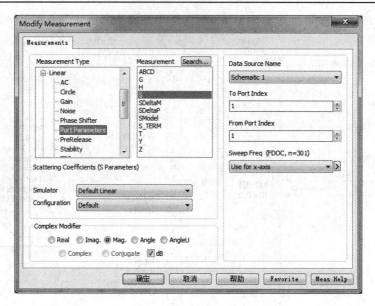

图 4-8　添加测量项

8．分析电路

从主菜单选 Simulate→Analyze，分析电路。记录仿真结果。

仿真结果的参考示意如图 4-9 所示。

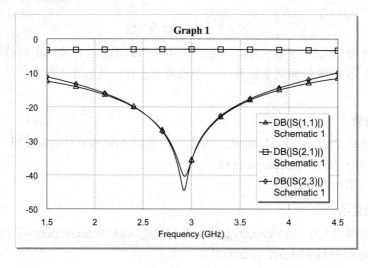

图 4-9　仿真结果示意

4.4　版图设计与仿真

4.4.1　定义封装

在电路原理图中，各种微带线元件都有与之对应的版图模型，但是电阻元件没有对应的版图形式，还需要定义其封装尺寸，从而也能确定功分器上、下两臂之间的距离。

本设计中的电阻元件采用 0603 封装，具体封装设置步骤如下：

1. 绘制电阻的封装主体

首先更新版图工艺定义文件：点击主界面左下角 Layout 标签，进入布线管理器界面。在 Layout Objects 窗口内，右键选择 Layer Setup→Import Process Definition，打开 AWR 软件的安装路径(如 C:\Program Files (x86)\AWR\AWRDE\10)，在根目录下找到 MIC_metric.lpf 文件，打开，在弹出的导入窗口选择 Replace，则导入并替换之前的 lpf 文件。

注意：更新 lpf 后，如果长度单位发生改变，可重复 4.3.3 节的第 2 步，重新设置单位参数。

在 Layout Objects 窗口内，右键点击 Cell Libraries→New GDSII Library，输入封装库的名称为 Resistor，然后双击此节点下面的 New_GDS_Cell，显示封装编辑窗口。

在 Model Layer→Draw Layer 窗口内，选择 Package 图层，如图 4-10(a)所示，注意不要点击右侧的灯泡图标；再选择主菜单 Draw→Rectangle，将鼠标移动至右侧版图区，在任意位置点击左键，不要释放，再按下 Tab 键，在弹出的对话框中输入尺寸，如图 4-10(b)所示，即可绘制一个 X 方向长 1000 μm，Y 方向长 800 μm 的矩形。

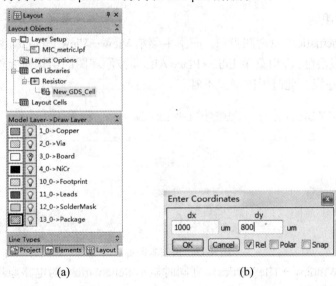

(a)　　　　　　　　　　　　　　　(b)

图 4-10　封装设置

另外，也可以手动绘制该矩形：选择菜单 Draw→Rectangle，在版图区任意位置点击左键，不要释放，再向右下方拖动展开，直接绘制出一个长 1000 μm、宽 800 μm 的矩形。

类似步骤，选择 Leads 图层，绘制电阻的两个引脚，尺寸为：dx = 300 μm，dy = 800 μm。绘制完成后，这三部分版图是分离的，如图 4-11(a)所示。将其重新排列，合并到一起。

2. 添加封装端口

应用菜单 Draw→Cell Port，按下 Ctrl 键，将光标从最左侧矩形的左下顶点移动到左上顶点，添加 port1。

类似步骤，从最右侧矩形的右上顶点移动到右下顶点，添加 port2，如图 4-11(b)所示。

点击菜单 Layout→Update Cell Edits，保存封装。

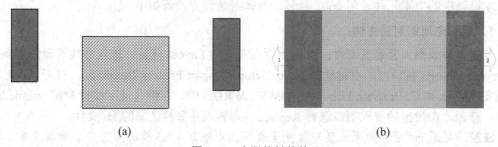

(a)　　　　　　　　　　　　　　　　(b)

图 4-11　电阻的封装单元

3．定义电阻的封装属性

返回电路原理图，右键点击电阻元件 RES，选择 Properties，在弹出的属性窗口选择 Layout 标签页，将 Library Name 项设置为 Resistor，并选择 New_GDS_Cell，点击 OK，则电阻元件的封装定义完成。

4.4.2　版图调整

1．模型位置粗调

重新激活 Schematic 1 原理图窗口，应用主菜单 View→View Layout，显示相应的版图。初始版图一般比较混乱，应用菜单 Edit→Place All，即按原理图的结构对元件进行大致布版，如图 4-12 所示。注意，此时版图形式不唯一。

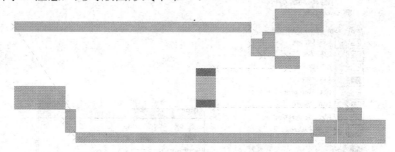

图 4-12　初始版图示意

应用主菜单 Window→Tile Vertical，则同时显示 Schematic 1 的电路原理图和版图窗口。在版图窗口中，先按下 Shift 键，再依次点击左侧的 4 个模型，如图 4-13 右侧版图中标注序号所示，则在左侧的电路图中也会同步出现绿色的方框，自动标示出已被点击的模型元件，即 TL1、TL2、X1、X2 元件。

注意：要在版图窗口中选择模型，并且必须首先选择最左侧端口所连接的微带线元件，即图中的模型①。

应用菜单 Edit→Snap Together，则以 TL1 元件模型为基准点，将 4 个选中的模型自动连接。点击键盘的 Home 键，令版图适中显示，如图 4-14(a)所示，可见版图左侧模型已正确连接。拖动光标，在版图右侧区域点击左键，框选中剩余的所有元件，再次应用 Snap Together 自动连接，点击 Home 键令版图适中显示，如图 4-14(b)所示，可见版图右侧模型也已正确连接。

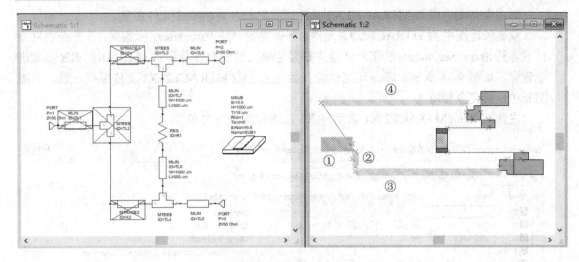

图 4-13　选中部分模型

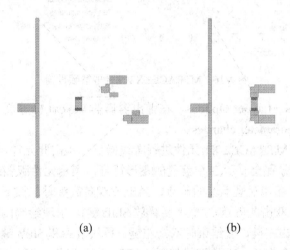

(a)　　　　　　　　　　　　　　　　(b)

图 4-14　模型自动连接

2. 版图细调

在版图中，右键点击隔离电阻上方连接的微带线，在弹出菜单中选择 Shape Properties，在新弹出的 Cell Options 窗口的 Layout 标签页中，勾选 Stretch to fit 项。

MTRACE2 元件版图调节步骤如下：

回到原理图中，先检查 MTRACE2　X1 元件，其放置方向应与图 4-15 左图示意一致。注意：元件符号左侧有一道斜杠"/"，表示该侧端面为 port1。在原理图仿真时，port1 的位置并不影响电路性能，可随意连接。但是在版图设计时必须注意，元件模型的走线只能由 port1 端面开始，元件模型的 port1 端面在版图中用三角形来标示，如图 4-15 所示。

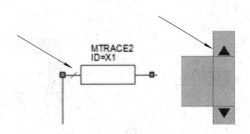

图 4-15　MTRACE2 元件端面

再在原理图中检查 MTRACE2 X2 元件，其斜杠位置也应在元件左侧。

双击原理图中的 MTRACE2 X2 元件，在弹出窗口的 Parameters 标签页，首先点击界面右下方的 Show Secondary 按钮，才能完整显示该元件所有参数；再对 L、DB、RB 参数进行设置，如图 4-16 所示。即令该元件的参数与上方的 MTRACE2 X1 元件保持一致，其版图形状也就完全相同。

注意：-RB@MTRACE2.X1 表示与 X1 元件的拐角方向相反。

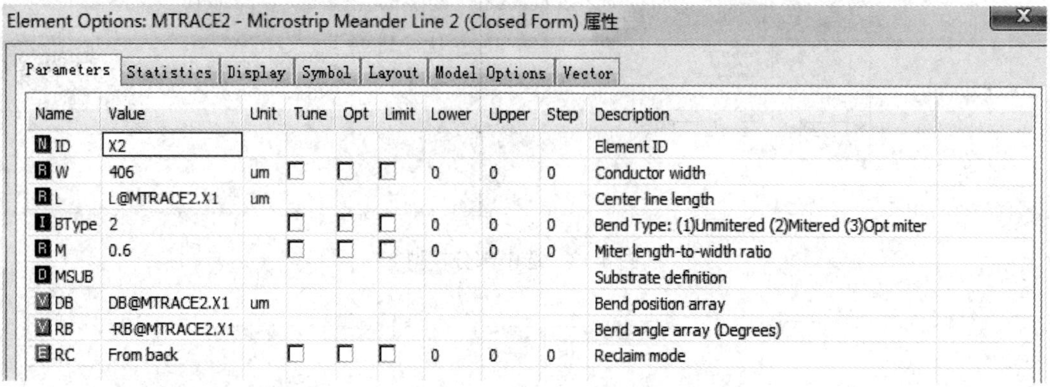

图 4-16　MTRACE2 X2 元件的参数设置

点击菜单 Options→Layout Options，在弹出窗口的 Layout 标签页，将 Snap together 选项改为 Auto snap on parameter changes。

回到版图中，对 MTRACE2 X1 元件进行布线操作。双击此元件，该元件会高亮显示，在元件的上、中、下分别会显示 3 个蓝色的菱形符号，表示元件版图进入可编辑状态，如图 4-17(a)所示。将鼠标移至最下端的蓝点，当出现双向箭头时，按下 Shift 键(可保持走线时该元件长度不变)，双击此蓝点(注意不要释放 Shift 键)，出现绘制图标，绘制布线，在所有需要拐弯的地方点击左键，要结束时双击左键，释放鼠标和 Shift 键，布线完成。此处要求该元件的布线共 3 个拐角，大致形状如图 4-17(b)所示(仅作示例，版图不唯一)。

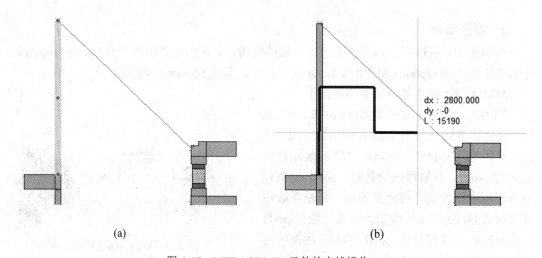

(a)　　　　　　　　　　　　　　　　(b)

图 4-17　MTRACE2 X1 元件的布线操作

MTRACE2 X1 元件布线完成后，电路结构可能并不完全对称，电阻模型上方的焊盘可能过长，如图 4-18(a)所示，需进一步微调。双击版图中的 MTRACE2 X1 元件，按下 Shift 键并保持，拖动这些蓝点，调节布线形状，直到隔离电阻连接的上、下两小段微带线尺寸基本相同，如图 4-18(b)所示。

由图 4-18(b)可知，此时的版图布局比较规整，且整体面积较小。

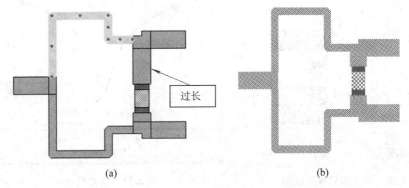

(a)　　　　　　　　　　　　　　　　(b)

图 4-18　微调 MTRACE2 X1 元件

4.4.3　版图对比分析

MTRACE2 X1 元件的版图模型调整后，原理图中的 X1 元件的参数值也已相应改变，如图 4-19(a)所示，主要是 DB、RB 参数。注意：实际参数值不要求与本示例一致。

新建一个测量图 Graph2，添加 S11 测量项，点击 Analyze 图标，重新对电路进行分析。激活 Graph2，观察当前版图形状下的电路仿真结果。应用 Graph→Freeze Traces，将当前曲线冻结，则曲线变成阴影显示，如图 4-19(b)所示。

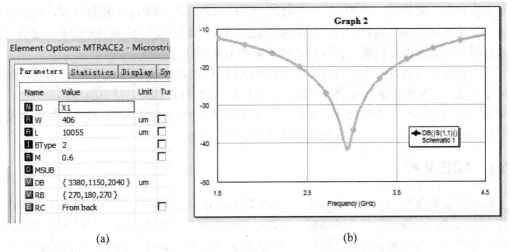

(a)　　　　　　　　　　　　　　　　(b)

图 4-19　X1 参数及 S11 结果冻结

回到版图窗口，调节 MTRACE2 X1 元件的布线结构，将其弯折部分尽量向左侧靠拢，如图 4-20 所示。注意：在调节过程中，一定要持续按下 Shift 键，以保持元件的长度不变。

再次点击 Analyze 图标，重新对电路进行分析。在 Graph2 中就会新增当前结构的仿真结果，以实线显示，如图 4-21 所示。与之前冻结的阴影线相比较，可以看出测量结果有一定差异。这说明在电路原理图不变的情况下，当版图设计不同时，电路所呈现出的特性会有所差异，因为布线间会存在相互耦合效应。这个特点是微波、射频电路设计与其他低频、高频电路设计的最大区别。

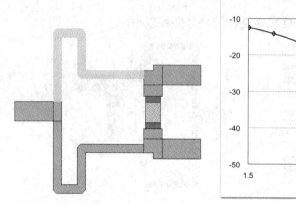

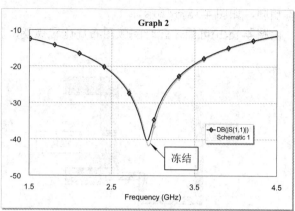

图 4-20　向左侧靠拢的版图　　　　　　　图 4-21　仿真结果

比较结束后，应用 Graph→Clear Frozen，取消之前冻结的曲线，结束对比。

记录最终的版图文件、MTRACE2 X1 元件参数值以及 Graph2 结果图。

4.5　电磁提取分析

Graph2 的对比结果说明，由于布线间的相互耦合效应，当版图布线不同时，其原理图性能会有差别。因此，有必要针对电路原理图进行电磁仿真，以提高仿真分析的精准度。对于电磁仿真，如果应用 AWR 软件传统的全波电磁仿真器(EMSight)进行计算，则运算量较大，很难迅速计算出耦合效应。如果综合运用 AWR 软件的 ACE 和 AXIEM 电磁提取分析，就可以有效地保证快速、精准、高效的射频电路设计。

本节首先应用 AWR 软件的自动电路提取(ACE)技术，通过 ACE 分析可以快速地计算出电磁结果，同时也保证较高的准确度；其次根据 ACE 分析结果，结合版图耦合效应，继续调整、压缩功分器的版图尺寸；最后，应用电磁提取器(AXIEM)，对最终的版图结构进行严格的电磁仿真分析，从而确保电路特性符合指标要求。

4.5.1　ACE 分析

自动电路提取器 ACE(Automatic Circuit Extract)能够将电路原理图中需要考虑耦合效应的电路元件自动提取生成电磁结构，并进行电磁仿真，再自动将元件的电磁特性反馈回电路原理图中，与其他元件(如端口、电阻等)联系在一起，再进行电磁、电路特性的联合仿真，从而同时满足仿真分析的速度和精度要求。具体步骤如下：

1.添加提取器

回到原理图，在应用菜单 Scripts→EM→Create StackUp 中，将 Grid 设为 10 μm，在原理图中添加两个元件，如图 4-22 所示。

EXTRACT
ID=EX1
EM_Doc="EM_Extract_Doc"
Name="EM_Extract"
Simulator=AXIEM
X_Cell_Size=10 um
Y_Cell_Size=10 um
STACKUP=""
Override_Options=Yes
Hierarchy=Off
SweepVar_Names=""

STACKUP
Name=SUB2

图 4-22　添加提取元件

1) STACKUP 元件

STACKUP 用于设置电磁仿真所需的介质基板等定义。双击打开，编辑各个标签页的参数：

- Material Defs.：材料定义。介质定义栏 SUB1 的 Er 为 9.8；在 Conductor Definitions 栏选择 add，添加 Copper，默认数值。
- Dielectric Layers：介质层。共 2 层，第一层 air 的高度设为 5000，第二层 SUB1 的高度设为 1000；Bottom Boundary 项设为 copper，其他边界设为 open；Substrate Name 默认为 SUB2。
- Materials：材料。点击 Insert，添加 Trace1，厚度设为 18，材料选 Copper。
- EM Layer Mapping：电磁层定义，设定了各种结构在电磁层中的属性。将 EM Layer 列的 Copper 层、Via 层均设为 2，其他均为 none；Via 列只勾选 Via 层，其他均留空；Material 列的 Copper 层设为 Trace1，Via 层设为 Perfect Conductor；Via Extend 列均为 1。LPF Name 为 MIC_metric.lpf。
- Line Type：带线类型。首先点击 Initialize 初始化，再将 Material Name 选为 Trace1，Layer 选为 2。
- 其他标签页：默认。

2) EXTRACT 模块

用于控制电磁提取流程，其中 EM_Doc 参数是提取出来的电磁工程的名字；Name 是电磁提取的名称，与 Name 参数名字一样的结构会被提取出来做电磁仿真；Simulator 是提取时采用的仿真器。将 EM_Doc 设为 EM_Extract_ACE，Name 设为 EM_Extract1，Simulator 选 ACE，STACKUP 设为 SUB2，其他默认。EXTRACT 模块设置如图 4-23 所示。

EXTRACT
ID=EX1
EM_Doc="EM_Extract_ACE"
Name="EM_Extract1"
Simulator=ACE
X_Cell_Size=10 um
Y_Cell_Size=10 um
STACKUP="SUB2"
Override_Options=Yes
Hierarchy=Off
SweepVar_Names=""

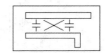

图 4-23　EXTRACT 模块设置

2. 选择提取元件

在原理图中按下 Shift 键，点击鼠标左键，逐个选中所有的微带线元件，包括所有的 MLIN、MTRACE2、MTEE$ 元件，然后在任一元件上点击右键，在弹出菜单中选择

Properties，在新弹出窗口中选择 Model Options 标签页，勾选右侧 Enable 项，Group Name 选择 EM_Extract1，点击 OK。

在原理图中，点击 EXTRACT 模块，此时所有设置了提取的元件都会变成红色，表示能被独立抽取并去做电磁仿真。

3. 提取

右键点击 EXTRACT 模块，在弹出菜单中选择 Add Extraction，则在左侧工程树状图的 EM Structures 节点下面自动添加 EM_Extract_ACE 项，双击即可查看提取出来的电磁结构，如图 4-24 所示。

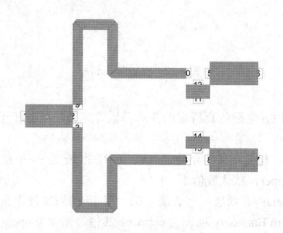

图 4-24　提取出的电磁结构

按下 Analyze，进行电磁电路联合仿真：软件自动对 EXTRACT 模块提取出的结构进行 ACE 分析，再将电磁结果返回到原理图中，与未提取元件一起进行电路仿真。

查看 Graph2 结果，再点击工具栏 Freeze Traces 按钮，将当前结果冻结。回到原理图，在 Extract 模块符号上点击右键，选择 Toggle Enable，则 Extract 模块变成灰色，表示该提取器已被关闭。再次 Analyze，则得到无提取效应的结果。ACE 结果对比如图 4-25 所示。

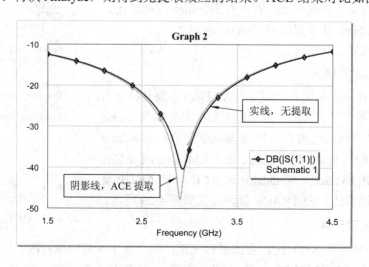

图 4-25　ACE 结果对比示意

4.5.2　版图小型化调整

当前版图如图 4-26 所示，图中标尺是应用 Draw→Dimension Line 绘制的，面积为 82.5mm^2。应用 Draw→Layer Ruler 或工具栏的 Measure 快捷钮，可以测量任意两点之间的距离。本节应用 ACE 分析，进一步缩小版图尺寸。具体步骤如下：

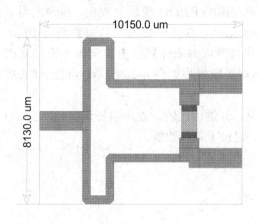

图 4-26　版图尺寸

1．提取三维电磁电路模型

复制电路原理图：在工程树状图中，点击左键选中 Schematic 1 项不要松开，将其拖放入 Circuit Schematics 节点，则在该节点下新增加 Schematic 1 1 项，右键选择 Rename，命名为 Schematic bend。

设置 EXTRACT 模块：在 Schematic bend 窗口中，双击 EXTRACT 模块，重新设置 EM_Doc、Name 项，如图 4-27(a)所示。再将电路图中所有的微带线元件都设为可以被 EM_Extract2 模块提取的。

提取分析：在 Extract 模块上点击右键，选择 Toggle Enable，激活 ACE 提取功能，并点击 Analyze 图标，重新提取分析。

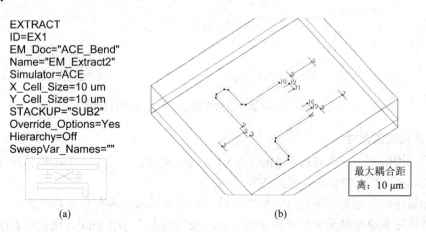

图 4-27　ACE 提取的三维电磁耦合结构

添加注释：在工程树状图中，右键点击 ACE_Bend 项，选择 Add Annotation，在弹出对话窗中，Meas.Type 项选 ERC，Measurement 项选 EXT_CKT_3D，其他默认，点击确定。再在 ACE_Bend 项上点击右键，选择 View EM 3D Layout，就得到提取出的三维电磁结构，包含模型耦合效应，如图 4-27(b)所示。

2．改变耦合距离设置

在 Schematic bend 原理图的 Extract 模块上双击，在弹出对话窗中选择 ACE 标签页，更改 Coupling 项的 Max Coupled Dist.参数值，当前数值为 10 μm，考虑耦合效应的计算距离很小，更远距离的耦合效应并未计算在内。将该参数依次改为 1500 μm、5000 μm、8000 μm，其三维电磁结构提取模型如图 4-28 所示，可见 ACE 提取时计入的耦合效应在不断增多。

记录对应的 S11 结果，并进行比较。逐步调整该参数，当 S11 性能无明显改变时，即为适当的最大耦合距离。记录下该参数值。

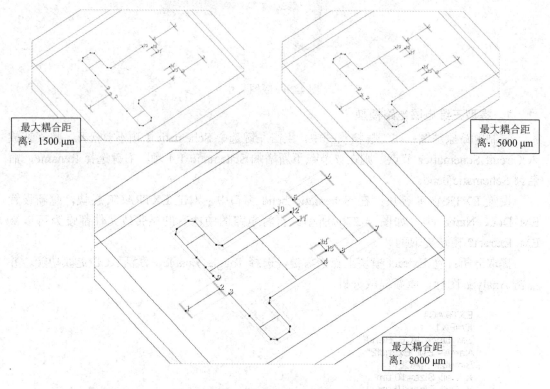

图 4-28　不同耦合距离提取的三维电磁耦合结构

3．压缩版图尺寸

回到二维版图中，重新调节 Mtrace2 X1 元件的布线，尽量缩小版图整体尺寸。选择适当 Max Coupled Dist.参数值，重新进行 ACE 分析。

记录最终调节好的版图尺寸、提取出的三维电磁结构、所有 S 参数结果。

版图压缩调整结果示例参见图 4-29，此时版图面积为 51.5 mm^2，比初始版图面积减少了 38%。

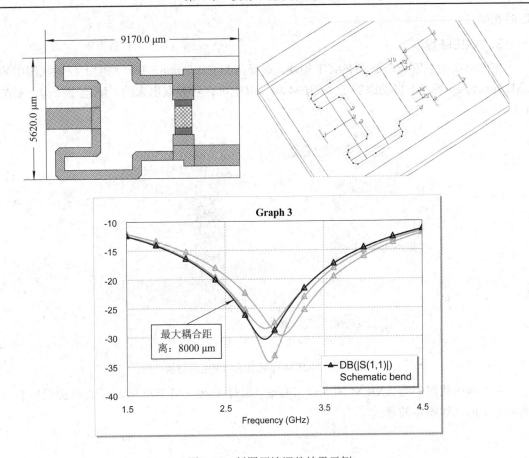

图 4-29　版图压缩调整结果示例

4.5.3　AXIEM 分析

版图形状、尺寸最终确定后，再进行更精准的 AXIEM 电磁分析，以验证电路特性。具体步骤如下：

1. 复制电路图

在工程树状图中，左键选中 Schematic bend 项，不要松开，将其拖放入 Circuit Schematics 节点。在新生成的 Schematic bend 1 项上点击右键，选择 Rename，更名为 Schematic AXIEM。

2. 重设 EXTRACT 模块

双击 EXTRACT 模块，将 Simulator 项由 ACE 改为 AXIEM，其他参数设置如图 4-30 所示。注意：X_Cell_Size 和 Y_Cell_Size 的取值需自行设定，图中数值仅做示例。再将电路图中所有的微带元件以及电阻元件，都设置为可被 EM_Extract2 模块提取。

检查 STACKUP 元件，各个标签页设置应与 ACE 提

EXTRACT
ID=EX1
EM_Doc="AXIEM"
Name="EM_Extract2"
Simulator=AXIEM
X_Cell_Size=200 um
Y_Cell_Size=100 um
STACKUP="SUB2"
Override_Options=Yes
Hierarchy=Off
SweepVar_Names=""

图 4-30　重设 EXTRACT 模块

取时相同。

3．AXIEM 提取

在电路图中右键点击 EXTRACT 模块，选择 Add Extraction，则在左侧工程树状图中的 EM Structures 节点下自动添加了 AXIEM 项。双击可查看提取出来的二维电磁结构，如图 4-31 所示。

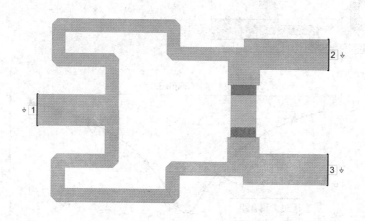

图 4-31　AXIEM 提取出的二维电磁结构

在工程树状图中的 AXIEM 项上点击右键，选择 View EM 3D Layout，查看提取出的三维电磁结构，如图 4-32 所示。

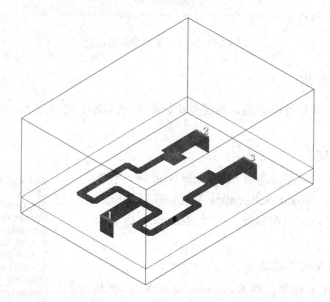

图 4-32　AXIEM 提取出的三维电磁结构

在工程树状图中的 AXIEM 项上点击右键，选择 Mesh，查看进行 AXIEM 提取的网格剖分情况，如图 4-33 所示。

展开工程树状图中的 AXIEM 项，双击其下的 Information 项，显示窗口如图 4-34 所示。

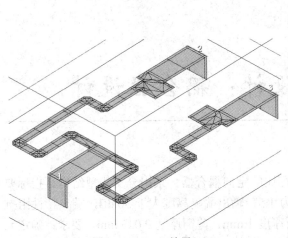

图 4-33 Mesh 结果

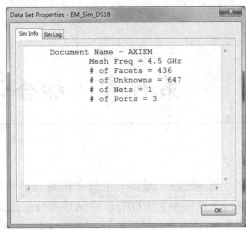

图 4-34 Information 内容

此时未知量为 647 个，结合之前的 Mesh 结果，可知 EXTRACT 模块的 X_Cell_Size 和 Y_Cell_Size 参数取值较大，可自行设置适当的网格单元数值。

注意：将 Schematic 1、Schematic bend 电路原理图中的提取器都暂时关闭，以免影响 AXIEM 计算速度。

点击 Analyze，对 Schematic AXIEM 电路进行 AXIEM 三维电磁建模提取分析。

新建测量图，测量相关 S 参数，验证压缩版图后的最终电路特性是否达标。记录 AXIEM 电磁提取的分析结果。结果示例参见图 4-35。

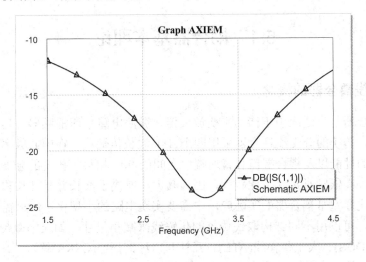

图 4-35 AXIEM 结果示例

第 5 章　综合设计：耦合器设计

　　基本内容：设计一个具有特定功率分配比的定向耦合器，采用分支线型结构。指标要求：工作频率为 1 GHz，输出功率分配比为 1.5，输出端隔离度大于 30 dB，端口特性阻抗均为 50 Ω。基板参数：介电系数 4.4，基板厚度 1 mm，覆铜厚度 0.035 mm。要求：确定元件参数，调节电路性能，自行调整、压缩版图结构，进行小型化设计；进行 ACE 分析、AXIEM 分析，验证电路性能。

　　进阶内容：在满足基本内容指标的同时，设计一个具有特定频率抑制点的定向耦合器，采用多个 T 型结构。指标要求：频率抑制点在 3 GHz 和 4.5 GHz，抑制度大于 16 dB，其他设计指标不变。要求：确定元件参数，调节电路性能，自行调整、压缩版图结构，进行小型化设计；进行 ACE 分析、AXIEM 分析，验证电路性能。

　　扩展内容：硬件版图设计。将 AWR 软件设计完成的 dxf 版图导入 Protel 软件，设计符合硬件加工要求的硬件版图。记录最终版图设计结果。

5.1　耦合器基本理论

5.1.1　分支线耦合器的概念

　　分支线耦合器是广泛应用于诸如平衡放大器、微波电路平衡混频器、功分器、移相器等的无源器件。传统的分支线耦合器采用四个 1/4 波长传输线。在中心频率附近的窄带宽内，得到良好的性能以及耦合端口和直通端口之间的 90° 相移。传统的分支线耦合器在高频时尺寸很小，在低频时尺寸又比较大，因为其大小取决于波长并且波长和工作频率成反比。最近小型化和宽带耦合器的实际应用中需要实现电路的小型化，所以需要努力减小尺寸和增加带宽。可以用不同结构取代传统的传输线来减小尺寸，如缺陷微带结构(DMS)、缺陷接地结构(DGS)、人工传输线(ATL)、互补开口环谐振器(CSRR)等。

　　分支线耦合器是一种定向耦合器，它由两根平行传输线所组成，通过多个分支线实现耦合。由于同步型分支线定向耦合器结构紧凑，分支线较少，且其特性可以预测及调整得相当准确，因此应用较为广泛。

5.1.2　分支线耦合器模型分析

　　图 5-1 为分支线耦合器的几何模型图，采用了归一化形式的电路如图 5-2 所示。必须要明确的是，线上的数值是用 Z_0 归一化的阻抗，每一条线代表一根传输线。假定在端口 1

输入波，波的幅度为 1。

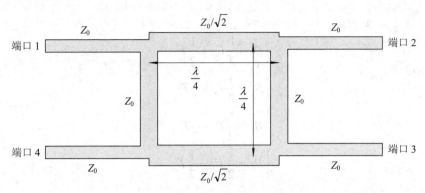

图 5-1 分支线耦合器的几何模型

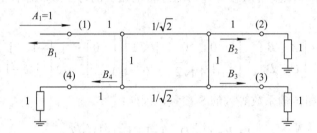

图 5-2 归一化形式的分支线混合耦合器电路

因为激励的对称性和反对称性，四端口网络能分解为一组两个无耦合的二端口网络，即耦合器可以分解为奇模激励和偶模激励的组合，如图 5-3 所示。重叠这两组激励的波可产生原始激励的波。由于该电路是线性的，所以实际响应为偶模和奇模激励响应之和。

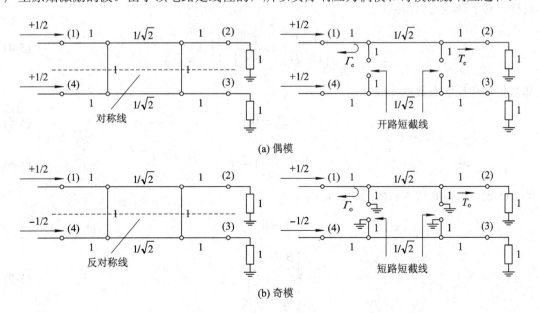

图 5-3 分支线耦合器分解成偶模和奇模

这两个端口的输入波振幅是 ±1/2，所以在分支线混合网络每个端口处的出射波的振幅可表示为

$$
\begin{cases}
B_1 = \dfrac{1}{2}\Gamma_e + \dfrac{1}{2}\Gamma_o \\[2mm]
B_2 = \dfrac{1}{2}T_e + \dfrac{1}{2}T_o \\[2mm]
B_3 = \dfrac{1}{2}T_e - \dfrac{1}{2}T_o \\[2mm]
B_4 = \dfrac{1}{2}\Gamma_e - \dfrac{1}{2}\Gamma_o
\end{cases}
\tag{5-1}
$$

在上面的公式中，$\Gamma_{e,o}$、$T_{e,o}$ 分别是图 5-3 所示二端口网络的偶模和奇模的反射系数、传输系数。偶模二端口电路的 Γ_e 和 T_e 可通过将电路中的每个级联器件的 A、B、C、D 矩阵相乘而得到，即

$$
\begin{bmatrix} A & B \\ C & D \end{bmatrix}_e =
\begin{bmatrix} 1 & 0 \\ j & 1 \end{bmatrix}
\begin{bmatrix} 0 & j/\sqrt{2} \\ j\sqrt{2} & 0 \end{bmatrix}
\begin{bmatrix} 1 & 0 \\ j & 1 \end{bmatrix}
= \frac{1}{\sqrt{2}}
\begin{bmatrix} -1 & j \\ j & -1 \end{bmatrix}
\tag{5-2}
$$

转换到与反射系数和传输系数等效的 S 参量，因此：

$$
\Gamma_e = \frac{A+B-C-D}{A+B+C+D} = \frac{(-1+j-j+1)/\sqrt{2}}{(-1+j+j-1)/\sqrt{2}} = 0
$$

$$
T_e = \frac{2}{A+B+C+D} = \frac{2}{(-1+j+j-1)/\sqrt{2}} = \frac{-1}{\sqrt{2}}(1+j)
\tag{5-3}
$$

同样，对于奇模可以得到：

$$
\begin{bmatrix} A & B \\ C & D \end{bmatrix}_o = \frac{1}{\sqrt{2}}
\begin{bmatrix} 1 & j \\ j & 1 \end{bmatrix}
\tag{5-4}
$$

那么传输和反射系数就变成

$$
\Gamma_o = 0
\tag{5-5}
$$

$$
T_o = \frac{1}{\sqrt{2}}(1-j)
\tag{5-6}
$$

把式(5-5)、式(5-6)代入式(5-1)中，得到

$$
\begin{cases}
B_1 = 0 \\[2mm]
B_2 = -\dfrac{j}{\sqrt{2}} \\[2mm]
B_3 = -\dfrac{1}{\sqrt{2}} \\[2mm]
B_4 = 0
\end{cases}
\tag{5-7}
$$

由此可知，端口 1 是完美匹配；从端口 1 到端口 2 得到一半的功率，并且有 −90° 的相位差；从端口 1 到端口 3 得到一半的功率，并且有 −180° 的相位差；端口 4 没有功率传输。

5.1.3　分支线耦合器指标参数

分支线耦合器指标参数包括：

- S(1，1)——回波损耗；
- S(2，1)——端口 1、2 的耦合度；
- S(3，1)——端口 1、3 的耦合度；
- S(4，1)——端口 1、4 的隔离度；
- S(2，3)——端口 2、3 的隔离度。

5.2　基　本　内　容

5.2.1　物理参数计算

特定功率比输出、分支线型定向耦合器的结构模型如图 5-4 所示。图中，4 个端口的连接线均为 $Z_0 = 50\,\Omega$，电长度可取任意值；$Z_{C1} = Z_0 \cdot \dfrac{K}{\sqrt{1+K^2}}$，$Z_{C2} = Z_0 K$，$\theta_{C1} = \theta_{C2} = 90°$，即四分之一波长，其中功率分配比 $K = 1.5$，即要求 $S_{21}(\text{dB}) - S_{31}(\text{dB}) = 20\lg K = 20 \times \lg 1.5 = 3.52\,\text{dB}$。

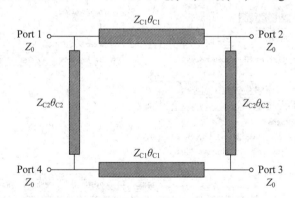

图 5-4　分支线型定向耦合器几何模型

计算各元件的电参数(阻值、电长度)，填入表 5-1；再利用 TXLine 工具计算元件的物理参数(宽 W、长 L)，计算条件为：$\varepsilon_r = 4.4$，$H = 1\,\text{mm}$，$T = 0.035\,\text{mm}$，$f_0 = 1\,\text{GHz}$。将计算结果填入表 5-1，结果保留两位小数。

表 5-1　分支线型定向耦合器参数

阻值/Ω		电长度/deg		W/mm	L/mm
Z_0	50	θ_0	—		10.00
Z_{C1}		θ_{C1}	90		
Z_{C2}		θ_{C2}	90		

5.2.2　电路原理图仿真

创建新工程，命名为 Ex5_Coupler1.emp。新建一个电路原理图，命名为 Coupler。

设置单位：MHz、mm；设置工程频率：500～2000 MHz；设置步长：10 MHz。

绘制原理图，添加图表，测量回波损耗 S_{11}，耦合度 S_{21}、S_{31}，隔离度 S_{32}、S_{41}。分析电路，记录仿真结果。

创建输出等式：在工程树状图中找到 Output Equations 节点，点击右键，选择 New Output Equations，默认命名为 Output Equations1，则在 Output Equations 节点下添加一个输出等式项。双击 Output Equations1 项，激活输出等式窗口。

定义输出等式 s21：从主菜单选 Draw→Add Output Equation，在新窗口的 Variable name 项输入 s21，其他设置如图 5-5 所示，点击确定，移动光标，在 Output Equations1 窗口内的空白处点击左键放置，则定义了输出等式 s21。注意，输出等式定义的是软件的测量项，以暗绿色显示。

图 5-5　定义输出等式 s21

定义输出等式 s31：重复相同步骤，定义输出等式 s31。

定义输出功率比 K：主菜单选 Draw→Add Equation，在 Output Equations1 窗口内点击左键放置，输入 K = s21/s31，即定义输出功率比。注意：K 是自定义的等式，即变量，以黑色显示，如图 5-6 所示。

s21 = Coupler:|S(2,1)|

s31 = Coupler:|S(3,1)|

K=s21/s31

图 5-6　定义输出等式

新添加一个测量图，测量变量 K。重新分析电路，并在 1000 MHz 处标注 marker。

调节：调节各个分支线元件的参数，观察电路性能变化情况，总结调节特性。参考电路图(L、W 值略)及分析结果示意图见图 5-7、图 5-8。

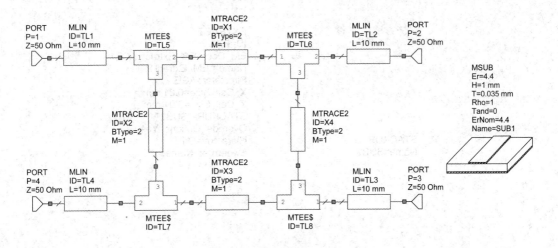

图 5-7　参考电路图

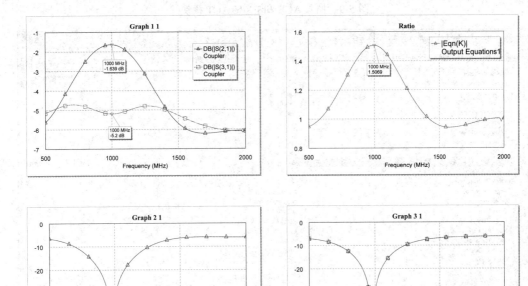

图 5-8　测量结果示意图

5.2.3　ACE 分析

　　在电路原理图中加入 ACE 和 EXTRACT 模块，如图 5-9 所示。两个模块的各项参数需自行设置，必须与设计所采用的基板参数吻合。具体方法可参考第 4.5 节"电磁提取分析"的内容。将 EXTRACT 模块 ACE 标签页的最大耦合距离设为 20 mm，如图 5-10 所示。

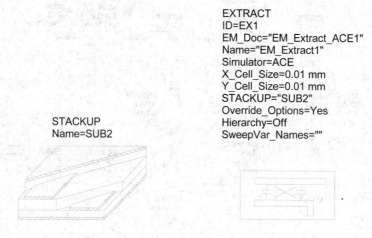

EXTRACT
ID=EX1
EM_Doc="EM_Extract_ACE1"
Name="EM_Extract1"
Simulator=ACE
X_Cell_Size=0.01 mm
Y_Cell_Size=0.01 mm
STACKUP="SUB2"
Override_Options=Yes
Hierarchy=Off
SweepVar_Names=""

STACKUP
Name=SUB2

图 5-9　加入 ACE 和 EXTRACT 模块

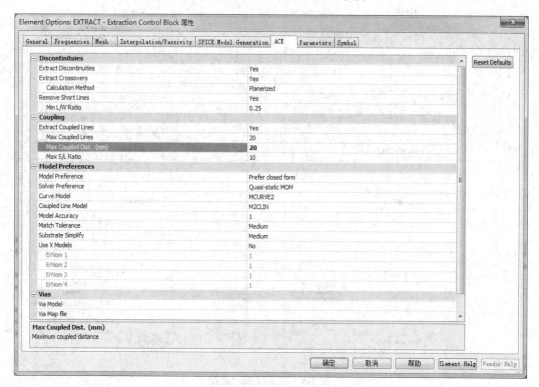

图 5-10　EXTRACT 模块的 ACE 设置

　　将电路图中除了端口和基板之外的其他微带元件都设为可以 ACE 提取的。执行提取并分析电路，观察所得结果，与未提取时相比较，分析原因。

　　再将 ACE 模块的最大耦合距离分别设为 40 mm、60 mm，观察、比较不同设置时提取结果的差异，记录结果并分析说明。

　　提取结果示例如图 5-11 所示，图中的阴影线为未加 ACE 提取时的结果。

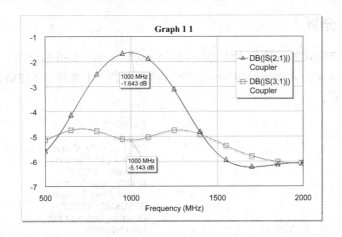

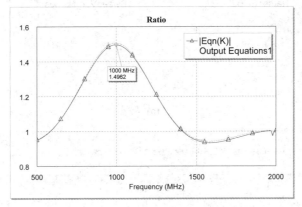

图 5-11 ACE 提取结果示意图

5.2.4 版图小型化设计

由电路原理图生成二维版图。参考 4.4.2 节的"版图调整"内容，自行设定 MTRACE2 元件的 L、DB、RB 参数，以保持电路的对称结构，手动调整 MTRACE2 元件的布线形式，尽量缩小版图尺寸。版图结构示意如图 5-12 所示，仅供参考。

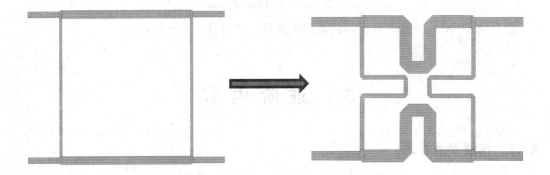

图 5-12 版图小型化设计示意图

再次进行 ACE 提取分析，记录分析结果，并对结果进行说明。

5.2.5 AXIEM 分析

重新设置 EXTRACT 模块的 EM_Doc 项、Simulator 项、Cell Size 项，设为 AXIEM 提取，如图 5-13(a)所示。再双击该模块，在弹出的属性窗口中选择 AXIEM 标签页，具体设置如图 5-13(b)所示。

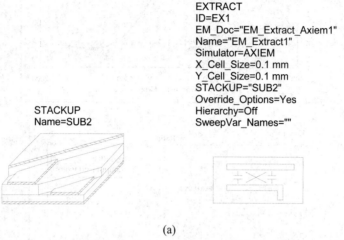

(a)

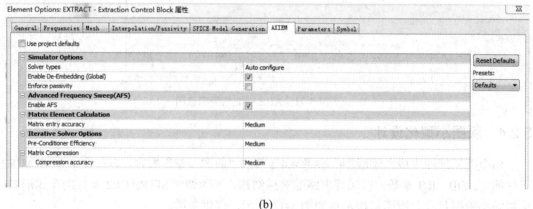

(b)

图 5-13 AXIEM 设置

进行 AXIEM 电磁提取分析，记录分析结果，并对结果进行说明。

5.3 进 阶 内 容

5.3.1 物理参数计算

具有特定功率分配比、特定频率抑制点的定向耦合器采用多个 T 型结构，需要由分支线型结构向 T 型结构进行转换计算。具体转换过程以分支线型的 $Z_{C1}\theta_{C1}$ 元件为示例进行说明，如图 5-14 所示。

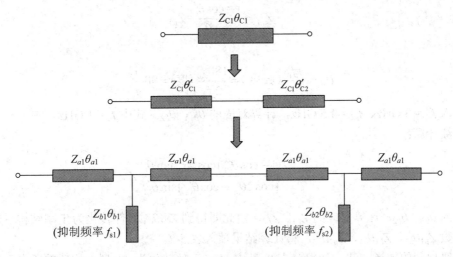

图 5-14 分支线型到 T 型结构的转换

通过类似步骤，可以将分支线型结构的 $Z_{C2}\theta_{C2}$ 元件也转换为 T 型结构。完整 T 型结构如图 5-15 所示。

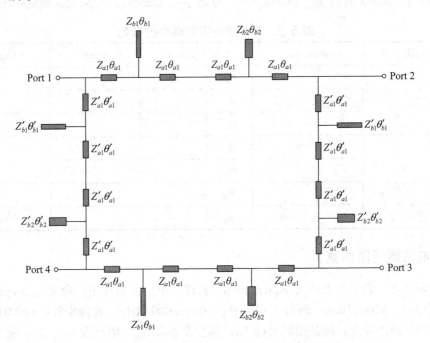

图 5-15 T 型结构定向耦合器的几何模型

具体的转换计算步骤如下：

在图 5-14 中，Z_{C1} 为表 5-1 中的计算值，$\theta_{C1} = 90°$。首先将一个 $Z_{C1}\theta_{C1}$ 微带元件等效变换为两个串联的微带元件，等效变换时阻抗 Z_{C1} 不变，串联元件的相位之和必须是 θ_{C1} 的整数倍。此处取 $m = 1$，令 $\theta'_{C1} = \theta'_{C2}$，则 $\theta'_{C1} = \theta'_{C2} = \theta_{C1}/2 = 45°$。

再分别将每一个串联微带元件等效变换为一个 T 型结构，T 型结构的并联枝节 $Z_{bi}\theta_{bi}$ 元件起到抑制频率的作用。取 $\theta_{a1} = 15°$，继续进行转换计算：

$$Z_{a1} = \frac{1 - \cos\theta'_{C1}}{\tan\theta_{a1}} Z_{C1} \tag{5-8}$$

由

$$\theta_{bi} = \frac{\pi f_0}{2 f_{si}}(弧度) = \frac{180 f_0}{2 f_{si}}(度) = 90\frac{f_0}{f_{si}} \tag{5-9}$$

分别代入 $f_{s1} = 3$ GHz、$f_{s2} = 4.5$ GHz，计算对应的 θ_{b1}、θ_{b2}。式中 $f_0 = 1$ GHz。

继续计算：

$$Z_{bi} = \frac{(1 - \cos\theta'_{C1})\cos^2\theta_{a1}\tan\theta_{bi}}{(\cos 2\theta_{a1} - \cos\theta'_{C1})\sin\theta'_{C1}} Z_{C1} \tag{5-10}$$

分别代入 θ_{b1}、θ_{b2}，计算对应的 Z_{b1}、Z_{b2}。由此即得到 $Z_{C1}\theta_{C1}$ 元件转化为 T 型结构后的所有元件参数 $Z_{a1}\theta_{a1}$、$Z_{b1}\theta_{b1}$、$Z_{b2}\theta_{b2}$，将计算结果填入表 5-2。

按照相同的转换方法，计算分支线型 $Z_{C2}\theta_{C2}$ 元件转化为 T 型结构后的所有元件参数 $Z'_{a1}\theta_{a1}$、$Z'_{b1}\theta_{b1}$、$Z'_{b2}\theta_{b2}$，将计算结果也填入表 5-2。

再利用 TXLine 工具，计算各个元件的物理参数(宽 W、长 L)，计算条件为：$\varepsilon_r = 4.4$，$H = 1$ mm，$T = 0.035$ mm，$f_0 = 1$ GHz。将计算结果填入表 5-2，结果均保留两位小数。

表 5-2　T 型结构定向耦合器参数

分支线阻值/Ω		阻值/Ω	电长度/deg		W/mm	L/mm
Z_{C1}		Z_{a1}	θ_{a1}	15		
		Z_{b1}	θ_{b1}			
		Z_{b2}	θ_{b2}			
Z_{C2}		Z'_{a1}	θ'_{a1}	15		
		Z'_{b1}	θ'_{b1}			
		Z'_{b2}	θ'_{b2}			
端口传输线		Z_0	50	θ_0	—	10.00

5.3.2　电路原理图仿真

创建新工程，命名为 Ex5_Coupler2.emp。新建一个电路原理图，命名为 coupler2。

设置单位：MHz、mm；设置工程频率：500～6000 MHz；设置步长：10 MHz。绘制电路原理图，添加图表，测量回波损耗 S_{11}，耦合度 S_{21}、S_{31}，隔离度 S_{32}、S_{41}，输出功率比 K。分析电路，记录初始仿真结果。

调节：调节 T 型结构各个元件的参数，观察电路性能变化情况，总结调节特性。

优化：手动调节不达标时，再继续进行优化。按照耦合器的指标要求，设定优化目标；参考调节特性，自行选择相关敏感元件，设定优化参数及其上、下限范围；选择适当优化算法，执行优化。记录优化后的元件参数值及结果图。考虑电路元件较多，可分组、多次优化，选择最优结果记录。

参考电路图(L、W 值略)及仿真结果的示意图如图 5-16、图 5-17 所示。

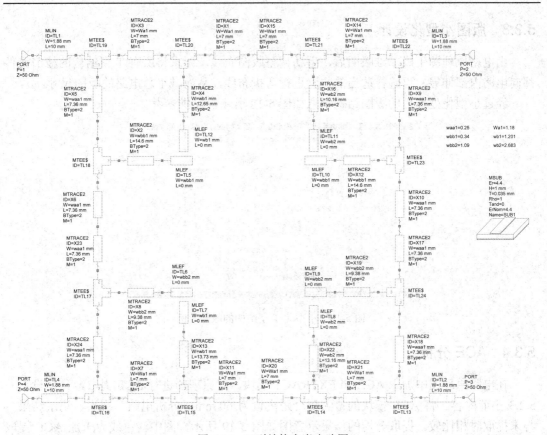

图 5-16　T 型结构参考电路图

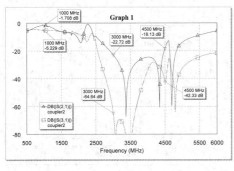

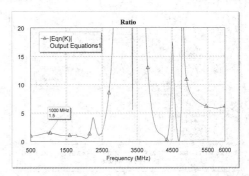

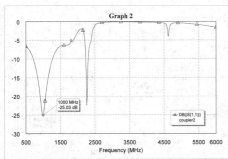

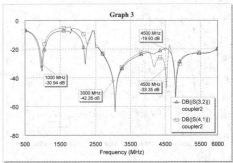

图 5-17　仿真结果示意图

5.3.3 版图小型化设计

由电路原理图生成二维版图后，手动调整版图布线。要求将所有 T 型结构的枝节元件都向电路内部伸展，再选择适当的位置进行弯折布线，从而减小总电路的版图尺寸。

经过小型化处理后的版图结构示意如图 5-18 所示，仅供参考。

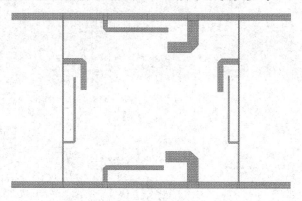

图 5-18 小型化 T 型结构的版图示例

5.3.4 ACE 分析

在电路原理图中加入 ACE 和 EXTRACT 模块，对原理图进行 ACE 提取，具体设置同 5.2.3 小节内容。将 ACE 模块的最大耦合距离设为 60 mm，分析电路，观察、记录结果，与未提取时相比较。提取分析的结果示意图如图 5-19 所示，图中浅色线为未加 ACE 提取时的结果。

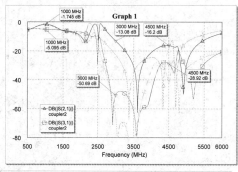

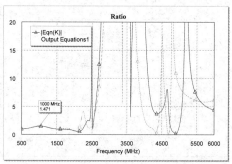

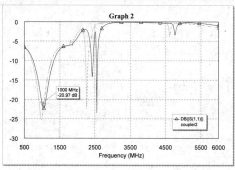

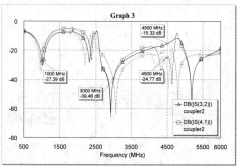

图 5-19 提取分析结果示意图

5.3.5　AXIEM 分析

重新设置 EXTRACT 模块的 EM_Doc 项、Simulator 项、Cell Size 项，具体设置同基本内容，进行 AXIEM 电磁提取。记录分析结果，并对结果进行说明(结果示意图略)。

5.4　扩　展　内　容

5.4.1　导出 DXF 版图

在 AWR 软件的 Project 浏览页中，选中左侧树状栏内 circuit schematic 节点下的 coupler2 项，点击右键，选择 Export Layout，导出类型选择 Flat dxf 格式，然后命名，即导出该原理图的 *.dxf 版图文件。

5.4.2　导入 DXF 版图

运行 Protel 99se 软件，由主菜单逐步选择新建设计、新建文件，在弹出的窗口中选择新建 PCB 文件并打开；主菜单选择 File→Import，导入 *.dxf 文件；在新弹出的设置界面，按图 5-20 所示进行相关设置，即导入 dxf 版图。

注意：导入图层时，0 层不导入，NA 层导入为 Top Layer。

图 5-20　导入设置

5.4.3　编辑版图

选择图层：Design→options，图层只勾选保留如图 5-21 所示的 4 个，其他层不需要。注意电路是在 TopLayer 层，可以在本层标注电路名称、备注等。

\TopLayer /BottomLayer /KeepOutLayer /MultiLayer/

图 5-21　保留的图层

填充电路：在图层标签选择 TopLayer，此时导入的版图仅有微带线元件的外部框线，还需要进行填充处理。先将 snap grid 设为 0.001 mm，再任选一根微带线，双击，将 width 设为 0.001 mm，再点 Global，全部默认 any，勾选 Width 项，点击 OK，即将线条宽度全部设为 0.001 mm。选择 Place→Fill，分段进行填充，不能留有空隙，但微带线内可重叠填充。填充好的微带线以红色显示。

移动电路：填充全部完成后，选择 Edit→select→all on layer，即选中整层电路，再将其移动到居中的适当位置，以方便查看。选择 Edit→deselect→all，取消全选。

绘制边框：选 KeepOutLayer 层，点击布线工具条的第一个按钮，如图 5-22 所示，绘制切割边框。左右边框应紧贴连接端口的微带线，以便后期焊接 sma 接头；上下边框与电路的距离要大于 5 mm。切割边框的线条宽度可适当加粗(width 设为 1 mm，点 Global，Layer 选 same，其他默认 any，勾选 Width 项)。切割边框以紫色显示。

填充底板：选 BottomLayer 层，在边框范围内完全填充，即将接地板全部保留。底板以蓝色显示。

版图编辑过程中，除了从主菜单选择布线操作，也可以在布线工具栏点击相应快捷按钮，如图 5-22 所示。

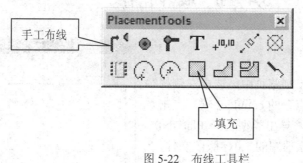

图 5-22　布线工具栏

5.4.4　导出 PCB 版图

版图编辑全部完成后，导出 *.pcb 文件并保存。最终的 PCB 版图如图 5-23 所示，加工完成的硬件电路如图 5-24 所示，模型结构仅供参考。PCB 加工制作时可做镀银处理，便于后期加工焊接以及抗氧化。

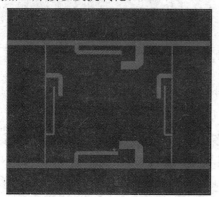

图 5-23　T 型结构的 PCB 版图

图 5-24　硬件电路示例

第 6 章 低通滤波器设计

6.1 低通滤波器基本理论

6.1.1 概述

滤波器在电子系统中起选频作用，可以选择性地让信号中有用的频率成分通过，并且过滤掉不需要的频率分量。在各种电磁运用中，滤波器的选频性能可以用来滤除噪声而得到无干扰或干扰小的信号。

滤波器的分类方法很多。根据通带的位置不同分类，微波滤波器可分为高通、低通、带通和带阻滤波器四种；按滤波器在通带内的插入损耗的特性分类，可分为最平坦型滤波器和等波纹型滤波器等；根据工作频带的宽窄分类，可分为窄带、中等带宽、宽带、超宽带滤波器；按滤波器的传输线结构分类，可分为微带滤波器、同轴滤波器、波导滤波器等；以工作频带是否可调划分，可分为频带可调滤波器和固定频带滤波器。

6.1.2 参数指标

一个滤波器的好坏，主要取决于滤波器的参数指标。

1．插入损耗

插入损耗表示在通带内传输信号经过滤波器产生的损耗，定义为从信号源入射到滤波器的功率(P_{in})与滤波器负载得到功率(P_L)的比值，计算公式如式(6-1)所示：

$$L_A = 10 \lg \frac{P_{in}}{P_L} \tag{6-1}$$

对于理想的滤波器而言，通带内的插入损耗很小甚至为 0 dB。在滤波器的设计过程中，滤波器多采用无源器件，则影响插入损耗的主要因素是在端口处的阻抗失配。

2．通带波纹

通带波纹表示滤波器通带内电磁响应波动情况，单位为分贝。波动情况是指响应的幅度变化，即最大值和最小值之差。

3．带宽

滤波器有选频功能，输入信号能通过滤波器的频率宽度就是带宽。设定一个衰减值，只要信号的衰减小于设定的衰减值即表示信号频率处于滤波器的通带，所以带宽可以用滤波器的频率响应衰减到设定的衰减值时的两个频率之差表示。频带宽度的单位是赫兹，常使用衰减达到 3 dB 时的频率差当作滤波器的频带宽度。式(6-2)即是 3 dB 带宽公式。

$$BW^{3dB} = f_H - f_L \qquad\qquad (6\text{-}2)$$

4. 矩形系数

矩形系数表示滤波器频率响应在截止频率附近波形的陡峭度。理想滤波器的矩形系数是 1，实际滤波器矩形系数越接近 1 表示性能越好。式(6-3)是矩形系数的计算公式。

$$SF = \frac{BW^{60dB}}{BW^{3dB}} \qquad\qquad (6\text{-}3)$$

5. 阻带最小衰减

阻带最小衰减表示滤波器通带外的衰减情况。理想滤波器的频率响应在通带外的衰减是无穷大的，但是实际滤波器只能逼近而无法实现，规定只要达到一定的衰减即为合格。这个规定的衰减量即为阻带最小衰减。

6. 品质因数

品质因数表示在滤波器工作于中心频率时,单位周期内的平均储能和耗能之比。式(6-4)是品质因素的计算公式。

$$Q = \omega \frac{W_s}{P_L}\Big|_{\omega=\omega_C} \qquad\qquad (6\text{-}4)$$

在式(6-4)中，一个周期内的平均储能使用 W_s 表示，同周期内的平均耗能使用 P_L 表示。

6.1.3　设计理论

低通原型滤波器是滤波器设计的基础，而其他滤波器，如低通、高通、带通、带阻滤波器大多是在低通原型的基础上实现的。理想的滤波器需要无限多个元件实现，这在实际设计当中是无法实现的。为解决此问题，只能通过特定的函数来逼近理想滤波器的响应，这个函数就是衰减函数，也叫逼近函数。逼近函数首先要满足以下性质：

$$L_A = 10\lg \frac{P_{in}}{P_L} \geqslant 0 \qquad\qquad (6\text{-}5)$$

$$L_A(\omega) = 10\lg \frac{1}{1 - |\Gamma(\omega)|^2} = 10\lg\left[1 + P(\omega^2)\right] \qquad\qquad (6\text{-}6)$$

常用的响应有很多，不同的响应有不同的特性，也有不同的数学表达式，例如巴特沃斯响应、切比雪夫响应。它们的区别在于，巴特沃斯响应在通带内近似贴近 X 坐标轴，曲线是平坦的，如图 6-1 所示，所以也叫最平坦响应。切比雪夫响应如图 6-2 所示，在通带内存在等幅的波纹，因此也称为等波纹响应。

低通原型的衰减函数通式为

$$L_A = 10\lg\left[1 + P_N^2(\omega)\right] \qquad\qquad (6\text{-}7)$$

式中的 $P_N(\omega)$ 对于不同响应有不同的函数。L_A(损耗)对于理想滤波器在 $0 \sim \omega_c$ 范围内是 0。

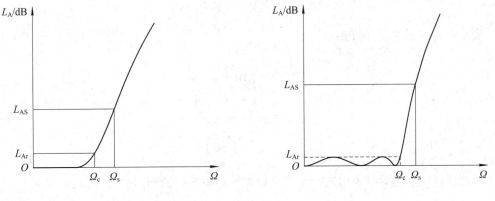

图 6-1　巴特沃斯响应　　　　　　　　　　图 6-2　切比雪夫响应

图 6-3 是低通滤波器的原型结构，为 LC 集总元件网络。

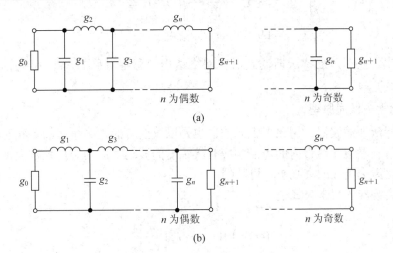

图 6-3　低通滤波器原型结构

图 6-3(a)和图 6-3(b)的结构互为对偶，电路图中的元件是电容或电感，其中 g_0 和 g_{n+1} 为归一化的电阻或电导，而 $g_1 \sim g_n$ 为归一化电容或电感。

1．巴特沃斯低通原型

巴特沃斯滤波器最先由英国工程师巴特沃斯在 1930 年提出，并以巴特沃斯命名。这种响应的最大特性是通带内的频率响应波纹小。巴特沃斯响应的数学表达式为

$$L_A(\omega') = 10\lg\left(1 + \varepsilon\left(\frac{\omega'}{\omega'_1}\right)^{2n}\right) \tag{6-8}$$

式中，$\varepsilon = 10^{\frac{L_{AR}}{10}} - 1$，$\dfrac{\omega'}{\omega'_1}$ 是归一化频率。如图 6-1 所示，L_{AR} 表示截止频率处的衰减值，通常取 3 dB，此时 $\varepsilon = 1$。式中 n 表示滤波器的阶数，可以通过带外衰减计算得到。假设在频率 ω' 处响应的衰减要求达到 L_{AS}，则有：

$$L_{\mathrm{AS}} = 10\lg\left(1 + \varepsilon\left(\frac{\omega'}{\omega'_1}\right)^{2n}\right) \tag{6-9}$$

最少数目的低通元件数 n：

$$n = \frac{\lg\left(\dfrac{10^{\frac{L_{\mathrm{AS}}}{10}} - 1}{\varepsilon}\right)}{2\lg\left(\dfrac{\omega'_S}{\omega'_1}\right)} \tag{6-10}$$

通过衰减响应的数学表达式，可以求得最平坦型响应的归一化元件值 g_k：

$$\begin{cases} g_0 = 1.0 \\[2mm] g_i = 2\sin\left[\dfrac{(2i-1)\pi}{2n}\right], \quad i = 1,\ 2,\ 3,\ \cdots,\ n \\[2mm] g_{n+1} = 1.0 \end{cases} \tag{6-11}$$

可以看出，双端口巴特沃斯滤波器在网络结构中总是对称的，即 $g_0 = g_{n+1}$，$g_k = g_{n+1-k}$（$k = 1,\ 2,\ \cdots,\ n$）等。

2. 切比雪夫低通原型

如同巴特沃斯滤波器，切比雪夫滤波器也是以发明者的姓名命名的。和巴特沃斯响应相比，切比雪夫响应在通带内的电磁响应有等幅度的波动，但其矩形系数大，即在截止频率附近，切比雪夫响应的衰减快，更陡峭。

切比雪夫响应的数学公式是：

$$L_{\mathrm{A}}(\omega') = 10\lg\left(1 + \varepsilon T_n^2\left(\frac{\omega'}{\omega'_1}\right)\right) \tag{6-12}$$

式中

$$T_n\left(\frac{\omega'}{\omega'_1}\right) = \begin{cases} \cos^2\left(n\arccos\left(\dfrac{\omega'}{\omega'_1}\right)\right) & \omega' \leqslant \omega'_1 \\[3mm] \cosh^2\left(n\,\mathrm{arcosh}\left(\dfrac{\omega'}{\omega'_1}\right)\right) & \omega' \geqslant \omega'_1 \end{cases} \tag{6-13}$$

式中，$\varepsilon = 10^{\frac{L_{\mathrm{AR}}}{10}} - 1$，$\dfrac{\omega'}{\omega'_1}$ 则为归一化频率。切比雪夫多项式 T_n 是一个余弦函数，所以在通带内具有等幅波纹。

和巴特沃斯滤波器类似，切比雪夫滤波器的阶数 n 是由最小阻带衰减 L_{AS} 和 Ω_S 决定的，满足式(6-14)。

$$n \geqslant \frac{\text{arcosh}\sqrt{\dfrac{10^{0.1L_{\text{AS}}}-1}{10^{0.1L_{\text{AR}}}-1}}}{\text{arcosh}\,\Omega_{\text{S}}} \tag{6-14}$$

通过衰减响应的数学表达式，可以求得切比雪夫响应的归一化元件值 g_k：

$$\begin{cases} g_0 = 1.0 \\ g_1 = \dfrac{2}{\gamma}\sin\left(\dfrac{\pi}{2n}\right) \\ g_i = \dfrac{1}{g_{i-1}}\dfrac{4\sin\left[\dfrac{(2i-1)\pi}{2n}\right]\sin\left[\dfrac{(2i-3)\pi}{2n}\right]}{\gamma^2+\sin^2\left[\dfrac{(i-1)\pi}{n}\right]},\quad i=2,3,\dots,n \\ g_{n+1} = \begin{cases} 1.0, & n\ \text{为奇数} \\ \coth^2\left(\dfrac{\beta}{4}\right), & n\ \text{为偶数} \end{cases} \end{cases} \tag{6-15}$$

其中

$$\beta = \ln\left[\coth\left(\frac{L_{\text{AR}}}{17.37}\right)\right] \tag{6-16}$$

$$\gamma = \sinh\left(\frac{\beta}{2n}\right) \tag{6-17}$$

6.2　实练：集总参数低通滤波器设计

设计一个电感输入式集总元件滤波器。已知 $L_1=L_4=15\ \text{nH}$，$L_2=L_3=30\ \text{nH}$，$C_1=C_3=8\ \text{pF}$，$C_2=10\ \text{pF}$，输入、输出端特性阻抗均为 $50\ \Omega$。工作频率为 $100\sim1000\ \text{MHz}$。要求：

(1) 画出原理图，测量 S_{11}、S_{21} 参数(单位 dB)与频率的关系曲线。

(2) 调节元件值 L_1、L_4、C_1、C_3，观察 S 参数的相应变化。

(3) 优化电路，使其满足：$f<500\ \text{MHz}$ 时，$S_{11}<-17\ \text{dB}$，$S_{21}>-1\ \text{dB}$；$f>700\ \text{MHz}$ 时，$S_{21}<-30\ \text{dB}$。

(4) 记录最终的优化结果：各元件值及曲线图。

6.2.1　创建原理图

创建新工程，保存路径为自建的文件夹，命名为 Ex6a.emp。

创建电路原理图，命名为 lpf。从主菜单选 Options→Project Options，在弹出的对话框中选 Globe Units 页，定义参数单位：MHz，nH，pF。

绘制原理图，从元件浏览页的 Lumped Element 组选择电感 IND、电容 CAP，再添加两个端口 PORT，添加连线及接地元件 GND；给各元件重新赋值。初始原理图如图 6-4 所示。

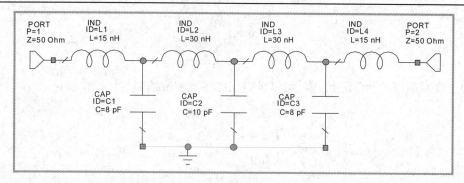

图 6-4　初始原理图

6.2.2　添加图表及测量项

　　设置工作频率：在工程浏览页双击 Project Options 项，在弹出的对话框中选择 Frequencies 页，单位设为 MHz，start 设为 100，stop 设为 1000，step 设为 10。

　　添加一个矩形图，命名为 Graph1。添加测量项：依次选 Linear→Port Parameters，S，lpf，在出现的界面中将 To Port index 项设为 1，From Port index 项设为 1，Sweep Freq 选 Use for x-axis；左下方参数选择 mag，勾选 dB；点 Apply 按钮，即添加 S11 参数的测量项；其他设置不变，将 To Port index 项设置为 2，点击 Apply 按钮，即设置 S21 参数的测量项。点击 OK。

6.2.3　测量

　　点击工具栏的 Analyze 图标，分析电路，测量 S 参数的特性曲线。

6.2.4　手动调节

　　从工具栏选 Tune Tool，分别在原理图中的元件 L1、L4、C1、C3 的电感值、电容值上点击，击点后数值变成蓝色，即将这几个元件的数值设为可调节数值。

　　从工具栏选择 Tune，启动调节器，手动调节各个元件数值，观察 S 参数的相应变化。

6.2.5　自动优化

1．设置优化目标

　　选择工程浏览页内的 Optimizer Goals 项，点右键，选择 Add Optimizer Goal，弹出 New Optimization Goal 对话框，分 3 次添加优化目标，具体步骤如下：

　　设置 $S_{11} < -17$ dB：Measurement 栏选择 lpf:DB(S[1, 1])项，Goal Type 栏选 Meas < Goal，Range 栏设 Start 项为 Min，Stop 项去掉 Max 的选钩，将数值设为 500 MHz，将 Goal 项设置为 -17，其他不变，点击 OK。

　　设置 $S_{21} > -1$ dB：相同步骤，选择 lpf:DB(S[2, 1])项，设置 Meas > Goal，Start 项为 Min，Stop 项为 500 MHz，Goal 项为 -1，其他不变，点击 OK。

　　设置 $S_{21} < -30$ dB：相同步骤，选择 lpf:DB(S[2, 1])项，设置 Meas < Goal，Start 项为 700 MHz，Stop 项为 Max，Goal 项为 -30，其他不变，点击 OK。

设置完成后，即在 Graph1 中添加了 3 个优化目标，如图 6-5 所示，为 3 条附带有上斜杠或下斜杠的线段。优化目标的线段颜色与其要优化的测量项曲线的颜色自动一致，以便于识别。

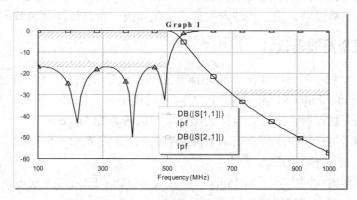

图 6-5 期望测量图

2．定义变量

从主菜单选 Draw→Add Eqution，在电路图的任意空白处放置文本框，输入 Lin＝15；按相同步骤定义 Cin＝8；再将 L1、L4 的 15 nH 改为 Lin，C1、C3 的 8 pF 改为 Cin。注意，此处是更改元件数值，不是改 ID 名称。注意名称的大小写统一。

说明：定义变量并不是优化设置的必需步骤，AWR 软件也可以对某个元件数值直接进行优化。此处设置变量，主要是期望部分元件能够保持同步的优化，从而保证电路元件的一部分对称性。

3．选择优化参数

从主菜单选 View→Variable Browser，即显示变量窗口。在 Lin、Cin 以及 L2、L3、C2 项的 Optimize 栏内打钩，将这 5 个参数选择为优化参数。此后在执行优化时，将只对这 5 个参数进行优化处理。

要求：区别优化功能和调节功能的不同。勾选优化参数时，注意不要和左侧的 Tune 栏相混淆。

4．执行优化

从主菜单选 Simulate→Optimize，即显示优化窗口。窗口左下角选择 Optimizer 页，设置优化算法为 Random(Local)，最大迭代次数为默认值 5000，点击 Start，开始执行优化。优化过程中可以查看 Graph1，实时观察优化的动态。优化结束后，检查优化结果，如果不符合优化指标要求，可以选取其他优化算法，再次执行优化。

记录最终的优化结果：各元件值、变量值及曲线图。

6.3 实练：阶梯阻抗微带低通滤波器设计

设计一个切比雪夫式微波低通滤波器，技术指标：截止频率 f_c＝2.2 GHz，通带内最大波纹 L_{AR}＝0.2 dB，S_{11} 小于 −16 dB；在阻带频率 f_s＝4 GHz 处，阻带衰减 L_{AS} 不小于 30 dB。

输入、输出端特性阻抗 $Z_0 = 50\ \Omega$。采用微带线阶梯阻抗结构实现，高阻抗线特性阻抗 $Z_{0h} = 106\ \Omega$，低阻抗线特性阻抗 $Z_{0l} = 10\ \Omega$。微带基板参数 $\varepsilon_r = 9.0$，$H = 800\ \mu m$，$T = 10\ \mu m$。

　　要求：确定阶梯阻抗微带低通滤波器的结构尺寸，分析滤波器性能，进行适当调节、优化，使其满足指标要求。记录滤波器的最终优化结果，总结设计和调节的经验。

6.3.1　低通原型滤波器设计

　　应用 AWR 软件的 iFilter Filter Synthesis(智能滤波器综合)模块，可以进行低通原型滤波器的智能设计。iFilter Filter Synthesis 模块的界面、功能等具体说明可参见第 19.1 节的内容。

　　首先创建新工程，保存路径为自建的文件夹，命名为 Ex6b.emp。

　　在工程管理器树状图中选择 Project Options 项，设置频率：1～5 GHz，阶长 0.01 GHz；设置单位：μm，nH，pF，GHz。

　　在工程管理器树状图中展开 Wizards 节点，双击 iFilter Filter Synthesis 项，在弹出的窗口中选择 Design，进入滤波器设计模式。

　　在新弹出的窗口中选择滤波器类型，依次选择 Lowpass、Lumped、Lumped Element Filter、Standard；勾选 Design dual circuit 项，即并联形式；点击 OK，则进入 iFilter 智能设计主界面，继续进行各项参数设置，要求如下：

　　Type – Approximation 组：将 Ripple(dB)项设为 0.2，其他默认。

　　Specifications 组：将 Degree 设为 5，FP(GHz)设为 2.2，Rsource、Rload 均为 50，其他默认。

　　Design Control 组：点击 Enviroment Options 按钮，在新窗口中将单位设置为 μm、nH、pF、GHz，此时在 iFilter-LPF 窗口即已生成相应的电路图、测量图；再点击 Generate Design 按钮，在新弹出的窗口中，将 Analysis 组和 Tuning and Optimization 组的选项全部留空，即不要勾选，其他项默认，点击 OK，则在 AWR 主设计环境中自动生成名为 iFilter 的电路原理图及其相关的测量图、默认优化目标，并在工程管理器树状图中的 iFilter Filter Synthesis 项下新增本次设计项；最后点击 Generate Design 按钮下方的 OK 按钮，则退出 iFilter 智能模式。

　　将电路原理图中所有的变量名 C_v1 改为 Ca，变量名 C_v2 改为 Cb，变量名 L_v1 改为 L0，如图 6-6 所示。

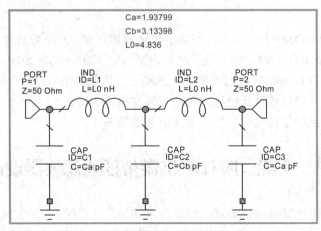

图 6-6　低通原型滤波器电路图(未优化)

经过分析即可得到低通原型滤波器的仿真结果。

优化：首先设置优化目标，当 $f < 2.2\ \text{GHz}$ 时，$S_{11} < -16\ \text{dB}$，$S_{21} > -0.2\ \text{dB}$；$f > 4\ \text{GHz}$ 时，$S_{21} < -30\ \text{dB}$。

注意：若已有的优化目标与本设计要求不符，则必须重新手动设置。

再设置优化参数，要求选取 C_a、C_b、L_0 三个变量。最后选择适当的优化算法，执行优化。优化的具体设置方法可参考第 6.2 节的内容。

优化完成后，将已优化的参数值填入表 6-1。

表 6-1　原型滤波器参数

元件 ID	C_1/pF	C_2/pF	C_3/pF	L_1/nH	L_2/nH
元件变量	C_a	C_b	C_a	L_0	L_0
优化值					

6.3.2　阶梯阻抗微带滤波器初值计算

1. 高阻抗线

先计算高阻抗线的宽度。从主菜单选 Tools→TXLine，输入已知条件：$\varepsilon_r = 9.0$，$f_0 = 1.1\ \text{GHz}$，$H = 800\ \mu\text{m}$，$T = 10\ \mu\text{m}$，阻抗 $Z_{0h} = 106\ \Omega$，计算得 W、ε_{re}（即 Effective Diel. Const 项）。

再计算高阻抗线的长度：

$$l_{L1} = l_{L2} = \frac{L_0}{Z_{0h}} v_{ph} = \frac{L_0 \times 10^{-9}}{106} \times \frac{3 \times 10^{14}}{\sqrt{\varepsilon_{re}}}\ (\mu\text{m}) \tag{6-19}$$

2. 低阻抗线

先计算低阻抗线的宽度。从主菜单选 Tools→TXLine，已知条件：$\varepsilon_r = 9.0$，$f_0 = 1.1\ \text{GHz}$，$H = 800\ \mu\text{m}$，$T = 10\ \mu\text{m}$，阻抗 $Z_{0l} = 10\ \Omega$，计算得 W、ε_{re}。

再计算低阻抗线的长度：

$$l_{C1} = l_{C3} = Z_{0l} v_{pl} C_a = 10 \times \frac{3 \times 10^{14}}{\sqrt{\varepsilon_{re}}} \times C_a \times 10^{-12}\ (\mu\text{m}) \tag{6-20}$$

$$l_{C2} = Z_{0l} v_{pl} C_b = 10 \times \frac{3 \times 10^{14}}{\sqrt{\varepsilon_{re}}} \times C_b \times 10^{-12}\ (\mu\text{m}) \tag{6-21}$$

注意：计算公式中的 L_0、C_a、C_b 为原型滤波器中的变量，它们仅为数值，不带单位。

将所有计算结果填入表 6-2 中。

表 6-2　微带线结构

参数	W/μm	ε_{re}	l_{L1}、l_{L2}/μm	l_{C1}、l_{C3}/μm	l_{C2}/μm
高阻抗线				—	—
低阻抗线					

6.3.3　阶梯阻抗微带滤波器仿真及优化

在已有的工程中创建一个新原理图,用于绘制阶梯阻抗结构的微带低通滤波器。

· 自行绘制原理图,所需元件:MLIN,PORT,MSUB,可应用 Ctrl + L 搜索元件并添加。

· 创建测量图,添加测量项 S_{11}、S_{21},单位取 dB。

· 分析电路,观察所得曲线。

· 若性能尚不符合指标要求,则对微带结构滤波器进行优化。

优化:仅选择高、低阻抗线的长度为优化参数,优化目标设置与原型滤波器完全相同,执行优化,直到电路性能达标。

布线:激活微带结构滤波器原理图,从主菜单选 View→View Layout,观察滤波器的二维布线图。若元件尚未连接,可先在二维布线图中选中所有元件,再从工具栏选 Snap Together,即可自动连接。再从工具栏选 View 3D Layout,观察滤波器三维布线图。

记录优化结果:各个微带元件的最终优化值(长度),微带电路的原理图、布线图、期望测量图见图 6-7、图 6-8、图 6-9。

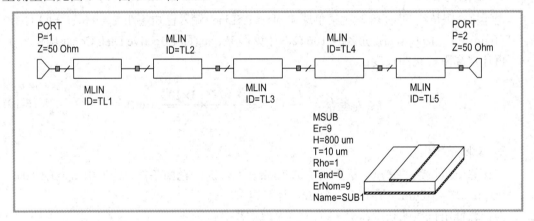

图 6-7　阶梯阻抗微带低通滤波器原理图(W、L 参数值略)

图 6-8　布线图(二维)

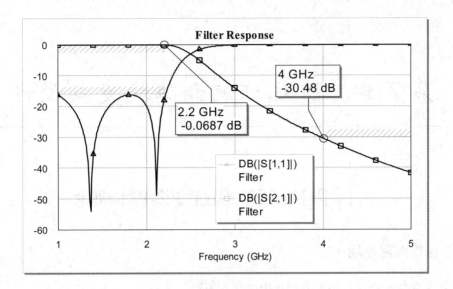

图 6-9　期望测量图

第 7 章　阻抗匹配和阻抗变换设计

7.1　阻抗匹配和阻抗变换基本理论

7.1.1　阻抗匹配原理

阻抗匹配的概念是射频电路设计中最基本的概念之一，贯穿射频电路设计始终。阻抗匹配的目的是使负载阻抗与源阻抗共轭匹配，从而获得最大的功率传输，并使馈线上功率损耗最小。一般情况下，负载与源是不匹配的，需要增加一个双端口网络，与负载组合起来形成一个等效负载，如图 7-1 所示，该网络通常称为匹配网络。

图 7-1　匹配网络

只要负载阻抗 Z_L 有非零实部，就能找到匹配网络，但是在实际匹配网络的设计中，需要考虑如下因素：

· 电路复杂性：选择简单的电路实现匹配，可以使用更少的器件，减少损耗并降低成本，提高可靠性。

· 频率带宽：即匹配电路中的 Q 值。一般情况下，存在多种匹配网络可以消除某一频率下的反射，在该频率下实现完全匹配。但是在许多应用中，需要在一个频带上与负载匹配，因此需要设计更复杂的匹配网络。

· 电路种类：在设计匹配网络时，需要考虑匹配网络使用传输线的种类来确定使用匹配电路的种类。例如，对于微带传输线系统，实现匹配可以使用集总元件、$\lambda/4$ 传输线变化、并联分支等电路；对于波导和同轴线系统，使用终端短路结构和枝节匹配电路则更容易实现。

· 可调节性：在某些应用中，负载阻抗是可变的。如果负载发生变化，匹配网络需要进行相应调整来满足匹配要求。因此，在设计匹配网络时，需要考虑负载是否会发生变化，以及通过调整匹配网络适应变化的可行性。

1. 集总元件匹配网络

在射频和微波低端，通常采用集总元件来实现阻抗变换，以达到匹配目的，即利用电感和电容的各种组合来设计匹配网络。根据工作频带宽度和电路尺寸大小，常用的有 L 型、T 型及 Π 型三种拓扑结构，本节分别进行简要介绍。

1) L 型匹配电路

L 型匹配电路是最简单的集总元件匹配电路，只有两个元件，成本最低，性能可靠。

当工作频率为 f_c 时，若输入阻抗和输出阻抗均为纯电阻，设输入阻抗为 R_S，输出阻抗为 R_L，根据 $R_S < R_L$ 或 $R_S > R_L$，L 型匹配电路有两种形式，如图 7-2 所示。

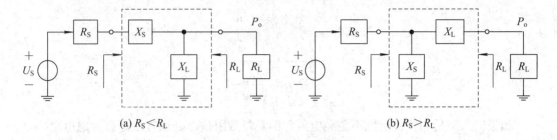

(a) $R_S < R_L$　　　　　　　(b) $R_S > R_L$

图 7-2　L 型匹配电路的两种形式

当 $R_S < R_L$ 时，L 型匹配电路的具体电路如图 7-3 所示，其中的电感及电容值可根据如下公式获得：

$L_s - C_p$ 低通式 L 型匹配电路：

$$\left.\begin{array}{l} L_s = \dfrac{R_S \sqrt{\left|\dfrac{R_L}{R_S} - 1\right|}}{2\pi f_c} \\[4mm] C_p = \dfrac{\sqrt{\left|\dfrac{R_L}{R_S} - 1\right|}}{2\pi f_c R_L} \end{array}\right\} \qquad (7\text{-}1)$$

$C_s - L_p$ 高通式 L 型匹配电路：

$$\left.\begin{array}{l} C_s = \dfrac{1}{2\pi f_c R_S \sqrt{\left|\dfrac{R_L}{R_S} - 1\right|}} \\[4mm] L_p = \dfrac{R_L}{2\pi f_c \sqrt{\left|\dfrac{R_L}{R_S} - 1\right|}} \end{array}\right\} \qquad (7\text{-}2)$$

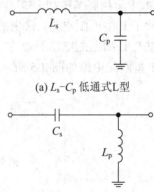

(a) $L_s - C_p$ 低通式 L 型

(b) $C_s - L_p$ 高通式 L 型

图 7-3　$R_S < R_L$ 的 L 型匹配电路

当 $R_S > R_L$ 时，L 型匹配电路的具体电路如图 7-4 所示，其中的电感及电容值可根据如下公式获得：

$C_p - L_s$ 低通式 L 型匹配电路：

$$\left.\begin{array}{l} C_p = \dfrac{\sqrt{\left|\dfrac{R_L}{R_S} - 1\right|}}{2\pi f_c R_S} \\[4mm] L_s = \dfrac{R_L \sqrt{\left|\dfrac{R_L}{R_S} - 1\right|}}{2\pi f_c} \end{array}\right\} \qquad (7\text{-}3)$$

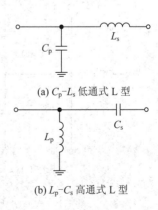

(a) $C_p - L_s$ 低通式 L 型

(b) $L_p - C_s$ 高通式 L 型

图 7-4　$R_S > R_L$ 的 L 型匹配电路

L_p - C_s 高通式 L 型匹配电路：

$$L_p = \frac{R_S}{2\pi f_c \sqrt{\left|\dfrac{R_L}{R_S} - 1\right|}}$$

$$C_s = \frac{1}{2\pi f_c R_L \sqrt{\left|\dfrac{R_L}{R_S} - 1\right|}}$$

$$(7\text{-}4)$$

如果输入阻抗和输出阻抗不是纯电阻，而是复数阻抗，处理方法是只考虑电阻部分，按照上述公式计算 L 型匹配电路中的电容和电感值，再扣除两端的虚数部分，就可得到实际的匹配电路参数。

L 型匹配电路还可以利用解析法和 Smith 圆图法来设计计算。

2) T 型匹配电路和 Π 型匹配电路

除了 L 型匹配电路，常用的集总元件匹配电路还有 T 型匹配电路和 Π 型匹配电路，设计方法与 L 型匹配电路类似。

T 型匹配电路如图 7-5 所示，其电路的具体形式如图 7-6 所示。

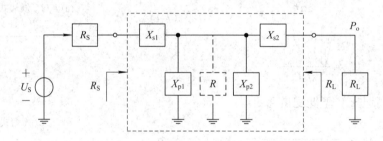

图 7-5　T 型匹配电路原理

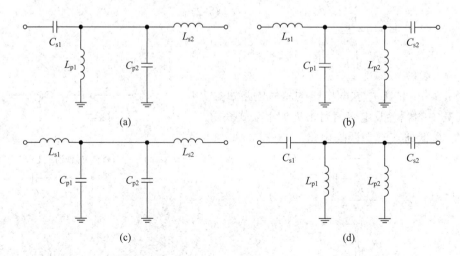

图 7-6　T 型匹配电路的具体形式

Π 型匹配电路如图 7-7 所示，其电路的具体形式如图 7-8 所示。

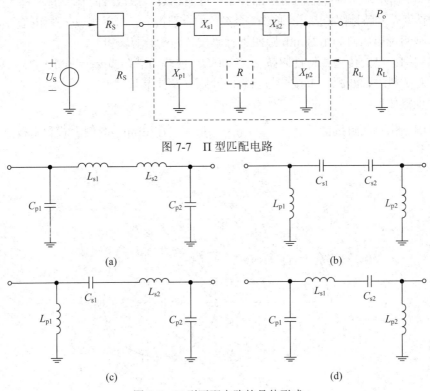

图 7-7　Π 型匹配电路

(a)	(b)
(c)	(d)

图 7-8　Π 型匹配电路的具体形式

2. 微带线型匹配网络

集总元件匹配网络只适用于频率较低的场合，或者是几何尺寸远小于工作波长的情况。随着工作频率的提高即相应工作波长的减小，集总元件的寄生参数效应变得更加明显，在设计匹配网络时就需要考虑这些寄生效应，从而使得元件值的求解变得相当复杂，限制了集总元件在射频微波电路中的应用。当波长变得明显小于典型电路元件长度时，分布参数元件代替了集总元件，得到了广泛应用。本节以微带匹配电路为主，介绍微带单枝节匹配电路和微带双枝节匹配电路。

1) 微带单枝节匹配电路

单枝节匹配有两种拓扑结构：第一种为负载与短截线并联后再与一段传输线串联，第二种为负载与传输线串联后再与短截线并联，如图 7-9 所示。

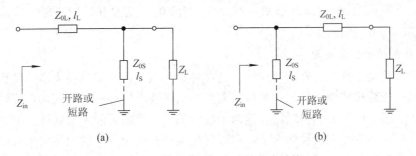

(a)	(b)

图 7-9　单枝节匹配电路的基本结构

如图 7-9 所示，两种匹配网络中都有 4 个可调参数：短截线的长度 l_S 和特性阻抗 Z_{0S}，传输线的长度 l_L 和特性阻抗 Z_{0L}。通过 4 个参数的合理组合，可以实现任意阻抗之间的匹配。

下面举例说明如何利用 Smith 圆图进行单枝节匹配计算。

计算实例：已知传输线特性阻抗 $Z_0 = 200\ \Omega$，终端负载阻抗 $Z_L = 100 + j250\ \Omega$，利用短路单枝节对负载进行匹配。求枝节与负载的间距 d 及枝节长度 l。

计算步骤如下：

计算归一化负载阻抗值，$\tilde{Z}_L = \dfrac{Z_L}{Z_0} = 0.5 + j1.25$，在 Smith 圆图上找到阻抗点 Z，如图 7-10 所示。

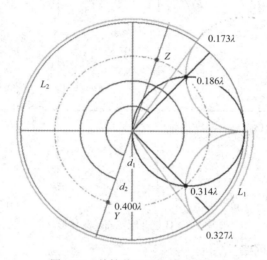

图 7-10 单枝节匹配计算示意图

由 Z 点沿等反射系数圆旋转 $180°$ 得到导纳点 Y，对应电长度为 0.4λ。

由 Y 点沿等反射系数圆顺时针旋转，与 $\tilde{G} = 1$ 的匹配圆相交，所转过的电长度即为枝节的间距 d。有两个匹配点，$\tilde{Z}_1 = 1 + j1.9$ 和 $\tilde{Z}_2 = 1 - j1.9$。

上匹配点 Z_1 对应的电长度为 0.186λ，则 $d_1 = (0.5 - 0.4 + 0.186)\lambda = 0.286\lambda$。

下匹配点 Z_2 对应的电长度为 0.314λ，则 $d_2 = (0.5 - 0.4 + 0.314)\lambda = 0.414\lambda$。

上匹配点 Z_1 的虚部取负，为 $-j1.9$，也就是短路枝节的输入阻抗值，对应的电长度为 0.327λ，则枝节长度就等于由短路导纳点(对应电长度为 0.25λ)顺时针转到输入阻抗点的电长度，即 $L_1 = (0.327 - 0.25)\lambda = 0.077\lambda$。

同理，下匹配点 Z_2 的虚部取负，为 $j1.9$，对应电长度为 0.173λ，则枝节长度为 $L_2 = (0.25 + 0.173)\lambda = 0.423\lambda$。

2) 微带双枝节匹配电路

单枝节匹配网络具有良好的通用性，可在任意输入阻抗和实部不为零的负载阻抗之间形成阻抗匹配或阻抗变换。然而，单枝节匹配网络需要在短截线与输入端口或短截线与负载之间插入一段长度可变的传输线，这对于固定的匹配电路可能不是问题，但却给可调的匹配电路带来了困难。在这种情况下，可以采用两个在固定位置的双调谐短截线组成双枝节匹配网络电路，如图 7-11 所示。

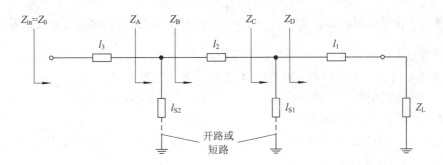

图 7-11　双枝节匹配网络

在双枝节匹配网络中，两端开路或短路的短截线并联在一段固定长度的传输线两端。传输线 l_2 的长度通常选为 1/8、3/8 或 5/8 个波长。在射频/微波应用中通常采用 3/8 和 5/8 个波长的间隔，一边简化可调匹配器的结构。

间距一定的双枝节匹配电路存在可能的匹配禁区，在实际工作中应避开这个禁区。解决方法是令双枝节可调匹配电路的输入、输出传输线符合 $l_1 = l_3 \pm \lambda/4$ 的关系，此时如果可调匹配器不能对某一特定负载实现匹配，我们只需要对调可调匹配器的输入、输出端口即可。由于双枝节匹配网络存在匹配禁区，工程中常用的是三枝节或四枝节匹配电路。较典型的应用波导多螺钉调配器，通过反复调整各个螺钉的深度，测量输入端驻波比，可以使系统匹配，并获得良好的频带特性。

下面举例说明如何利用 Smith 圆图进行双枝节匹配计算。

计算实例：已知传输线特性阻抗 $Z_0 = 50\ \Omega$，终端负载阻抗 $Z_L = 100 + j50\ \Omega$，利用短路双枝节对负载进行匹配。设终端与相邻枝节 A 的间距 $L = 0.12\lambda$，A、B 两枝节间距 $d = \lambda/8$。求两枝节的长度。

计算步骤如下：

Smith 圆图如图 7-12 所示。

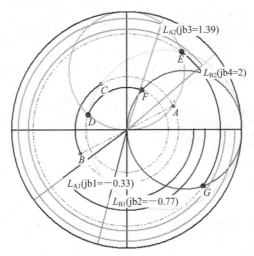

图 7-12　双枝节匹配计算示意图

注意：此圆图中已经标出了匹配圆以及匹配圆逆时针旋转 90° 后得到的辅助圆。

计算归一化负载阻抗值，$\tilde{Z}_L = \dfrac{Z_L}{Z_0} = 2 + j1$，在如图 7-12 所示的圆图上找到阻抗点 A。

由 A 点沿等反射系数圆旋转 180°，得到导纳点 B。

由 B 点沿等反射系数圆顺时针旋转 0.12 电长度，得到 C 点。由 C 点沿等电导圆顺时针旋转，与辅助圆相交于 D 点和 E 点，即有两组解。各点阻抗值分别为：$\tilde{Z}_C = 0.5 + j0.48$，$\tilde{Z}_D = 0.5 + j0.15$，$\tilde{Z}_E = 0.5 + j1.87$。

取交点 D，则枝节 A 的输入阻抗为 $jb1 = \tilde{Z}_D - \tilde{Z}_C = -j0.33$，对应电长度为 0.45λ，则枝节长度为 $l_{A1} = (0.45 - 0.25)\lambda = 0.2\lambda$。

取交点 E，则枝节 A 的输入阻抗为 $jb3 = \tilde{Z}_E - \tilde{Z}_C = j1.39$，对应电长度为 0.151λ，则枝节长度为 $l_{A2} = (0.25 + 0.151)\lambda = 0.401\lambda$。

由 D 点沿等反射系数圆顺时针旋转，交匹配圆于 F 点。F 点的虚部为 0.77，则枝节 B 的输入阻抗值为 $jb2 = -j0.77$，对应电长度为 0.396λ，则枝节长度为 $L_{B1} = (0.396 - 0.25)\lambda = 0.146\lambda$。

同理，由 E 点沿等反射系数圆顺时针旋转，交匹配圆于 G 点。G 点的虚部为 -2，则枝节 B 的输入阻抗值为 $jb4 = j2$，对应电长度为 0.195λ，则枝节长度为 $L_{B2} = (0.25 + 0.195)\lambda = 0.445\lambda$。

7.1.2　阻抗变换基本理论

当负载阻抗和传输线的特性阻抗不相等，或者需要连接两段特性阻抗不同的传输线时，可以在其间接入阻抗变换器，以获得良好的阻抗匹配。阻抗变换器的结构示意如图 7-13 所示，它由 2 节长度均为 1/4 波长的传输线段组成。若 $Z_0 = Z_{01} = 50\ \Omega$，$Z_L = Z_{02} = 100\ \Omega$，则 Z_1、Z_2 的阻抗值依照具体的设计理论进行计算，包括最平坦通带特性设计、等波纹特性设计等。

设计计算过程如下：

1. 最平坦通带特性变换器

设计公式：

$$\ln \frac{Z_{n+1}}{Z_n} = 2^{-N} C_n^N \ln \frac{Z_L}{Z_0} \quad (\text{近似条件 } 0.5 < Z_L/Z_0 < 2)$$

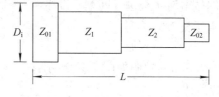

图 7-13　阻抗变换器的结构示意

已知 $Z_0 = Z_{01} = 50\ \Omega$，$Z_L = Z_{02} = 100\ \Omega$，$N = 2$，将 $C_0^2 = 1$，$C_1^2 = 2$ 代入上式，取 $n = 0$ 时，

$\ln \dfrac{Z_1}{Z_{01}} = \dfrac{1}{4} \ln \dfrac{Z_{02}}{Z_{01}}$，得 $Z_1 = Z_{02}^{\frac{1}{4}} Z_{01}^{\frac{3}{4}}$；取 $n = 1$ 时，$\ln \dfrac{Z_2}{Z_1} = \dfrac{1}{2} \ln \dfrac{Z_{02}}{Z_{01}}$，得 $Z_2 = Z_{02}^{\frac{3}{4}} Z_{01}^{\frac{1}{4}}$。

工作频带理论计算：

通带边缘为

$$\theta_m = \arccos\left(\frac{2\left|\Gamma\right|_m}{\left|\ln \dfrac{Z_{02}}{Z_{01}}\right|} \right)^{\frac{1}{N}} = 1.18\ \text{rad}$$

分数带宽为

$$W_q = 2 - \frac{4}{\pi}\theta_m = 0.489 = \frac{f_2 - f_1}{f_0}$$

则频带宽度为

$$f_2 - f_1 = W_q \cdot f_0 = 0.498 \times 5 = 2.445 \text{ GHz}$$

得

$$f_1 = 3.778 \text{ GHz}, \quad f_2 = 6.226 \text{ GHz}$$

2. 等波纹特性变换器

若波纹特性 $|\Gamma|_m = 0.05$ ，则由式 $|\Gamma|_m = \dfrac{Z_{02} - Z_{01}}{Z_{02} + Z_{01}}\dfrac{1}{2\sec^2\theta_m - 1}$ ，得 $\sec\theta_m = 1.96$ ， $\theta_m =$ 1.04 rad，得

$$\Gamma_0 = \frac{|\Gamma|_m}{2}\sec^2\theta_m = \frac{0.05}{2} \times 1.96^2 = 0.096$$

$$\Gamma_1 = |\Gamma|_m\left(\sec^2\theta_m - 1\right) = 0.05 \times \left(1.96^2 - 1\right) = 0.142$$

所以

$$Z_1 = \frac{1 + \Gamma_0}{1 - \Gamma_0}Z_{01} = 1.21Z_{01}, \quad Z_2 = \frac{1 + \Gamma_1}{1 - \Gamma_1}Z_1 = 1.33Z_1 = 1.61Z_{01}$$

工作频带理论计算：

分数带宽为

$$W_q = 2 - \frac{4}{\pi}\theta_m = 0.675$$

则

$$f_2 - f_1 = W_q \cdot f_0 = 3.375 \text{ GHz}$$

得

$$f_1 = 3.313 \text{ GHz}, \quad f_2 = 6.688 \text{ GHz}$$

由设计理论计算可知，等波纹特性的工作频带比最平坦通带特性的更宽。

7.2   实练：阻抗匹配器设计

已知特性阻抗为 $Z_0 = 50\ \Omega$ 的无耗均匀传输线，终端接负载 $Z_L = 25 + \text{j}75\ \Omega$ ，工作频率 $f_0 = 10$ GHz(即波长 $\lambda_0 = 30$ mm)。设计一个阻抗匹配器，实现传输线与负载的匹配连接。

要求：采用同轴线元件，分别用短路单枝节结构和短路双枝节结构(两枝节间距 $\lambda_0/8$ ，负载与相邻枝节间距 $\lambda_0/4$)实现。在 $0.5f_0 \sim 1.5f_0$ 频带内测量特性指标 S_{11} ，手动调节使电路性能达到最佳。记录最终结果，即枝节的位置及长度，并比较两种匹配器的特点。

扩展：采用微带线元件，基板参数 $\varepsilon_r = 9.8$ ， $H = 1000$ μm， $T = 10$ μm。具体要求同上。

7.2.1   初始值计算

短路单枝节匹配结构如图 7-14 所示，图中传输线、短路枝节的阻抗均为 $50\ \Omega$ ，负载阻

抗为 $25+j75\ \Omega$，需要计算出枝节与负载的间距 d、短路枝节的长度 l。短路双枝节匹配结构如图 7-15 所示，两个短路枝节的间距 $D=\lambda_0/8$，末端枝节与负载的间距 $L=\lambda_0/4$，还需要计算两个短路枝节的长度 L_A、L_B。

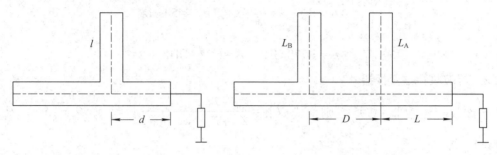

图 7-14   短路单枝节匹配结构   图 7-15   短路双枝节匹配结构

根据已知的各项参数，在 Smith 圆图上手工计算、求值，将计算结果填入表 7-1；也可利用"传输线理论 CAI 软件"，输入参数，自动进行计算，取第二组解，填入表 7-1。再代入 $\lambda_0=30$ mm，计算各参数的实际值，填入表 7-1。

表 7-1   同轴线结构

(已知条件：$Z_0=50\Omega$，$Z_L=25+j75\ \Omega$，$\lambda_0=30$ mm)

参　数	d	l	L_A	L_B	D	L
Smith 圆图 (或 CAI 软件) 计算结果					$\lambda_0/8$	$\lambda_0/4$
实际值/mm						

表 7-2 为扩展内容，微带线结构的计算比同轴线结构稍微复杂一些。利用 Smith 圆图或者传输线理论 CAI 软件计算出结果后，还需运行 AWR 软件，从主菜单选 Tools→TXLine，启动 TXLine 计算工具，在 Microstrip 标签页将各项数值代入，才能得到微带线的实际值，即各元件的宽度 W、长度 L。

表 7-2   微带线结构

(已知条件：$Z_0=50\ \Omega$，$Z_L=25+j75\ \Omega$；TXLine 条件：$f_0=10$ GHz，$\varepsilon_r=9.8$，$H=1000\ \mu m$，$T=10\ \mu m$)

参　数	d	l	L_A	L_B	D	L	Z_0/Ω
Smith 圆图 (或 CAI 软件) 计算结果					$\lambda_0/8$	$\lambda_0/4$	50
电长度/deg							$W/\mu m$
实际值/μm							

7.2.2   仿真分析

创建新工程，保存路径为自建的文件夹，命名为 Ex7a.emp。

设置单位为 GHz、mm，设置工作频率为 5～15 GHz，步长为 0.01。

创建两个电路原理图，单枝节电路和双枝节电路分别命名。注意：这两个电路图是创建在同一个工程中的，即 1 个 *.emp 工程文件里包含有 2 个电路原理图。

同轴线元件：COAX12，TLSCP，SRL，PORT，GND。

微带线元件：MLIN，MLSC，MTEE$，SRL，PORT，GND，MSUB。

注：负载阻抗 $Z_L = r + j2\pi f_0 L = 25 + j75\ \Omega$，得 SRL 元件的 $r = 25\ \Omega$，$L = \dfrac{75}{2\pi \times f_0} = 1193.7\ \text{pH}$。

绘制电路图。应用快捷键 Ctrl + L，在出现的对话框中输入元件名称即可搜索元件并添加。

创建测量图，测量项为 S_{11} 参数，注意不用勾选 dB 项。

设置全部完成后，分析电路。

7.2.3　手动调节

分别调节单枝节的位置 d、长度 l，调节双枝节的长度 L_A、L_B，使各自电路达到最佳匹配状态，即 S_{11} 在 10 GHz 处尽可能的小，数值接近于 0。记录最终结果，并比较这两种匹配器的特点。

期望测量图如图 7-16 所示，同轴线结构电路图(参数 Z、L 值略)如图 7-17、图 7-18 所示，微带线结构电路图(参数 W、L 值略)如图 7-19、图 7-20 所示。

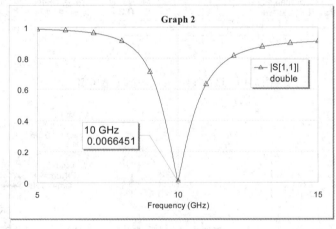

图 7-16　期望测量图

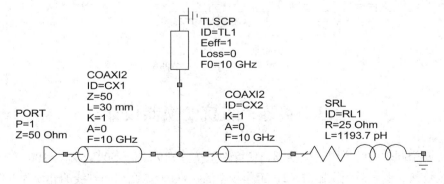

图 7-17　同轴线结构：单枝节匹配电路

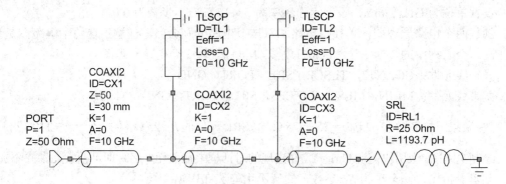

图 7-18　同轴线结构：双枝节匹配电路

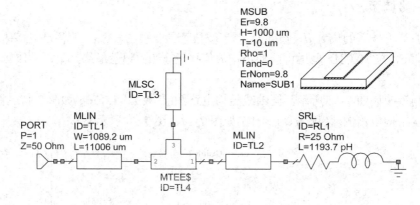

图 7-19　微带线结构：单枝节匹配电路

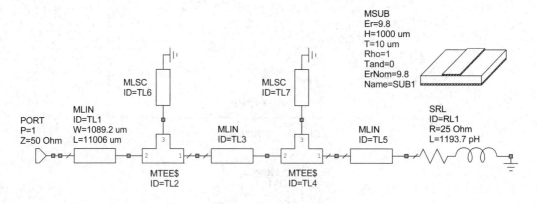

图 7-20　微带线结构：双枝节匹配电路

7.3　实练：阻抗变换器设计

设计一个同轴线阶梯阻抗变换器，使特性阻抗分别为 $Z_{01} = 50\ \Omega$、$Z_{02} = 100\ \Omega$ 的两段同轴线匹配连接。要求：变换器 $N = 2$，工作频率 $f_0 = 5\ \mathrm{GHz}$。已知同轴线的介质为 RT/Duriod

$5880(\varepsilon_r = 2.16)$，外导体直径 $D_o = 7$ mm。按以下设计方法实现：

方法 1：最平坦通带特性变换器(二项式)。

方法 2：等波纹特性变换器(切比雪夫式)，允许的最大波纹为 0.05。

确定阻抗变换器的结构尺寸，完成电路图。仿真分析 S_{11} 与频率的关系特性，调节电路使其达到指标要求。比较不同阻抗变换器的性能特点。

7.3.1　初始值计算

阻抗变换器结构如图 7-21 所示，图中 Z_1、Z_2 为阻抗变换器，长度均为 $\lambda_{p0}/4$，即 90° (deg)。需要先计算出阻值，再计算其相对应的物理参数。

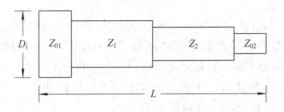

图 7-21　阻抗变换器结构图

方法 1：最平坦通带特性。

(1) 阻抗值计算。

计算公式：$Z_1 = Z_{02}^{\frac{1}{4}} Z_{01}^{\frac{3}{4}}$，$Z_2 = Z_{02}^{\frac{3}{4}} Z_{01}^{\frac{1}{4}}$。

将计算结果填入表 7-3。

(2) 同轴线尺寸计算。

启动软件，从主菜单选 Tools→TXLine(传输线计算器)，选择 Round Coaxial 标签页，输入已知的各个电参数，就可得到同轴线的物理参数。步骤如下：

公共条件：在页面上方左侧的 Dielectric 项选择 RT/Duriod $5880(\varepsilon_r = 2.16)$，下方左侧的 Frequency 项设为 5 GHz，下方右侧的 Outer diameter(D_o)设为 7000 μm。

在页面下方左侧的 Impedance 项输入电阻值，Electrical Length 项输入电长度，点"⟹"按钮，即可算出同轴线的 L(长度)、D_i(内直径)，将计算结果填入表 7-3。

表 7-3　(已知条件：$\varepsilon_r = 2.16$，$D_o = 7000$ μm，$f_0 = 5$ GHz)

参数	阻值 / Ω	电长度 / deg	L / μm	D_i / μm
Z_{01}	50	30		
Z_1		90		
Z_2		90		
Z_{02}	100	30		

方法 2：等波纹特性。

计算公式：$Z_1 = 1.21Z_{01}$，$Z_2 = 1.61Z_{01}$，将计算结果填入表 7-4。

将各参数分别输入 TXLine 进行计算，将计算结果 L、D_i 填入表 7-4。

表 7-4　（已知条件：$\varepsilon_r = 2.16$，$D_o = 7000$ μm，$f_0 = 5$ GHz）

参数	阻值/Ω	电长度/deg	L / μm		D_i / μm	
			计算值	调节结果	计算值	调节结果
Z_{01}	50	30		—		—
Z_1		90				
Z_2		90				
Z_{02}	100	30		—		—

7.3.2　仿真分析

创建新工程，保存路径为自建的文件夹，命名为 Ex7b.emp。

设置单位为 μm、GHz，设置工作频率为 3~7 GHz，步长为 0.01。

分别创建 2 个电路原理图，所需元件：COAXP2，PORT。

添加图表，添加 S11 测量项。注意此处 S11 项不用勾选 dB。

设置全部完成后，分析电路，观察所得曲线。

7.3.3　手动调节

分别调节 Z1、Z2 的 L 及 Di 数值，使其达到指标要求，即方法 1 在 5 GHz 处的 S11 为 0，方法 2 在 5 GHz 处的 S11 尽可能接近 0.05。调节完成后，在测量图中自行添加 marker，标注出数值为 0.05 的各个点。对比不同阻抗变换器的特性，即带内波纹、工作频带 f_1~f_2，比较不同设计方法的性能特点。

电路原理图示意如图 7-22 所示，期望测量图示意如图 7-23 所示。

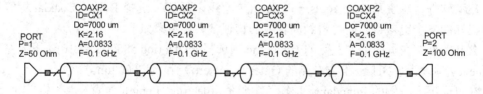

图 7-22　电路原理图示意(L、Di 值略)

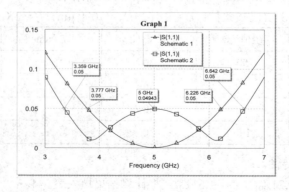

图 7-23　期望测量图示意

第 8 章　综合设计：DBR 带通滤波器设计

8.1　DBR 滤波器基本理论

随着通信系统性能要求的不断提高，以及对射频电路小型化和集成化的需求，设计性能良好的微带滤波器越来越受到重视。基于 DBR(Dual Behavior Resonator，双重行为谐振器)结构的滤波器可以独立控制中心频率以及带外零点，具有插入损耗小、带宽窄、带外陡峭性高、易于加工等优点，因此 DBR 结构微波滤波器具有极高的工程应用性。

8.1.1　传统 DBR 结构

传统 DBR 结构是采用并联的两个枝节，结构如图 8-1 所示。

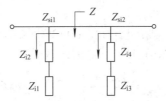

图 8-1　传统 DBR 结构

谐振器的等效阻抗为

$$Z_{in} = \frac{Z_{si1}Z_{si2}}{Z_{si1} + Z_{si2}} \tag{8-1}$$

其中，Z_{si1}，Z_{si2} 是两个开路枝节的输入阻抗，当 $Z_{si1}=0$ 或者 $Z_{si2}=0$ 时，都会产生传输零点；当 $Z_{si1} + Z_{si2} = 0$ 时，会产生一个传输极点。

传统 DBR 结构之间通过 J 变换器相连，J 变换器通常是采用四分之一波长传输线。

8.1.2　等效 π 型网络

四分之一波长传输线的缺点是电路尺寸较大。通过用 π 型网络进行等效替换，就可以实现小型化设计。二者的等效替换如图 8-2 所示，替换关系为

$$Z_i = \frac{Z_c}{\sin\theta_c}, \quad C_i = \frac{\cos\theta_c}{\omega Z_c} \tag{8-2}$$

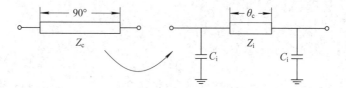

图 8-2　1/4 波长传输线和 π 型网络电路

8.1.3　基于 π 型网络的 DBR 滤波器

结合 π 型网络，可以实现对传统 DBR 结构的小型化设计，即设计一个基于 π 型网络的 DBR 滤波器，具体设计转换过程如图 8-3 所示。

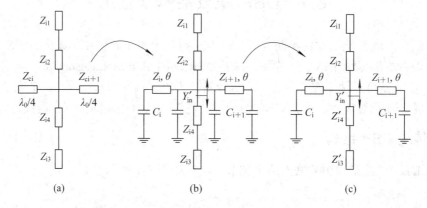

图 8-3　基于 π 型网络的 DBR 滤波器设计过程

在图 8-3 中，由(a)图转换到(b)图后，开路枝节的输入导纳变为

$$Y_{\text{in}}' = \text{j}\frac{Y_{i4}(1+R_{iz})\tan\theta}{R_{iz} - \tan^2\theta} + \text{j}\omega(C_i + C_{i+1}) \tag{8-3}$$

其中，$R_{iz} = Z_{i3}/Z_{i4} = \tan^2\theta_{tz}$，$Z_{i3}$、$Z_{i4}$ 是图 8.3(a)所示的阻抗，θ_{tz} 是相对于传输零点处频率的电长度。

在图 8-3 中，由(b)图转换到(c)图后，位于源端和负载端的电容不变，其他电容 C_i 被临近的谐振器吸收。简单起见，保持 R_{iz} 和 θ 不变，(c)图中的开路枝节的输入导纳为

$$Y_{\text{in}}' = \frac{\text{j}Y_{i4}'(1+R_{iz})\tan\theta}{R_{iz} - \tan^2\theta} \tag{8-4}$$

则在中心频率 f_0 处，有：

$$Y_{i4}' = Y_{i4} + \frac{\omega_0(C_i + C_{i+1})(R_{iz} - \tan^2\theta_0)}{(1+R_{iz})\tan\theta_0}, \quad Y_{i3}' = \frac{Y_{i4}'}{R_{iz}} \tag{8-5}$$

基于以上理论，就可以设计出一个 3 阶小型化 DBR 滤波器，结构如图 8-4 所示。

图 8-4 中，(Z_{s1}, θ_{s1})、(Z_{s2}, θ_{s2}) 为开路枝节，来等效实现 π 型结构中的电容；(Z_1, θ_c)、(Z_2, θ_c)、(Z_3, θ_c)、(Z_4, θ_c) 为 J 变换器；其他元件则两个一组，分别构成具有不同传输零点的 DBR 单元，共 6 组。

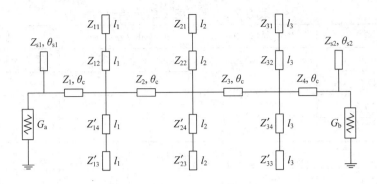

图 8-4　3 阶小型化 DBR 滤波器结构

8.2　DBR 带通滤波器设计

设计一个微波带通滤波器，采用微带线、3 阶 DBR 结构。指标要求：通带中心频率 1 GHz，相对带宽 5%，$S_{21} > -0.1$ dB；阻带频率分别为 875 MHz、1125 MHz，$S_{21} < -40$ dB，且在低端 0.7 GHz、0.77 GHz、0.85 GHz 处，高端 1.15、1.23、1.3 GHz 处，均具有传输零点。基板：介电系数 9.6，厚度 1 mm，双面覆铜，金属厚度 0.018 mm。

扩展内容：应用 Protel 软件，完善硬件版图设计。

8.2.1　初始参数计算

3 阶 DBR 带通滤波器的电路模型参见图 8-4，各个元件的电参数(阻值、电长度)在表 8-1～表 8-4 中给出。利用 AWR 软件的 TXLine 计算工具，计算各个元件的物理参数(微带线的宽度、长度)，计算条件均为：$\varepsilon_r = 9.6$，$H = 1$ mm，$T = 0.018$ mm，$f_0 = 1$ GHz。将计算结果填入各表中，注意结果均保留一位小数。

表 8-1　1 阶 DBR 单元参数

阻值 / Ω	电长度 / deg	W / mm	L / mm
$Z_{11} = 35.8$			
$Z_{12} = 57.7$	$l_1 = 45$		
$Z'_{13} = 63.1$			
$Z'_{14} = 39.2$			

表 8-2　2 阶 DBR 单元参数

阻值 / Ω	电长度 / deg	W / mm	L / mm
$Z_{21} = 27.3$			
$Z_{22} = 57.1$	$l_2 = 45$		
$Z'_{23} = 81.1$			
$Z'_{24} = 38.8$			

表 8-3　3 阶 DBR 单元参数

阻值/Ω	电长度 / deg	W / mm	L / mm
$Z_{31} = 17.9$			
$Z_{32} = 47.6$	$l_3 = 45$		
$Z'_{33} = 88.8$			
$Z'_{34} = 33.4$			

表 8-4　J 变换器、π 型结构的元件参数

阻值(Ω)	电长度/deg	W/mm	L/mm
$Z_1 = 50.2$			
$Z_2 = 66.6$	$\theta_c = 45$		
$Z_3 = 117.8$			
$Z_4 = 88.7$			
$Z_{s1} = 35.2$	$\theta_{s1} = 35$		
$Z_{s2} = 41.1$	$\theta_{s2} = 25$		

8.2.2　原理图仿真

创建新工程，命名为 DBR filter.emp。新建一个电路原理图，命名为 DBR。

设置单位：MHz、mm；设置工程频率：500～1500 MHz；阶长：1 MHz。绘制原理图，添加图表，添加测量项 S_{11}、S_{21}。分析电路，记录初始仿真结果。

调节：手动调节不同 DBR 单元的元件参数值，观察电路性能变化情况，总结调节特性；手动调节 π 型结构、J 变换器的元件参数值，观察电路性能变化情况，总结调节特性。通过总结调节经验，确定各个 DBR 单元所对应的传输零点，明确 DBR 滤波器的设计原理。

优化：参照 DBR 滤波器的性能指标，设定优化目标；参考调节经验，自行选择相关敏感元件，设定优化参数及其上、下限范围；选择适当优化算法，执行优化。记录优化后的元件参数值及结果图。考虑电路元件较多，可分组、多次优化，选择最优结果记录。

参考电路图(L、W 值略)及优化结果如图 8-5、图 8-6 所示。

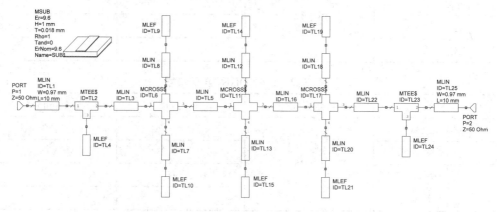

图 8-5　参考电路图

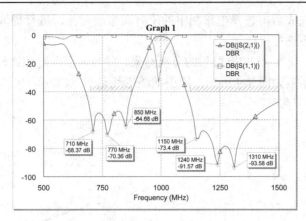

图 8-6　优化结果

8.2.3　ACE 分析

　　在电路原理图中加入 STACKUP 和 EXTRACT 模块，如图 8-7 所示，进行 ACE 提取。两个模块的作用及具体设置方法可参考 4.5 节内容，注意参数设置必须与本次设计的参数要求相吻合。

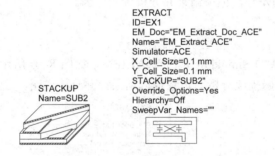

图 8-7　加入 STACKUP 和 EXTRACT 模块

　　再次编辑 EXTRACT 模块，将 ACE 标签页的最大耦合距离初设为 20 mm，界面如图 8-8 所示。

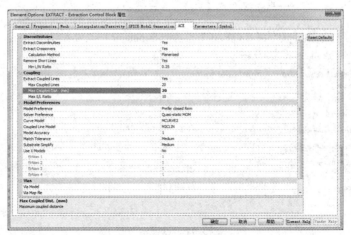

图 8-8　设置 ACE 标签页

　　提取模块设置完成后，选择电路图中的所有微带线元件，进行提取设置。注意，只保留端口和基板元件不进行提取。

　　重新分析电路，观察 ACE 提取后的分析结果，并与未提取时相比较，分析原因并记录结果图。结果对比示例如图 8-9 所示，图中的阴影线是有 ACE 提取时分析的结果。

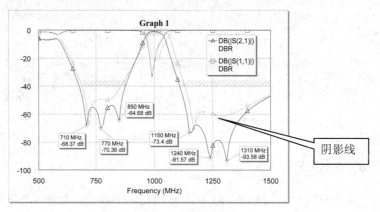

图 8-9　结果对比

　　改变 EXTRACT 模块 ACE 参数的最大耦合距离，自行设置为更大的数值，观察、比较不同设置时提取结果的差异，记录结果并分析说明原因。

8.2.4　AXIEM 分析

　　将 EXTRACT 模块的 Simulator 项改为 AXIEM，如图 8-10 所示，其他设置如图 8-11 所示，进行 AXIEM 电磁提取分析。记录提取结果，并分析说明。(结果示意图略)

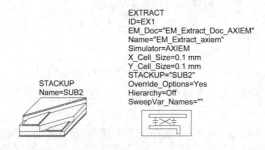

图 8-10　将 EXTRACT 模块的 Simulator 项改为 AXIEM

图 8-11　设置参数

8.2.5　二维版图标注

由 DBR 电路原理图生成二维版图，调整各个元件的布线位置，使其全部有效连接。从主菜单选择 Options→Layout Options，重设布线属性，如图 8-12 所示。

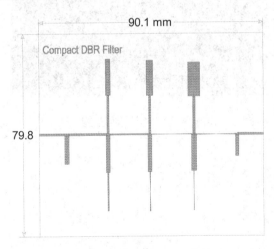

（a）　　　　　　　　　　　　　　　　　　　　（b）

图 8-12　设置布线属性

添加标尺：应用 Draw→Dimension Line，绘制版图的长、宽标尺。

添加标注：应用 Draw→Text，在版图空白处输入 Compact DBR Filter。在文本上点击右键，选择形状属性，将其 Layout 标签页的 Draw Layers 项设置为 Copper。

标注完成的版图示意如图 8-13 所示。

图 8-13　标注完成的版图

8.2.6　扩展内容：硬件版图完善

硬件版图完善的具体步骤可参考 5.4 节的内容。最终完成的 PCB 版图示例如图 8-14 所示，硬件实物示例如图 8-15 所示。

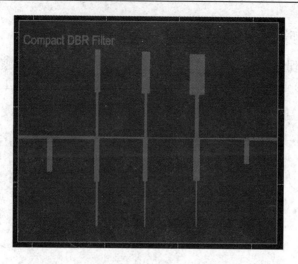

图 8-14　PCB 版图示例

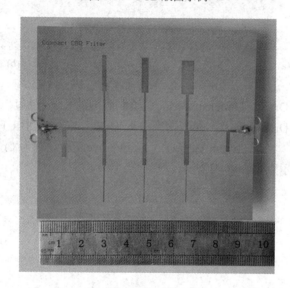

图 8-15　硬件实物示例

第三部分

电磁仿真设计

第 9 章　EMSight 电磁仿真

EMSight 电磁仿真器是 AWR 软件较早期的电磁计算引擎，采用矩量法，能够仿真平面三维结构，相关介绍参见 2.4.1 节内容。本章介绍 EMSight 电磁仿真的应用。

9.1　螺旋电感的电磁分析

设计一个螺旋电感，画出电磁结构图，进行电磁仿真分析，观察电流、电场分布。设计步骤如下：

螺旋电感建模及
结果演示

第 1 步，创建新工程。

启动 AWR 软件，默认打开一个未命名的新工程。

从主菜单选 File→Save Project As，保存路径选择自建的文件夹，命名为 Ex9a.emp，保存。

第 2 步，创建新电磁结构图。

从主菜单选 Project→Add EM Structure→New EM Structure。

在对话框中输入名称 Spiral，Simulator 项选择 AWR EMSight Simulator(电磁视图仿真器)，Initialization 项选择 From LPF，点击 Create，右侧即出现 Spiral 绘图窗。

第 3 步，设置单位。

从主菜单选 Options→Project Options，选择 Global Units 标签页，将长度单位设为 mm。

第 4 步，设置边界尺寸及介质层。

在工程管理器树状图的 EM Structure→Spiral 项下，双击 Enclosure 项，弹出 Element Options 对话框，依次设置：

· Enclosure 标签：设置边界，X_Dim = 320，Y_Dim = 320，Grid_X = 10，Grid_Y = 10。

· Dielectric Layers 标签：将 Layer 1 依次设为 4、Air、1；将 Layer 2 依次设为 20、Diel_1、1；点击 Insert，新生成 Layer 3，将该层数值设为 4、Air、1(注：若已有 Layer3，则不用插入新层，各层按对应数值设置即可)。Boundary 项全部选择 Approx Open。

· EM Layer Mapping 标签：将 Copper 的 Material 项取为 Perfect Conductor，将 Via 的 Material 项也取为 Perfect Conductor。

全部完成后，点击确定，关闭 Element Options 对话框。选 View→View All，完整显示。

第 5 步，创建三维视图。

从主菜单选 View→View EM 3D Layout，或点击工具栏相应图标，生成三维视图；从主菜单选 View→View All，完整显示；选 Window→Tile Vertical，二维、三维窗口同时显示。

第 6 步，绘制螺旋电感。

选择二维视图，将窗口最大化。在窗口内点击右键，选择 View All，令边界区域完整显示。再点击软件左下角的 Layout 标签，打开布线浏览页。

· 介质层设置：点击 EM Layers 组，将 EM Layer 项取 3，Material 项取 Perfect Conductor，结构属性选 Conductor(即在第 3 层绘制导体)。

· 绘制：从主菜单选 Draw→Polygon，将鼠标移入右侧绘图区，以光标的中心为准，在绘图边界的最左侧边缘点击左键，确定螺旋电感的起点，即第 1 个顶点；移动鼠标，在每个拐角处点击左键，依次绘制，最后回到初始的第 1 个顶点，点击，完成图形。

· 调整：双击螺旋体，拖动蓝色菱形符号可修改其尺寸、形状。

第 7 步，绘制输出线。

保持布线浏览页各个选项不变，从主菜单选 Draw→Rectangle，将光标移动至螺旋体的右侧，按住左键并同时向右下方拖动，绘制一个矩形导体，即输出线，再拖动至边界的右边缘。

第 8 步，添加边缘端口。

在螺旋体上点左键，选中该元件；从主菜单选 Draw→Add Edge Port，将鼠标移动到螺旋体与边界的交接处，当光标显示出端口的外形时，点左键确定，添加 port1。

相同步骤，在输出线右端设置另一个边缘端口 port2，模型如图 9-1 所示。

第 9 步，绘制电桥。

· 介质层设置：在布线浏览页的 EM Layers 组，将 EM Layer 项取为 2，Material 项取 Perfect Conductor，结构属性选 Conductor(即在第 2 层绘制导体)。

· 绘制：从主菜单选 Draw→Rectangle，在图中点左键并拉开，绘制一个长度能覆盖螺旋体与输出线的矩形导体，即电桥。

第 10 步，添加连接通路。

· 介质层设置：布线浏览页的其他项不变，结构属性改选 Via，Extend 为 1。

· 绘制：从主菜单选 Draw→Rectangle，在图中点左键并拉开，在电桥的两端各绘制一个小矩形，即连接通路(可将不同介质层的模型连接起来)。

全部模型如图 9-2 所示。激活三维视图，注意检查模型结构是否绘制正确。

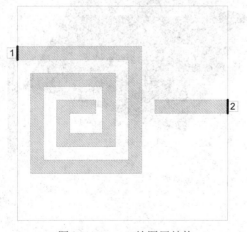

图 9-1　Layer3 绘图层结构

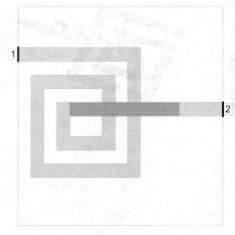

图 9-2　全部绘图层结构

第 11 步，设置工作频率。

点击界面左下角的 Project 标签，回到工程浏览页，双击 Project Options 项，在弹出的对话框的 Frequencies 页设置：单位为 MHz，start 为 400，stop 为 800，step 为 100。

注意：先点击 Apply 按钮，再点确定。

第 12 步，分析电路。

从主菜单选 Simulate→Analyze，分析电路。

第 13 步，观察电流分布。

添加注释：选择工程浏览页的 EM Structures→Spiral 项，在 Spiral 上点右键，选择 Add Annotation。

在弹出窗口设置：Measurement Type 选 Planar EM，Measurement 选 EM_CURRENT，EM Data Source 选 Spiral，去掉 Show Current Directions 前的选钩，其他项保持不变，确定。

激活三维视图为当前窗口，即可看到静态的电流分布，颜色表示电流的强弱。从工具栏点 Animate play 图标，观察动态电流分布；点 Animate Stop，停止动态演示。

在观察过程中，利用键盘右侧数字区的 +、− 键，可以放大、缩小模型；点击鼠标左键并移动，可以任意角度旋转模型。结果如图 9-3(a)所示。

第 14 步，观察电场分布。

禁用注释：选择工程浏览页的 EM Structures→Spiral 项，在其下的 Spiral：EM_CURRENT 项上点右键，选择 Toggle Enable，将电流注释暂时关闭。

添加新注释：步骤与第 13 步类似，点击 Add Annotation，Measurement Type 选 Planar EM，Measurement 选 EM_E_FIELD，EM Data Source 选 Spiral，Layer Number 选 3，去掉 Show Field Directions 前的选钩，其他项保持不变，确定，即可添加第 3 层的电场分布注释。观察静态电场分布情况，点 Animate play 图标，观察动态电场分布。结果如图 9-3(b)所示。

双击该注释项，将 Layer Number 改为 2，分析，并观察第 2 层的电场分布情况。

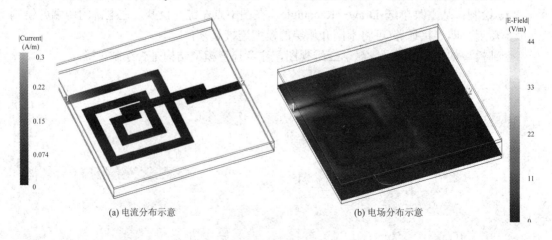

(a) 电流分布示意　　　　　　　　　　(b) 电场分布示意

图 9-3　三维模型的电流、电场分布

第 15 步，保存工程。

从主菜单选择 File→Save 或 File→Save As，保存工程。

9.2　微带缝隙天线设计

9.2.1　微带天线基本理论

1. 概况

微带天线是在带有导体接地板的介质基片上贴加导体薄片而形成的天线。它利用微带线或同轴线等馈线馈电，在导体贴片与接地板之间激励起射频电磁场，并通过贴片四周与接地板间的缝隙向外辐射。因此，微带天线也可看作是一种缝隙天线。通常介质基片的厚度与波长相比是很小的，因而它实现了一维小型化，属于电小天线的一类。

导体贴片一般是规则形状的面积单元，如矩形、圆形或圆环形薄片等，也可以是窄长条形的薄片振子(偶极子)。由这两种单元形成的微带天线分别称为微带贴片天线和微带振子天线。微带天线的另一种形式是利用微带线的某种形变(如弯曲、直角弯头等)来形成辐射，称之为微带线型天线，这种天线因为沿线传输行波，又称为微带行波天线。微带天线的第四种形式是利用开在接地板上的缝隙，由介质基片另一侧的微带线或其他馈线(如槽线)对其馈电，称之为微带缝隙天线。由各种微带辐射单元可构成多种多样的阵列天线，如微带贴片阵天线，微带振子阵天线等等。

与普通微波天线相比，微带天线有如下优点：① 剖面薄，体积小，重量轻；② 具有平面结构，并可制成与导弹、卫星等载体表面相共形的结构；③ 馈电网络可与天线结构一起制成，适合于印刷电路技术大批量生产；④ 能与有源器件和电路集成为单一的模件；⑤ 便于获得圆极化，容易实现双频段、双极化等多功能工作。微带天线的主要缺点是：① 频带窄；② 有导体和介质损耗，并且会激励表面波，导致辐射效率降低；③ 功率容量较小，一般用于中、小功率场合；④ 性能受基片材料影响大。不过现在已经有不少技术可以克服或减小上述缺点。

2. 微带天线的馈电

微带天线的电流供给通常分为两种：微带馈电和同轴线馈电。

1) 微带馈电

微带馈电结构分为偏心微带馈电和中心微带馈电，结构如图 9-4 所示。馈电点的方位也将影响馈电的形式。当天线元的大小被锁定之后，可以按照如下的方式进行馈电匹配：首先将中心馈电天线的贴片和 50 欧姆线共同进行激光刻板，测量输入阻抗，计算匹配电路参数，在馈线与天线元之间接入这个阻抗匹配电路，最终完成天线的制作。

给出的天线模可以采取多种途径刺激。若场沿长方形贴片的横向长度变化，馈线沿矩形贴片的横向长度改变，则输入阻抗也会产生明显变化。馈电位置的变化将会导致馈线和天线的空隙产生改变，使天线频率产生小幅度的跃变，但辐射指向仍维持不变。略微增大天线结构大小或者贴片结构大小，就能够成功弥补谐振频率的小幅跃变。

微带馈电是贴片天线设计中最常见的一种电流供应方式。微带天线在介质基板的上表面和下表面都有导体材料，上表面贴片是天线板面，下表面贴片作为接地板，结构如图 9-5

所示。微带线可以使用激光刻板等技术进行制作。微带线的辐射损失与频率的二次方直接相关，因此能够通过介电常数 ε_r 比较高的介质薄层来减小发射工作，但这样就会激励表面波。微带共面馈电也可以归类为侧馈形式的馈电。

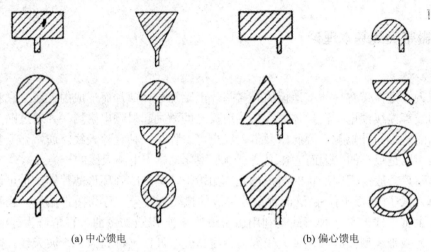

(a) 中心馈电　　　　　　　　　　　　　　　(b) 偏心馈电

图 9-4　微带馈电方式

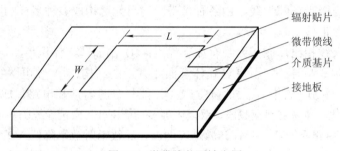

图 9-5　微带线共面馈电图

2) 同轴线馈电

由惠更斯原理可知，同轴线馈电可以通过从下向上供给电流的圆柱形电流模型来进行等效。如图 9-6 所示，同轴线是由外导体和内导体，并在其间再添加一层不导电材料制造的。若通过同轴线供给电流的办法，同轴线一般复刻在天线的介质薄板的反面，它内部的非绝缘体与贴片相连接，使操控电流供给的阻抗变得更加简单。因此，同轴线电流供给具有阻抗匹配简单、功率容量大的优点。

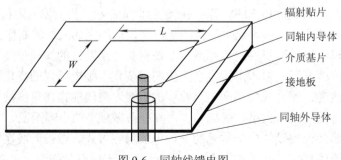

图 9-6　同轴线馈电图

3) 其他馈电

其他馈电形式还包括渐进耦合馈电、孔径耦合馈电、共面波导馈电等。渐进耦合馈电中的贴片与供给电流线并没有直接相连，由耦合的办法来传导电流，并且发射工作贴片与电流供给之间分别添加了两种材料。孔径耦合馈电构造中，贴片和电流传输线分别处在地板的两边，与渐进耦合馈电类似，在工作贴片与电流供给线之间添加了两种材料各异的介质薄层，与地面相连接的板就处于两个相异介质薄层中间，电流能量经由接地板上剪切的电尺寸很小的槽或过孔，从微带馈线耦合到发射激励贴片上。共面波导馈电的组成中，共面波导线由激光刻印在天线的地板上，和发射工作贴片通常处在介质薄层的两边，通过同轴探针产生激励，停止处为凹槽。

上面介绍的几种馈电形式各自存在不同的优缺点。表 9-1 在带宽、极化纯度、加工难度以及阻抗匹配等方面做了明确的比对。

表 9-1　微带天线馈电形式对比

馈电的形式	微带线	同轴线	渐进耦合	孔径耦合	共面波导
带宽	1%～7%	1%～7%	13%	26%	3%
极化纯度	差	差	差	优秀	优秀
加工	简单	需焊接	需对准	需对准	需对准
阻抗匹配	简单	简单	简单	简单	简单

3. 参数指标

1) 输入阻抗

天线输入阻抗是指天线馈电点所呈现的阻抗值，它直接决定了和馈电系统之间的匹配状态，从而影响了馈入到天线的功率以及馈电系统的效率等。输入阻抗和输入端功率与电压、电流的关系如下：

$$Z_{\text{in}} = \frac{2P_{\text{in}}}{\left|I_{\text{in}}\right|^2} = \frac{V_{\text{in}}}{I_{\text{in}}} = R_{\text{in}} + jX_{\text{in}} \tag{9-1}$$

其中 P_{in} 为复功率，R_{in} 和 X_{in} 分别为输入电阻和输入电抗。输入功率中包含辐射功率和损耗功率，若天线是理想无耗的，则输入阻抗应等于输入电流 $I_{\text{in}} = I_0$ 时的辐射阻抗，它的实部 R_{in} 应等于辐射电阻 $R_{\Sigma 0}$。

天线的输入阻抗决定于天线本身的结构与尺寸、工作频率以及邻近天线周围物体的影响等。仅仅在极少数情况下才能严格地按照理论计算出来，一般采用近似数值计算方法计算或直接由实验确定。

为实现和馈线间的匹配，可用匹配网络消去天线的电抗并使电阻等于馈线的特性阻抗。口面天线的阻抗特性可用馈电系统中某点的电压驻波比或反射系数 Γ 来表示，当 $|\Gamma| = 0$，驻波系数为 1 时，即匹配成功。

2) 方向图

天线的远区场可以表示为

$$E(r,\theta,\varphi) = \frac{60I_A}{r} f(\theta,\varphi) e^{-jkr} \qquad (9-2)$$

其中，$f(\theta, \varphi)$为方向函数，它与距离 r 及天线电流 I_A 无关。将方向函数用图形表示就称为天线的方向图，方向图表征天线的辐射特性与空间角度之间的关系。天线方向图是一个三维的空间图形，它是以天线相位中心为球心，在半径 r 足够的球面上，逐点测定其辐射特性绘制而成的，在实践中为了简便常取两个正交面的方向图。所谓天线的方向性，就是指在远区距离 r 相同的条件下，天线辐射场的相对值与空间方向的关系。在实际情况下，绝对没有方向性的天线是不存在的。理想点源可以认为是无方向性天线，它在相同距离处，任意方向上产生的场强是相同的。无方向性天线又称为等方向性天线。

　　注意： 某些天线在某一特定平面上是等强度辐射，即方向图在此平面上为一圆，则称此天线在此特定平面上的方向性为全方向性(例如电基本振子的 H 面方向图就是全方向性的)，不要与无方向性相混淆。

　　天线方向图可以用极坐标绘制，也可以用直角坐标绘制，如图 9-7 所示。通常绘制的方向图都是经过归一化的，称为归一化方向图。

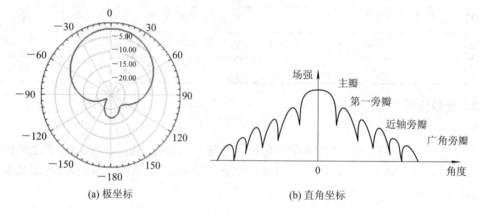

(a) 极坐标　　　　　　　　　　　(b) 直角坐标

图 9-7　天线方向图

　　对于任一天线而言，在大多数情况下，其 E 面或 H 面的方向图一般呈花瓣状，故方向图又称波瓣图。最大辐射方向所在的瓣称为主瓣，其余的瓣称为旁瓣或侧瓣。主瓣宽度又分为半功率(3 dB)波瓣宽度和零功率波瓣宽度。在主瓣最大值两侧，功率密度下降到一半(场强下降到原来的 0.707 倍)的两个方向之间的夹角称为半功率波瓣宽度，记为 $2\theta_{0.5}$ 或 $2\theta_{3dB}$。两侧功率密度或场强下降为零的两个方向之间的夹角称为零功率波瓣宽度，记为 $2\theta_0$。主瓣宽度表示能量辐射集中的程度，对于主瓣以外的旁瓣，则表示有部分能量分散辐射到这些方向上去了。旁瓣最大值与主瓣最大值之比称为旁瓣电平，记为 FSLL，通常用分贝表示：

$$\text{FSLL} = 10\lg\left(\frac{p_2}{p_1}\right) = 20\lg\left(\frac{|E_2|}{|E_1|}\right) \qquad (9-3)$$

其中 p 为功率密度，下标 1 或 2 分别表示主瓣或旁瓣的最大值。

　　3) 方向系数

　　为了量化描述天线的方向性，定义：在同一距离及相同辐射功率的条件下，某天线在

最大辐射方向上辐射的功率密度 p_{max} (或 $|E_{max}|^2$)和无方向性天线(点源)的辐射功率密度 p_0 (或 $|E_0|^2$)之比称为此天线的方向系数，用符号 D 表示：

$$D = \left.\frac{p_{max}}{p_0}\right|_{P_\Sigma 相同} = \left.\frac{|E_{max}|^2}{|E_0|^2}\right|_{P_\Sigma 相同} \tag{9-4}$$

方向系数也可以定义为在最大辐射方向上的同一距离处，若得到相同的电场强度，某有方向性天线较无方向性点源天线辐射功率节省的倍数，即

$$D = \left.\frac{P_{\Sigma 0}(点源)}{P_\Sigma}\right|_{g相同} \tag{9-5}$$

设某天线的归一化方向函数为 $F(\theta,\varphi)$，则方向系数可用如下公式计算：

$$D = \frac{4\pi}{\int_0^{2\pi}\int_0^{\pi}|F(\theta,\varphi)|^2 \sin\theta \mathrm{d}\theta \mathrm{d}\varphi} \tag{9-6}$$

$$D = \frac{120|f_{max}|^2}{R_\Sigma} \tag{9-7}$$

由式(9-6)可以看出，若天线的主瓣较宽，式中分母的积分值越大，方向系数 D 就越小，这是由于天线辐射的能量散布在较宽的角度范围内。对于点源，$F(\theta,\varphi)=1$，由式(9-6)可得 $D=1$。

4) 极化

极化是天线的一项重要参数。天线的极化是指在最大辐射方向上辐射点播的极化，其定义为在最大辐射方向上电场矢量端点运动的轨迹。极化可分为线极化、圆极化和椭圆极化。如果电场矢量终端所描述的轨迹是直线，则称为线极化。线极化可分为水平线极化和垂直线极化。如果电场矢量终端描述的轨迹是圆，则称为圆极化。如果电场矢量终端所描述的轨迹是椭圆，则称为椭圆极化，描述椭圆极化的参数有旋向、轴比 γ 和倾角 β。圆极化与椭圆极化的旋向一般规定为：如果顺着传播方向看去，电场矢量端点旋转的方向是顺时针，则称为右旋极化；反之，为左旋极化。轴比 γ 为椭圆的长轴 e_1 和短轴 e_2 之比：

$$\gamma = \frac{e_1}{e_2} \tag{9-8}$$

用分贝表示的轴比 AR 为

$$AR = 20\lg\gamma \tag{9-9}$$

圆极化和线极化是椭圆极化的两种特殊情况：当 $\gamma = 1$ 或 AR $= 0$ dB 时，为圆极化；当 $\gamma = \infty$ 或 AR $= \infty$ dB 时，为线极化。倾角 β 与坐标系的选择有关，定义为由 E 沿右旋至椭圆 e_1 方向的夹角。

5) 增益系数

增益系数定义为：在相同输入功率的条件下，天线在某方向某点产生的功率密度 p_1 (或 $|E_1|^2$)与理想点源(效率 100%)在同一点产生的功率密度 p_0 (或 $|E_0|^2$)的比值,用符号 G 表示，即

$$G = \frac{p_1}{p_0}\Bigg|_{p_{in} 相同} = \frac{|E_1|^2}{|E_0|^2}\Bigg|_{p_{in} 相同} \tag{9-10}$$

增益系数还可以定义为：在某方向某点产生相等电场强度的条件下，理想点源输入功率 p_{in0} 与某天线输入功率 p_{in1} 的比值，即

$$G = \frac{p_{in0}}{p_{in1}}\Bigg|_{g 相同} \tag{9-11}$$

增益系数与方向系数的定义主要有两个不同点：① 方向系数是从辐射功率出发的，而增益系数则是以输入功率作为参考；② 在增益系数的定义中，点源是理想的，即天线效率等于 1。一般不特别说明，某天线的增益系数就是指该天线在最大辐射方向的增益系数。增益系数也可用分贝表示：

$$G(\text{dB}) = 10\lg G \tag{9-12}$$

9.2.2　实练：微带缝隙天线设计

设计一个微带缝隙天线，工作频率为 3.75 GHz，采用内部端口馈电，开放边界条件(即基板处于空气中)。基板的介电常数为 2.33，厚度为 30 mil，金属导带厚度为 0.7 mil。

要求：建立天线的电磁结构模型，设计匹配网络使天线取得最大辐射功率。对天线进行电磁仿真分析，观察电流及电场的分布情况。记录微带天线的模型图、匹配电路图，以及各项电磁分析结果。

设计步骤如下：

第 1 步，创建新工程。

创建新工程，工程名称：Ex9b.emp。设置工程单位：GHz、mil。

创建新电磁结构图，命名为 Slot Antenna，仿真器选 AWR EMSight Simulator，初始化选 Default。

第 2 步，设置边界条件。

在工程浏览页，选择 EM Structures 的 Slot Antenna 节点下的 Enclosure 项，双击，弹出对话框，设置如下：

· Enclosure 标签：设 X_Dim = 3000，Y_Dim = 3000，Grid_X = 50，Grid_Y = 50。

· Material Defs.标签：将 Diel_1 依次设为 1、0、not fill；将 Diel_2 依次设为 2.33、0.0013。

· Dielectric Layers 标签：共 3 层，Layer 1 依次设为 300、Diel_1、1；Layer 2 依次设为 30、Diel_2、1；Layer 3 依次设为 300、Diel_1、1；Boundary 均选 Approx Open。

• Materials 标签：Name 项为 Perfect Conductor，厚度为 0.7，材料为 Perfect Conductor，Etch Angle 和 Roughness 项为 0；删除其他材料项。

• Line Type 标签：先点击 initialize，再点击 OK；初始化后只保留 Top Copper 线型，其参数依次设为 Perfect Conductor，2，1，Perfect Conductor，3，Perfect Conductor；若初始化后还有其他线型，均要删除。

• EM Layer Mapping 标签：将 Copper 项的 EM Layer 取 2，Material 取 Perfect Conductor；将其余项的 EM Layer 全部取为 None，Via 列全部留空。

全部完成后，确定。

第 3 步，绘制缝隙天线。

天线的结构尺寸如图 9-8(a)所示。在 Layer2 层绘制缝隙天线，绘制时分为 4 部分，上、下各一个不规则矩形，正中间 2 个小矩形。在上方小矩形的下边缘处添加一个 Internal Port。建好的二维模型如图 9-8(b)所示，图中斜线部分为贴片天线，中心空白区域为缝隙。

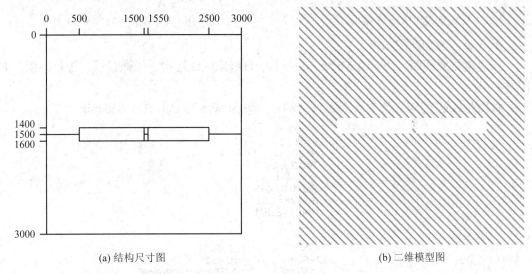

(a) 结构尺寸图　　　　　　　　　　　　　　　　　(b) 二维模型图

图 9-8　缝隙天线结构

第 4 步，设置工作频率。

在工程浏览页，双击 Project Options 项，设置工程频率为 1～8 GHz，阶长为 0.01 GHz。

再选择 EM Structures 的 Slot Antenna 项，点右键，选 Options 项，在 Frequencies 页去掉 Use project defaults 项选钩，单独设置频率为 1～8 GHz，阶长为 0.05 GHz；再选择 Mesh 标签页，去掉 Use project defaults 项选钩，设网格密度为 Low，单元数依次为 10、10、4、4。其他设置不变，确定。

第 5 步，测量天线反射特性。

添加一个 Smith 圆图，命名为 Reflection；添加测量项，测量 Slot Antenna 电磁结构的 S11 参数，选择 Complex 项。

再添加一个矩形图，命名为 Return Loss；测量 Slot Antenna 电磁结构的 S11 参数，选择 Mag，勾选 dB 项。

分析电路，结果示意图如图 9-9、图 9-10 所示。当频率为 3.75 GHz 时，在圆图中 S11 参数距圆图中心点很远，在矩形图中 S11 参数不到 –10 dB，说明反射特性较差，还需要对天线进行匹配，使其能有最大辐射功率。

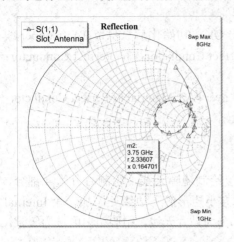 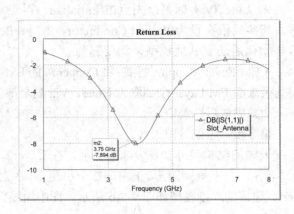

图 9-9　圆图的 S11 结果　　　　　　　　图 9-10　矩形图的 S11 结果

第 6 步，添加匹配结构。

新建电路原理图，命名为 Match Antenna，将缝隙天线连接一段微带线，进行匹配，如图 9-11 所示。

将微带线的宽 W、长 L 设为可调节的，预设为 W = 30 mil，L = 630 mil。

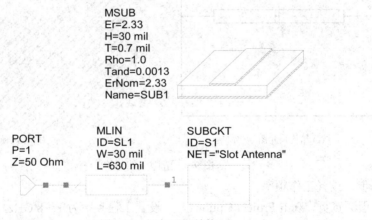

图 9-11　添加匹配结构

第 7 步，进行匹配调节。

分别在 Smith 圆图和矩形图中添加测量项，测量 Match Antenna 原理图的 S11 参数，添加方法同上。

同时调节 W、L 值，对电路进行阻抗匹配，使 Match Antenna 原理图的 S11 参数在频率为 3.75 GHz 时，在 Smith 圆图中尽量接近圆图中心，如图 9-12 所示，在矩形图中数值要尽量小，如图 9-13 所示。

记录最终的调节结果。

第 8 步，查看网格剖分。

自行添加注释 EM_MESH，观察三维模型的网格剖分情况，记录结果。示例如图 9-14 所示。

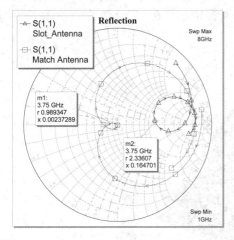

图 9-12　Smith 圆图的 S11 结果对比

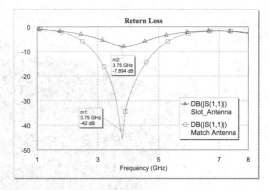

图 9-13　矩形图的 S11 结果对比

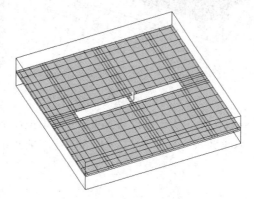

图 9-14　网格剖分示例

第 9 步，查看电流、电场分布。

自行添加注释 EM_CURRENT，观察三维模型的动态电流分布，记录结果。示例如图 9-15 所示。

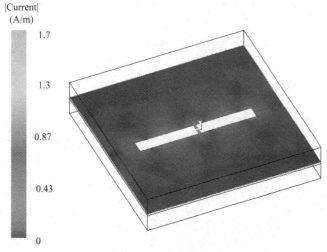

图 9-15　电流分布示例

自行添加注释 EM_E_FIELD，观察三维模型的动态电场分布，记录结果。示例如图 9-16 所示。

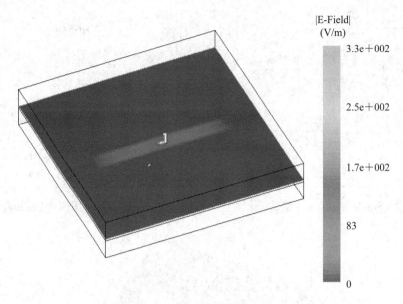

图 9-16　电场分布示例

说明：添加注释时，Sweep Freq 项可以设为 Select with tuner，通过 tune 滑条改变频率，观察分布情况变化；也可以设为某个频率点，如 3.75 GHz，观察分布情况。

第 10 章　AXIEM 电磁仿真

　　AXIEM 电磁仿真是利用麦克斯韦方程进行三维平面的全波求解，能够将电路仿真和电磁仿真有效地结合在一起，具体介绍参见 2.4.4 节。AXIEM 电磁仿真与 EMSight 电磁仿真相比具有更高的精度和速度，因此也是 AWR 软件中更先进、更常用的一种电磁仿真工具。

10.1　交指型带通滤波器设计

　　设计一个交指型带通滤波器。要求：(1) 建立电磁结构图，进行 AXIEM 电磁仿真，检查网格剖分，添加注释，观察电流的静、动态分布；(2) 建立电路原理图，调用电磁模型，比对电路性能。

　　设计步骤如下：

　　第 1 步，创建新工程。

　　创建新工程，保存路径为自建的文件夹，命名为 Ex10a.emp，保存。

　　第 2 步，更新版图工艺定义文件(LPF)。

　　从主菜单选 Project→Process Library→Import LPF，选择 AWR 软件的安装路径(如：C:\Program Files (x86)\AWR\AWRDE\13)，选择 Blank.lpf 文件，打开，然后选择 Replace，替换当前 LPF。

　　第 3 步，创建新电磁结构图。

　　从主菜单选 Project→Add EM Structure→New EM Structure；在弹出对话窗输入名称 Interdigital Filter，仿真器选择 AWR AXIEM – Async，初始化选择 Default，点 Create，右侧即出现电磁结构图窗口。

　　第 4 步，设置边界尺寸及介质层。

　　• 定义单位：主菜单 Options→Project Options，在弹出窗口的 Global Units 标签页，勾选 Metric units，长度单位设为 mm。

　　• 定义网格：主菜单 Options→Layout Options，在弹出窗口的 Layout 标签页，将 Grid Spacing 设为 1，Database unit size 设为 0.01，去掉所有选钩。

　　在工程管理器的 EM Structure\Interdigital Filter 目录下，双击 Enclosure 项，在弹出的对话窗中设置：

　　• Enclosure：将 Grid_X、Grid_Y 均设为 0.2，即 X 轴、Y 轴的最小网格均为 0.2。

　　• Material Defs：在 Dielectric Definitions 项选 Add，在弹出窗口的 Preset 下拉菜单中

选择 Alumina；在 Conductor Definitions 项选 Add，在弹出窗口的 Preset 下拉菜单中选择 Gold；将这两项的 Color 图案设为如图 10-1 所示的样式。

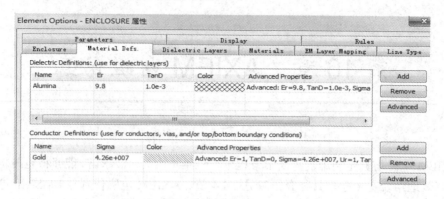

图 10-1　材料定义

- Dielectric Layers：Layer 1 依次设为 5、Air、1，Layer 2 设为 0.636、Alumina、4，即第一层为空气，第二层为铝且高度放大 4 倍绘制；上、下边界默认为 Approx Open、Perfect Conductor(注：在用 AXIEM 仿真时不用更改此默认设置，也不需要再设置侧边界条件)；若还存在 Layer3，则点 Delete 键删除。
- Materials：点 Insert，将名称改为 Gold Line，厚度设为 0.001。
全部完成后，点击确定。

第 5 步，绘制导体。

选择左下角的 Layout 浏览页，再点击 EM Layers 栏将其展开，设置电磁层：EM Layer 项取为 2，Material 项选 Gold Line，点选 Conductor 项，即准备在第二层绘制导体。具体设置界面如图 10-2(a)所示。

- 绘制小导体：从主菜单选 Draw→Rectangle，将鼠标移入右侧绘图区，点 Tab 键，在弹出对话窗中输入：x 为 0，y 为 7.8，点 OK；再点 Tab 键，在弹出对话窗勾选 Rel 项，再设置 dx 为 2.2，dy 为 0.6，点 OK；则添加一个水平矩形导体。应用 View→View All，适中显示。
- 绘制大导体：从主菜单选 Draw→Rectangle，将鼠标移入右侧绘图区，点 Tab 键，在弹出对话窗中输入：x 为 4，y 为 1.4，点 OK；再点 Tab 键，输入：dx 为 1.2，dy 为 7.2，点 OK；则添加一个垂直的矩形导体。应用 View All，适中显示。模型如图 10-2(b)所示。
- 移动导体：点左键选中第 2 个导体，向左侧移动，移动距离为 dx：−1.8，dy：1，与第 1 个导体相接。应用 View All，适中显示。模型如图 10-2(c)所示。

第 6 步，绘制通路。

在左侧的 EM Layers 栏，将 Conductor 改为 Via，Extent 为 1，其他不变，即绘制向下 1 层的通路，如图 10-2(d)所示。从主菜单选 Draw→Ellipse，将鼠标移入右侧绘图区，点 Tab 键，在弹出对话窗输入：x 为 2.4，y 为 9.4，点 OK；再点 Tab 键，在弹出对话窗勾选 Rel 项，再输入：dx 为 0.8，dy 为 −0.8，点 OK；则在电路图中添加一个通路。二维模型如图 10-2(e)所示。

第 7 步，观察三维视图。

从主菜单选 View→View 3D EM Layout，或直接在工具栏点 3D View 图标，观察模型的三维视图，如图 10-2(f)所示。

从主菜单选 Window→Tile Vertical，可以将二维、三维模型同时显示。

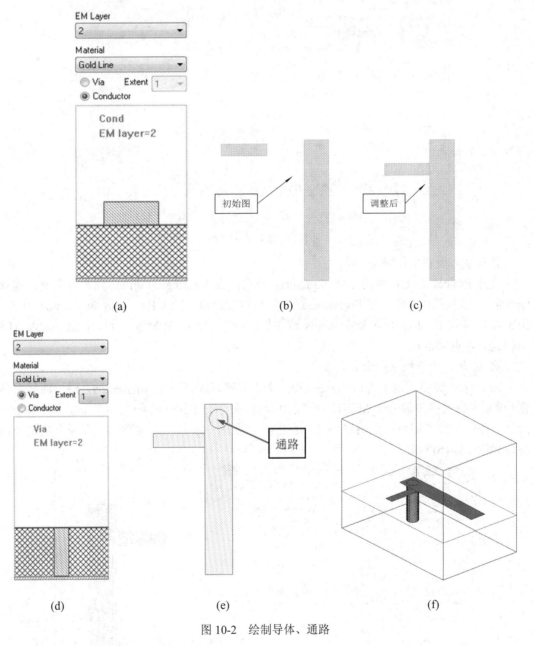

图 10-2　绘制导体、通路

第 8 步，添加端口、去嵌入线。

添加端口：激活二维电路图，在水平导体上点左键，选中该元件，从主菜单选 Draw→Add Edge Port，将鼠标移动到水平导体的最左侧，当显示出端口的外形时，点左键，添加边缘端口。

添加去嵌入线：双击端口，弹出新窗口，具体设置见图 10-4(a)所示，即添加长度为 1.6 mm 的去嵌入线，模型如图 10-4(b)所示。

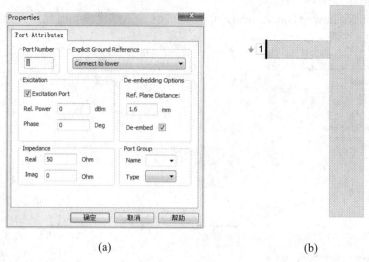

(a)　　　　　　　　　　　　　　(b)

图 10-3　添加去嵌入线

第 9 步，设置工作频率。

展开 Project 浏览页内的 EM Structures 节点，在 Interdigital Filter 项上点右键，选择 Options，弹出新对话窗，在 Frequencies 标签页设置：单位为 GHz，start 为 1，stop 为 5，step 为 1，点击 Replace 后再点击 Apply 按钮更新；再选择 AXIEM 标签页，清除 Enable AFS 项的选勾，点确定。

第 10 步，查看网格剖分。

在 Project 浏览页内的 Interdigital Filter 上点右键，选择 Add Annotation，弹出注释对话窗，设置电磁网格参数 EM_MESH，见图 10-4(a)。在 Interdigital Filter 上点右键，选择 Mesh，激活三维模型窗口即可看到网格剖分。在工具栏点击 Top 按钮，由顶部查看模型的剖分情况，如图 10-4(b)所示。

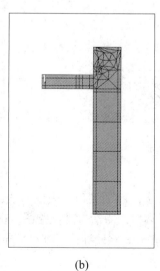

(a)　　　　　　　　　　　　　　(b)

图 10-4　网格剖分

第 11 步，运行电磁仿真。

在 Project 浏览页内，展开 Interdigital Filter 项，双击 Information 弹出新窗口，可查看网格各项参数。其中 Unknowns 项为 173，说明未知网格数不多，适合进行电磁仿真。若 Unknowns 数值过大，则仿真需要的时间会太长。

从主菜单选 Simulate→Analyze，分析电路。

第 12 步，测量回波损耗。

添加一个矩形测量图，添加测量项 S11(dB)，再次点击 Analyze，结果如图 10-5 所示，可知电路的谐振频率点在 4 GHz 附近。(注：当前为初步模型，只需粗略分析，因此仿真频率点设得很少。)

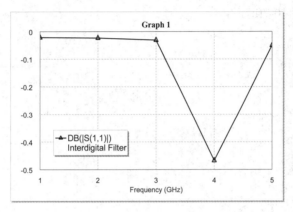

图 10-5　回波损耗结果

第 13 步，观察电流分布。

在 Project 浏览页内的 Interdigital Filter 项上点右键，选择 Options，在弹出对话窗中选择 General 标签页，勾选 Currents 项。

再在 Interdigital Filter 上点右键，选择 Add Annotation，弹出对话窗，测量项选择 EM_CURRENT，其他项默认不变。激活三维视图，即可观察静态电流分布，如图 10-6 所示。在工具栏点击 Animate Play，观察动态电流分布，点击 Animate Stop，结束动态演示。关闭三维模型窗口。

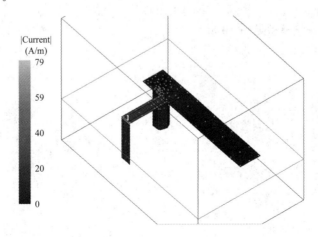

图 10-6　电流分布示意

第 14 步，完整滤波器模型。

· 添加导体：激活二维模型，适中显示；选择 Layout 浏览页，展开 EM Layers 栏，依次选择 EM Layer 2、Gold Line、Conductor；从主菜单选 Draw→Rectangle，将鼠标移入右侧绘图区，点 Tab 键，在弹出对话窗输入：x 为 2.2，y 为 2.4，点 OK；再点 Tab 键，输入：dx 为 −0.4，dy 为 0.2，点 OK，则在模型的左下角添加一个小矩形导体。

· 绘制输出谐振器：从主菜单依次选 Edit→Select All，Edit→Copy，Edit→Paste，将鼠标移动到已有模型的右侧，点击左键放置，见图 10-7(a)；保持复制部分选中，点击右键，选 Edit→Flip，再点击左键，使复制部分整体左右反转，应用 View→View All，适中显示；选中所有复制部分，水平移动，使得其与初始部分相距 5.2 mm。利用工具栏的 Meas Tool，可以测量距离。见图 10-7(b)。

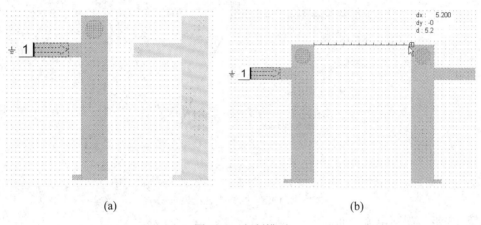

(a)　　　　　　　　　　　　　　　　　(b)

图 10-7　复制模型

· 绘制中间谐振器：选中左侧垂直导体及其通路，依次选 Edit→Copy，Edit→Paste，移动鼠标至绘图区，即跟随出现复制模型，点击右键 2 次，则复制模型上下旋转 180°；继续移动鼠标，**注意不要点击鼠标**，将复制模型移动到与初始模型完全重合的位置，点 Tab 键，**在弹出对话窗去掉 Rel 项选勾**，输入：x 为 6，y 为 5，点 OK 放置。

· 添加输出端口和去嵌入线：步骤同第 8 步，选择最右侧水平导体，添加端口，添加去嵌入线，Port Number 为 2，不勾选 Excitation Port 项，其他设置与 Port 1 相同。应用 View→View All，最终的完整模型见图 10-8。

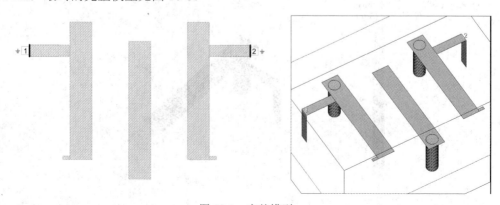

图 10-8　完整模型

第 15 步，先进频率扫描 AFS。

重置仿真频率：方法同第 9 步，在 Project 浏览页内的 Interdigital Filter 项上点右键，选择 Options，在 Frequencies 标签页将 start 设为 3、stop 为 5、step 为 0.01，点击 Apply 按钮更新；再选择 AXIEM 标签页，勾选 Enable AFS 项，点确定。

关闭打开的三维模型窗口。

在 Graph1 中添加测量项 S21(dB)，Sweep Freq 项设为 Use for x-axis，Select Data Set 项设为 Current Result。分析电路，结果见图 10-9。

说明：如果三维模型仍然保持打开，则会提示 AFS 及 Current Annotation 错误，这是因为激活 AFS 时无法计算电流，可自行查看相关说明。

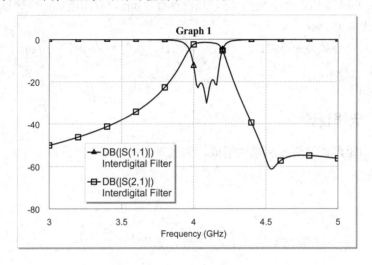

图 10-9　电磁模型仿真结果

第 16 步，原理图调用。

电磁模型可以作为支电路，在原理图中进行调用。

• 新建原理图：应用 Project→Add Schematic→New Schematic，命名为 Schematic use EM；再应用 Draw→Add Subcircuit，弹出新窗口，默认设置，点 OK(或者直接点击 Elements 浏览页，在 Subcircuits 节点下找到 Interdigital Filter，直接拖放入原理图中)；添加端口。原理图如图 10-10 所示。

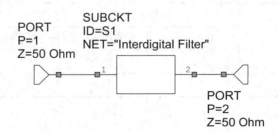

图 10-10　电路原理图

• 设置仿真频率：在 Project 浏览页内，展开 Circuit Schematics 节点，在 Schematic use EM 项上点右键，选择 Options，在弹出窗口中选择 Frequencies 标签页，将 Use project defaults

项的选勾去掉，start 设为 3，stop 为 5，step 为 0.01，点击 Apply 按钮更新，确定。

• 新建测量图：新建一个矩形图 Graph2，测量 Schematic use EM 原理图的 S11、S21 参数。

保存工程，记录结果，并与 Graph1 相比较，二者结果应该一致。

10.2　综合设计：微带贴片天线设计

设计一个矩形微带贴片天线，要求与 50 Ω 馈线匹配连接，匹配结构采用短路单枝节形式。基板参数：FR4 基板，介电系数 4.5，基板厚度 3 mm，双面覆铜，金属厚度 0.018 mm。过孔壁金属厚度 0.05 mm。

设计指标：中心频率 800 MHz，带宽 10 MHz，反射系数小于 −10 dB，驻波比小于 2，增益大于 6 dB。

设计步骤如下：

10.2.1　贴片天线设计

贴片天线由矩形辐射单元和馈线组成，馈线采用中心馈电形式。

1. 尺寸计算

辐射单元：

$$宽度\ W = \frac{c}{2f}\left(\frac{\varepsilon_r + 1}{2}\right)^{-\frac{1}{2}}, \quad 长度\ L = \frac{c}{2f}\frac{1}{\sqrt{\varepsilon_{re}}}$$

其中，$c = 3 \times 10^8$ m/s，$f = 800 \times 10^6$ Hz，$\varepsilon_r = 4.5$。ε_{re} 为等效介电常数，需用 AWR 软件的 Txline 工具计算，即 Effective Diel. Const. 项。计算结果保留一位小数，W、L 取整。

馈线：特性阻抗 50 Ω，电长度取 90 deg，利用 Txline 计算馈线的实际宽度、长度，结果取整。

将上述计算结果填入表 10-1。

表 10-1　贴片天线尺寸

(计算条件：$\varepsilon_r = 4.5$，$H = 3$ mm，$T = 0.018$ mm，$f = 800$ MHz)

参数	ε_{re}	辐射单元		馈线	
		宽度/mm	长度/mm	宽度/mm	长度/mm
计算值					
优化结果		—		—	—

2. 建立电磁模型

首先创建新工程，自定义保存路径，命名为 Ex10b.emp。

设置 Layout：Options→Layout Options，在 Layout Font 标签页将 height 设为 5 mm。

设置工程频率：750～850 MHz，阶长 1 MHz。设置长度单位：mm。

新建一个电磁结构图，命名为 patch，求解器采用 AWR AXIEM‑Async。Enclosure 的各项设置如图 10-11 所示。

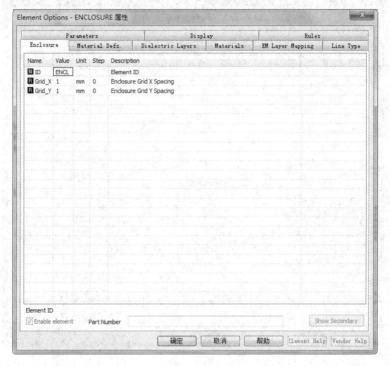

(a)

(b)

(c)

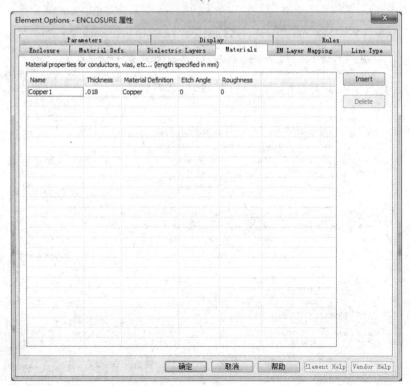

(d)

(e)

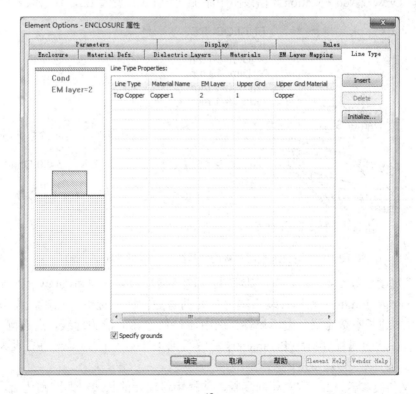

(f)

图 10-11　Enclosure 设置

　　根据表 10-1 的数据，绘制贴片天线模型，patch 的电磁结构图如图 10-12 所示。生成三维结构图后，注意检查、核对模型，尤其是层设置是否正确。

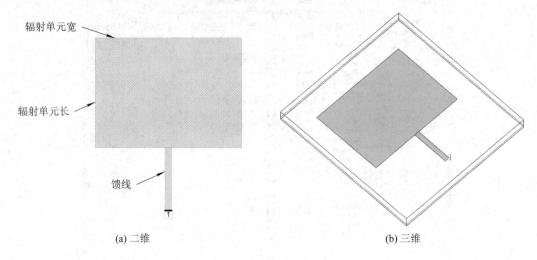

辐射单元宽

辐射单元长

馈线

(a) 二维　　　　　　　　　　　　　　　　　　　　(b) 三维

图 10-12　patch 电磁结构图

　　• 参数化设置：为方便调节，需要将辐射单元的尺寸参数化，即将其宽度、长度设为变量。由快捷工具栏选 View EM Schematic，生成 patch 电磁结构的原理图，如图 10-13 所示。再选择 Draw→Add Equation，在该图中添加变量 Lw、变量 Lh，数值取表的计算值。

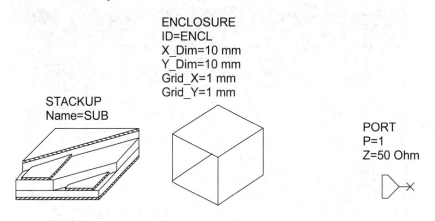

ENCLOSURE
ID=ENCL
X_Dim=10 mm
Y_Dim=10 mm
Grid_X=1 mm
Grid_Y=1 mm

STACKUP
Name=SUB

PORT
P=1
Z=50 Ohm

图 10-13　patch 电磁结构的原理图(注：未定义 Lw、Lh)

　　• 定义宽度参数 Lw：在 patch 二维图中，选中辐射单元，主菜单 Draw→Pamameterized Modifiers→Edge length，光标移动至辐射单元的宽边，即上边沿，点击，再向上展开，放置，即添加边长参数定义。编辑属性：选中该参数定义的箭头标线，点右键，选 Shape Properties，在新的属性窗口将 Parameters 标签页的 L 的数值改为 Lw，FE 设为 Center，确定。

　　• 定义长度参数 Lh：重复相同步骤，选择辐射单元的长边，即左侧边沿，点击，向左展开，放置；编辑其属性，L 数值改为 Lh，FE 设为 Right。

　　参数化设置完成后，patch 模型示意如图 10-14 所示。

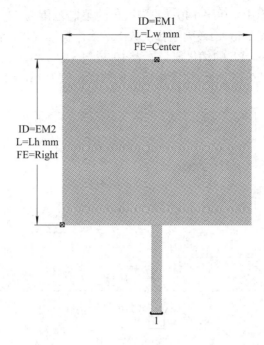

图 10-14　patch 参数化模型

3. 分析及优化

• 分析：在工程浏览页内选中 patch 节点，点右键选 Options，在 Frequencies 标签页单独设置 patch 的仿真频率，频率为 750～850 MHz，step 为 5 MHz；Mesh 标签页、AXIEM 标签页的设置如图 10-15 所示。

测量贴片天线的反射系数、驻波比、增益，若测量结果不符合设计指标，则对模型进行优化处理(也可尝试手动调节)。

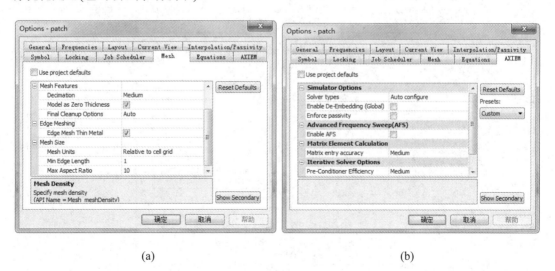

(a)　　　　　　　　　　　　　　(b)

图 10-15　patch 的 Mesh、AXIEM 标签页设置

• 优化：优化目标按照设计指标要求设置；优化变量选择 Lw、Lh，并勾选 Constrained

项，设置 Lw 的限制范围为 90～140，设置 Lh 的限制范围为 80～120；优化算法选择 Pointer – Gradient Optimization，最大迭代次数 100 次，执行优化。优化结束后，记录最终的测量结果图，并将 Lw、Lh 的优化值记入表 10-1。

测量结果示例如图 10-16 所示(注：当前示例的优化值为 Lw = 135，Lh = 86.5)。

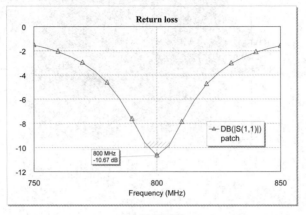

(a) 反射系数

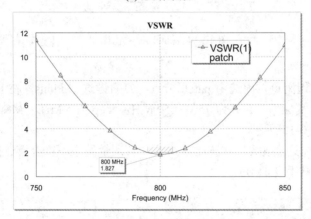

(b) 驻波比

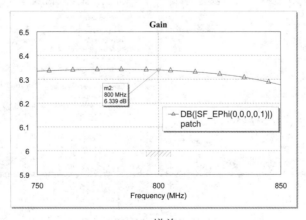

(c) 增益

图 10-16   测量结果

4.注释分析

添加以下各项注释，分析贴片天线的电磁特性。记录所有注释结果。

• 添加网格注释：在工程浏览页中的 patch 项上点右键，选择 Mesh，则在 patch 项下自动添加网格注释。示意图如图 10-17 所示。当网格剖分的数目、分布适中时，就可继续测量其他特性。

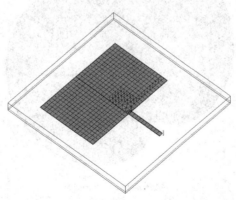

图 10-17　网格剖分注释

• 添加方向图注释：在 Patch 项下的 EM_Mesh 注释项上点击右键，选择 Toggle Enable，先暂停该注释。再在 patch 项上点右键，选择 Add Annotation，添加天线三维方向图注释。示意图如图 10-18 所示。

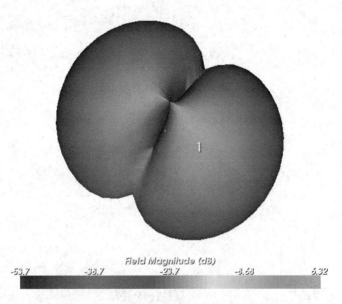

图 10-18　三维方向图注释

· 添加电流注释：步骤同上，先暂停 ANTENNA_3D 注释项，再添加电流注释。示意图如图 10-19 所示。

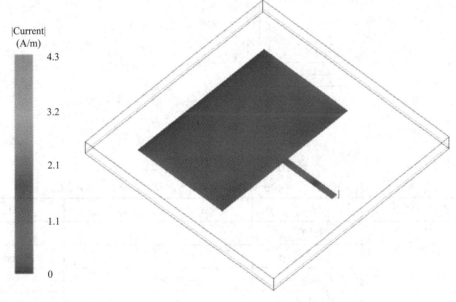

图 10-19 电流注释

10.2.2 匹配电路设计

测量贴片天线的输入阻抗：阻抗的实部测量设置见图；虚部测量设置类似，在 Complex Modifier 项选择 Imag。将测量结果填入表 10-2。测量结果示例如图 10-20 所示(注：示例图中的输入阻抗值为 28.38 + j7.901 Ω)。

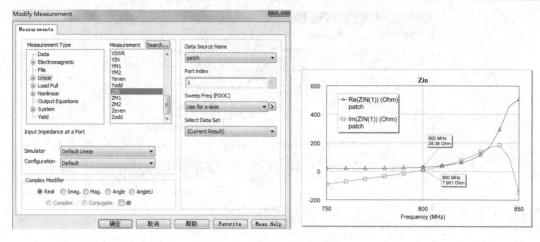

图 10-20　输入阻抗测量示例

设计阻抗匹配电路：短路单枝节匹配结构如图 10-21 所示，微带线阻抗均为 50 Ω，具体计算参见 7.2 节，即利用 Smith 圆图，或者利用传输线理论 CAI 软件，计算出匹配结构的参数 d、L，取 d 值较小的一组解；再进行电长度转换计算(注意：转换计算时，1λ 为 360 deg，0.25λ 就是 90 deg)；最后利用 AWR 软件的 Txline 工具，计算出参数 d、L 的实际值。将各项计算结果填入表 10-2。

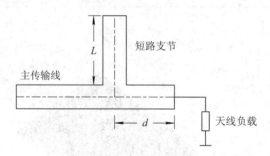

图 10-21　短路单枝节匹配结构示意

表 10-2　匹配结构参数计算

(计算条件：$Z_0 = 50\ \Omega$；$f = 800\ \text{MHz}$，$\varepsilon_r = 4.5$，$H = 3\ \text{mm}$，$T = 0.018\ \text{mm}$)

天线阻抗/Ω	参数	d	L	Z_0 / Ω
	圆图计算结果			50
	电长度/deg			W/mm
	实际值/mm			
	调节结果/mm			—

10.2.3　总电路设计

1. 建立电路图

新建一个电路原理图，命名为 antenna。根据表 10-2 的数据建立微带天线总电路，如

图 10-22 所示。图中，VIA1P 为终端短路元件，主传输线 TL1 元件的长度可预设为 25 mm。

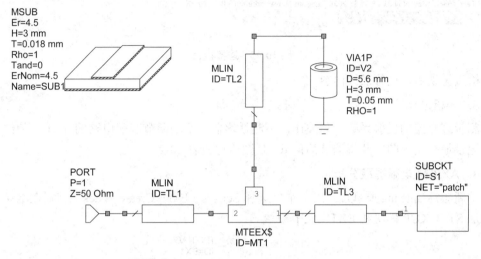

图 10-22　微带天线总电路(W、L 值未标注)

2．版图验证

主菜单选择 View→Layout，自动生成总电路的二维版图，如图 10-23 所示。

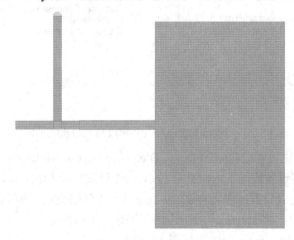

图 10-23　总电路的二维版图

继续保持在当前二维版图界面，主菜单选择 Verify→Design Rule Check，进行设计规则检查，结果示意如图 10-24 所示。

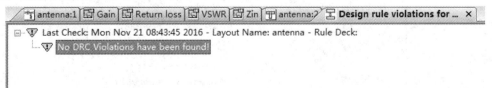

图 10-24　DRC 检查

重新激活二维版图界面，选择 Verify→Run Connectivity Check，进行版图与原理图的连接检查，结果示意如图 10-25 所示。

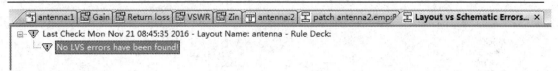

图 10-25　连接检查

检查无误后，进行后续内容。

3．分析及调节

测量总电路的反射系数、驻波比，不测量增益。手动调节匹配电路的 d、L，使结果最佳。记录最终结果图，并将调节后的 d、L 数值记入表 10-2。

4．AXIEM 电磁提取分析

重新激活 antenna 原理图，由主菜单选择 Scripts→EM→Create_Stackup，则在电路中自动添加 STACKUP 模块和 EXTRACT 模块。

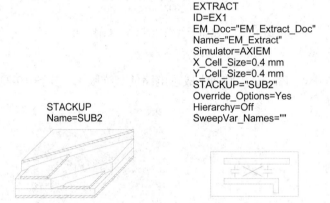

图 10-26　自动添加 STACKUP 模块和 EXTRACT 模块

· STACKUP 模块设置：Material Defs.、Dielectric Layers、Materials、EM Layer Mapping、Line Type 等标签页的设置应与 patch 图的 Enclosure 设置完全相同，具体数值参考图 10-11。

· EXTRACT 模块设置：参数如图 10-26 所示，其他标签页的默认设置不变。

· 提取元件设置：将 antenna 电路图中的微带元件都设置为可提取的，即选中任一微带元件，右击后选择 Properties，设置如图 10-27 所示。

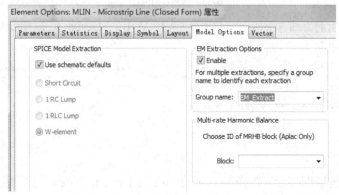

图 10-27　提取元件设置

设置完成后，只要在原理图中点击 EXTRACT 模块，相应的提取元件就会显示为红色。重新分析电路，对比并记录电磁提取前、后的结果图。结果示例如图 10-28 所示。

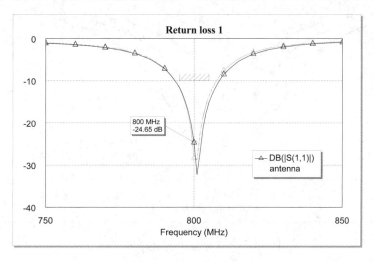

图 10-28　提取结果示例

图中阴影线为未加电磁提取的结果，已冻结(工具栏：Freeze Traces)；实线为加入电磁提取分析的结果。

10.2.4　扩展内容：变量扫描和版图微调

1. 变量扫描分析

对贴片天线 patch 的参数 Lw、Lh 进行变量扫描分析。为了节省软件分析时间，可先暂时停用总电路的两个电磁提取模块，停止总电路的所有测量图分析，停止 Zin 测量图分析。

激活 patch 结构图，由工具栏选 View EM Schematic，激活 patch 的原理图。在该原理图中添加两个 SWPVAR 模块，设定 Lw、Lh 的扫描范围，具体如图 10-29 所示。其中，Lw 是步进扫描，Lh 是指定数值扫描(也可自行设定扫描范围)。

图 10-29　设定 Lw、Lh 的扫描范围

重新分析，记录 patch 的各个测量结果图。反射系数的扫描结果示例见图 10-30。

综合考虑各项扫描结果，从扫描变量中选取出最佳的一组 Lw、Lh 数据，记录。

按照 Lw、Lh 的最佳值更新 patch 模型，激活总电路，重新分析，记录总电路的反射系数、驻波比。

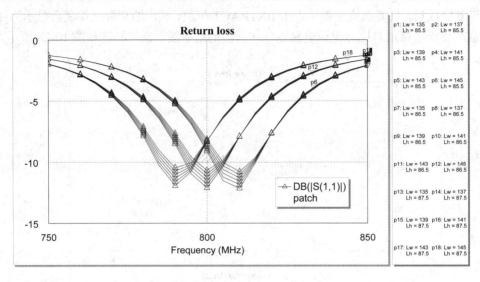

图 10-30　反射系数的扫描结果示例

2．版图微调

在 Antenna 电路的二维版图中，枝节顶端局部如图 10-31(a)所示，过孔突出于枝节。可进行版图微调：先选中枝节，点右键，选择 Shape Properties 项，按图 10-31(b)所示设置各项。再同时选中枝节、过孔，点击工具栏中的 snap 按钮，重新连接在一起。修正后的局部版图见图 10-31(c)。要求：记录总电路的完整版图。

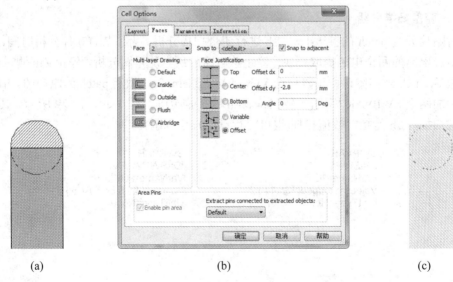

图 10-31　版图微调示意

第 11 章　Analyst 有限元电磁仿真

NI AWRDE 中的三维电磁(EM)仿真主要是使用 Analyst 仿真器。Analyst 是基于有限元方法的场仿真器，可用来求解任意三维结构中的端口参数和电磁场。其应用不仅包括真正的三维元件(例如连接器、波导、谐振腔和 RF 封装)，许多"平面"问题也可以使用三维求解器来进行更准确、更高效的仿真，例如：

- 趋肤深度与迹线粗度相差无几的情况(例如电感)；
- 许多个接地平面和/或过孔(在此情况下，三维平面求解器可能效率低下)；
- 高纵横比(粗)的迹线；
- 三维电介质形状(例如方块)；
- 有限接地平面和基板；
- 在电气层面上重要的嵌入式三维元件(例如键合线、球栅阵列和焊锡球)；
- 金属边界。。

11.1　简单的电磁结构

本节主要说明如何对 Analyst 3D EM 结构进行仿真。已在前面章节中介绍过的一些基本设置在此不再说明。

主要内容如下：

- 安装 Analyst 3D EM 仿真器；
- 将 AXIEM 的结构转换为 Analyst 结构；
- 正确配置端口和边界；
- 查看初始的网格剖分；
- 运行仿真。

11.1.1　安装 Analyst 3D EM 仿真器

Analyst 仿真器是否已安装到计算机上，取决于 NI AWRDE 安装程序是否已包含该组件。可以打开 Microsoft Windows 控制面板的"程序和功能"组，然后搜索 Analyst 程序，以确认是否安装了该仿真器。

基本的安装流程包括以下步骤：

(1) 确保电脑的最低配置：64 位操作系统，8 GB 内存。

(2) 从 NI AWRDE 安装 CD 中获得安装程序，或者从 NI AWR 网站 www.ni.com/awr

下载。

(3) 确保已经获得包含 ANA_100 和 ANA_001 功能的许可证。ANA_001 许可证允许使用编辑器和网格化功能，ANA_100 许可证允许启动 Analyst 仿真器。注意：Select License Features 对话框只显示 ANA_001 功能，ANA_100 功能仅在进行仿真时才会应用，因此没有显示。

11.1.2　创建工程

打开现有工程：应用菜单 File→Open Example，显示 Open Example Project 对话框，在对话框下端的文本框内键入 Analyst_Basic_Start，选择 Analyst_Basic_Start.emp 文件，点确定。

另存工程：应用菜单 File→Save Project As，出现"另存为"对话框，自行选择保存路径，键入 Analyst_GS_basic 作为工程名，点击保存。

注意：本章的仿真结果可能与书中给出的图像略有不同。有限元方法(FEM)仿真需要执行基于网格细化序列的收敛，求解器版本之间网格细化中的轻微变更会导致结果略有不同。

11.1.3　将 AXIEM 仿真转换为 Analyst 仿真

将 AXIEM 结构转换为 Analyst 的步骤如下：

(1) 点击 F8 键，仿真分析工程。仿真完成后，查看史密斯圆图 S Parameters 的结果。

(2) 在工程管理器树状图中的 EM Structures 节点下找到 AXIEM_Line 项，点击左键选中该项，不要松开，然后拖放进 EM Structures 节点内，松开鼠标，此时在 EM Structures 节点下就自动复制了一个电磁结构图，默认名称为 AXIEM_Line 1。新结构图会自动显示在新窗口中，可以先将此窗口关闭。

(3) 在工程管理器树状图中，右键点击 AXIEM_Line 1 项，选择 Rename，键入 Analyst_Line 作为新名称，然后点击 Rename 按钮。

(4) 右键点击 Analyst_Line 项并选择 Set Simulator，在 Select a Simulator 对话框中，选择 AWR Analyst 3D EM - Async，如图 11-1 所示，然后点击 OK。

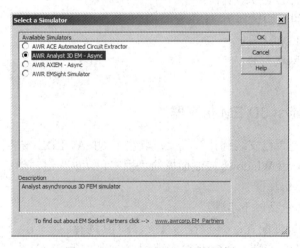

图 11-1　Select a Simulator 对话框

双击 Analyst_Line 项，将显示 Analyst 结构，如图 11-2 所示：

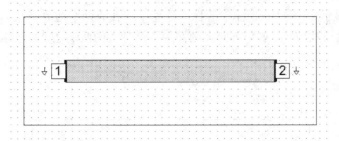

图 11-2　Analyst 结构

与大多数有限元仿真器一样，Analyst 需要明确定义的边界条件和 3D 边界框。Analyst 要求为结构配置顶部、底部和侧面的边界条件，为 2D 版图中的形状定义边界大小。还要对形状属性进行编辑，以便为边界的每侧指定边界条件。每个 Analyst 结构都具有默认的 2D 矩形边界形状(这是利用与每个边缘有关的近似开放边界条件绘制的)，可以编辑现有的形状，或者添加任意大小的新形状。此处将绘制一个新的边界形状，以取代默认的边界形状，并在边界中指定此边界形状的默认高度，在此结构的叠层中定义该高度。

绘制边界形状的步骤如下：

(1) 双击 Analyst_Line 项，使其处于当前激活状态，选择 Draw→Rectangle。

(2) 将光标移入窗口内，按下 Tab 键以显示 Enter Coordinates 对话框，键入如图 11-3 所示的值，然后点击 OK。

(3) 再次按下 Tab 键，键入如图 11-4 所示的值，然后点击 OK。注意 Rel 的设置。

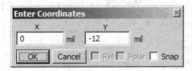
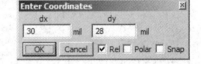

图 11-3　Enter Coordinates 对话框　　　　图 11-4　第二次设置值

此时将显示如图 11-5 所示的版图。系统会自动选中新形状。

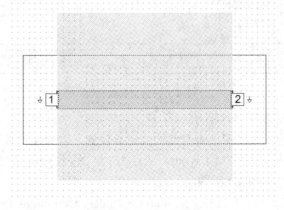

图 11-5　设置后的版图

(4) 选择 Draw→Create Simulation Boundary，或者点击工具栏上的 Create Simulation Boundary 按钮，以在版图中创建新的边界形状。

(5) 此时将显示如图 11-6 所示的版图。注意，现在有两个边界形状。选择初始的边界形状，即更加窄长的边界(在水平方向上延伸到了微带线的两端之外)，然后按下 Delete 键。

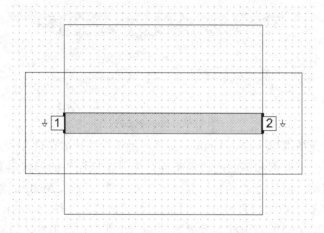

图 11-6　具有两个边界的版图

(6) 选择剩余的边界形状，右键点击并选择 Shape Properties，以打开 Properties 对话框。确保边界条件与图 11-7 相符。

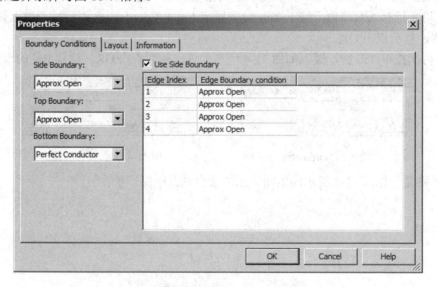

图 11-7　Properties 对话框

设置完成后，版图如图 11-8 所示。

可以在电磁结构的三维视图中查看结构的边界设置，以确保设置正确。步骤如下：

(1) 选择 View→View 3D EM Layout，或点击 EM 3D Layout 工具栏上的 View EM 3D Layout 按钮，以打开结构的 3D 版图。

(2) 点击 EM 3D Layout 工具栏上的 Show Boundary Conditions 按钮。版图将显示如图 11-9 所示的边界条件。

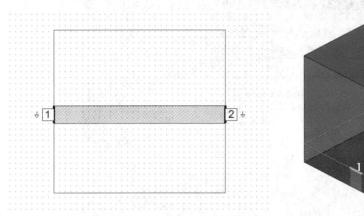

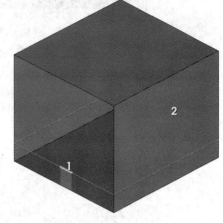

图 11-8　边界更改后的版图　　　　　　　　　图 11-9　边界条件

（3）点击左下方 Layout 选项卡以打开版图管理器，在左侧窗格中点击 Visibility By Material / Boundary 项最右侧的箭头，从而展开该窗格。界面如图 11-10 所示。

在此界面可以关闭某些特定材料的可见性。例如，当去掉 Approx Open 项的 Visible 列的选勾时，在三维视图中就不显示与该材料相关的边界情况，如图 11-11 所示。

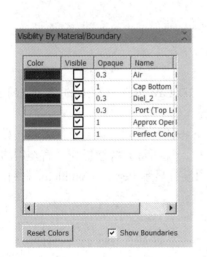

图 11-10　Visibility By Material/Boundary 窗格　　　图 11-11　关闭特定材料的可见性

（4）点击 EM 3D Layout 工具栏上的 Show Boundary Conditions 按钮，以便为接下来的几个步骤关闭此显示。

Analyst 支持波端口和集总端口。通常首选使用波端口，而且波端口只能与延伸到边界的形状相连接。集总端口可以在任何地方连接。

为此结构配置波端口的步骤如下：

（1）点击主界面左下方的 Project 项以打开工程管理器，在左侧树状图中双击 Analyst_Line 项，重新激活该结构的 2D 版图。

（2）在图中的端口 1 上双击，在 Properties 对话框的 Port Attributes 选项卡上，确保将 Type 设置为 Wave，然后点击 OK，如图 11-12 所示。

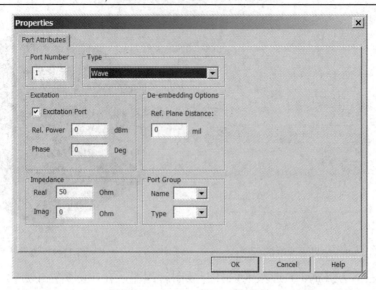

图 11-12　Port Attributes 选项卡

(3) 重复上述步骤，设置端口 2。

11.1.4　运行 Analyst 仿真

工程的仿真频率已经设置为 0.1～10 GHz，步进为 1 GHz。

在仿真之前，可在结构的三维视图中查看网格剖分情况。

查看网格的步骤如下：

(1) 选择 View→View 3D EM Layout，或点击 EM 3D Layout 工具栏上的 View EM 3D Layout 按钮，以打开该结构的三维版图。

(2) 点击 EM 3D Layout 工具栏上的 Show 3D Mesh 按钮。看到的第一个网格是初始求解器的网格，随着自适应网格细化(AMR)步骤不断执行，视图将会持续更新，直至网格完整显示。该结构的最初网格剖分如图 11-13 所示，图中没有显示 Perfect Conductor 材料。

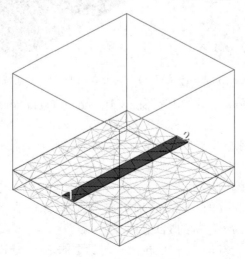

图 11-13　结构的最初网格剖分

另外，空气层的网格剖分默认不显示。用户可以应用版图管理器下的 Visibility By Material/Boundary 面板将其显示。空气部分的网格剖分情况如图 11-14 所示。

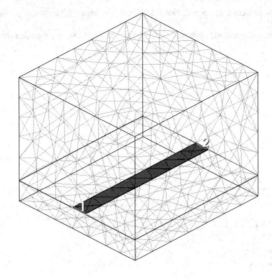

图 11-14　空气部分的网格剖分

对结构进行仿真的步骤如下：

(1) 应用菜单 Simulate→Analyze 或点击工具栏上的 Analyze 图标。注意，如果没有其他程序竞争资源，此仿真通常需要运行几分钟。

(2) 在仿真过程中，Simulation 对话框会显示仿真状况，如图 11-15 所示。

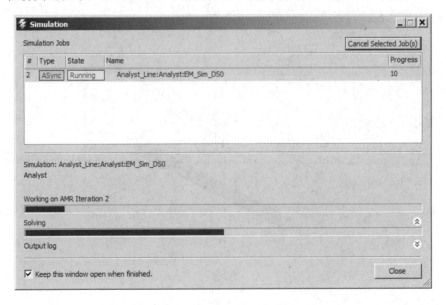

图 11-15　Simulation 对话框

点击对话框中向下的箭头查看整个仿真过程。图 11-16 显示了仿真中的相关信息。用户可以查看每次的自适应网格细化过程，并查看仿真的收敛情况。具体的仿真时间和内存使用情况因计算机配置而异。

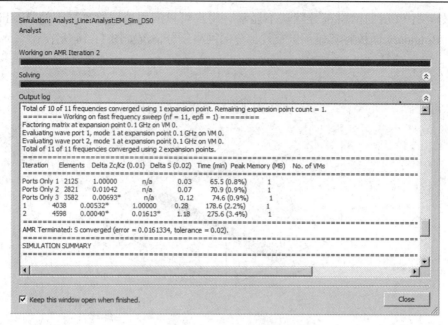

图 11-16　查看仿真中的相关信息对话框

(3) 随着仿真进行网格不断被细化。如果三维视图一直处于活动状态，可以看到随着每次自适应网格细化的进行，网格剖分不断改变。图 11-17 显示了在 AMR 序列收敛后的网格(关闭了 Air 层的可见性)。

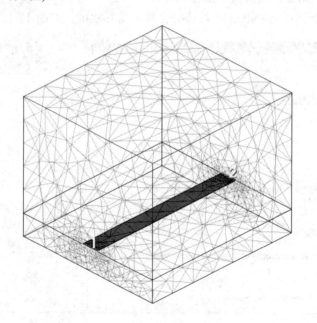

图 11-17　在 AMR 序列收敛后的网格

　　注意：在仿真运行仍未结束时，也可以继续本章的练习，因为 Analyst 仿真与 AXIEM 一样，都是异步仿真器。

　　在三维电磁结构中查看网格、边界和电场时，应用横切面非常有效。

使用横切面的步骤如下：

(1) 选择 View→View 3D EM Layout，或点击 EM 3D Layout 工具栏上的 View EM 3D Layout 按钮，以打开结构的三维版图。

(2) 点击工具栏上的 Use Cut Plane 按钮，并确保也按下了 Show Cut Plane 按钮。图 11-18 显示了结构的横切面，而且在该平面的一侧绘制信息，并在另一侧删除了信息。

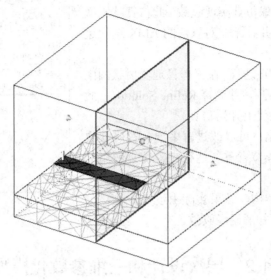

图 11-18　结构的横切面

(3) 在横切面上点击鼠标左键并拖动，可移动信息的位置。在穿过横切面的线的末端箭头上点击并拖动可改变方向。使用 x、y 或 z 键朝着该方向移动横切面，并使横切面与该平面正交。如果看起来还不明显，则可移动延伸到横切面之外的箭头，以将横切面移到一个异常的角度，然后使用这些键来观察横切面。

查看仿真结果的步骤如下：

(1) 在工程管理器中，右键点击 S Parameters 测量图上的 AXIEM_Line:S(2, 1) 测量项，然后选择 Duplicate，以显示 Modify Measurement 对话框。

(2) 将 Data Source Name 改为 Analyst_Line，然后点击 OK。

(3) 对 AXIEM_Line:S(1, 1)测量项重复上述步骤。

(4) 点击 F8 键，重新对工程进行仿真，以便更新测量数据。注意：由于结构未改变，因此实际并不需要重新计算。

在工程管理器中，双击 S Parameters 测量图，更新后的结果如图 11-19 所示。

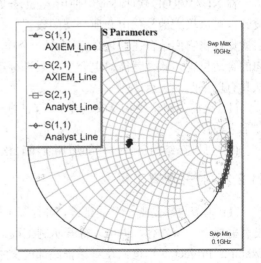

图 11-19　S 参数测量结果

带有迭代求解器(例如 FEM 求解器)的某些结构可能会在两次 AMR 迭代(彼此可能相隔

极近，以至于能满足收敛标准)之间具有两组 S 参数。实际上，网格可能未细化到足以捕捉某种行为的程度。如果出现这种情况，可以降低收敛标准，以强制仿真器通过执行更多次 AMR 迭代来尝试捕捉该行为，但这会从 AMR 迭代 1 开始重新进行仿真。

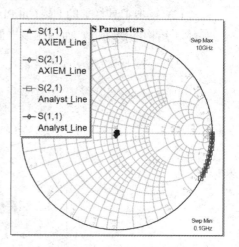

与降低收敛公差并重新对整个结构进行仿真相比，另一种可能更高效的方法是，强制仿真器再运行一次 AMR 迭代，以确保仿真实现收敛。此仿真从上次仿真结束的地方开始，并且无需对以前的 AMR 迭代进行仿真。

要再运行一次 AMR 迭代，在工程管理器树状图中右键点击 Analyst_Line 项，并选择 Refine Solution。此时会在下一次 AMR 迭代上开始仿真。

如果结果出现变化，可以改进解多次。在降低收敛公差后，可能会大幅节省重新运行完整仿真所用的时间。

对于这个特定的结构，结果实际上没有变化，如图 11-20 所示，由此可知解已经收敛。

图 11-20　再次迭代的结果

11.2　层次设计和三维参数化模型

本节主要介绍如何在 Analyst 仿真器中创建层次仿真，并在几何图形中使用预定义的参数化单元。包括层次设计和三维参数化单元模型(pCell)。

11.2.1　层次设计的优点

在 NI AWRDE 软件环境中使用 Analyst 时，层次设计的作用非常强大。通过使用层次设计，可以极大地简化电介质叠层的设置。每个电磁工程有各自的介质基板定义，在使用层次设计将它们结合在一起时(将其中一个作为子电路添加到另一个中)，只需要指定 Z 方向的合适位置，软件就能对电介质叠层进行正确的仿真，从而有效地结合两个叠层。此方法具有以下两个优点：

(1) 无需为整个结构定义一个完整(且有时很复杂)的电介质叠层(通常在添加任何几何图形之前)。

(2) 可以在结构仿真过程的后期阶段轻松地添加更多的电介质层。

11.2.2　打开现有工程

(1) 本节内容是上一节的延续，可打开上一节完成的 Analyst_GS_basic.emp 工程。如果没有完成上一节内容，也可以打开示例工程：应用菜单 File→Open Example，以显示 Open Example Project 对话框，在对话框底部的文本框中键入 Analyst_Basic_Finish，找到并打开 Analyst_Basic_Finish.emp 文件。

(2) 应用菜单 File→Save Project As，出现 Save As 对话框。

(3) 选择保存工程的路径，键入 Analyst_GS_hierarchy 作为新的工程名，保存工程。

注意： 仿真结果可能与本书中的图像略有不同。有限元方法(FEM)仿真需要执行基于网格细化序列的收敛。求解器版本之间网格细化中的轻微变更可能导致结果略有不同。虽然默认的收敛公差足以满足大多数几何图形，但是如果发现结果转移，可以降低收敛公差，以确保结果准确。

11.2.3　层次设计

1. 创建 Analyst 电磁结构

(1) 在工程管理器中，右键点击 EM Structures 节点，在弹出菜单中选择 New EM Structure。(或者选择 Project→Add EM Structure→New EM Structure，或点击工具栏上的 Add New EM Structure 按钮。)

(2) 在 New EM Structure 对话框中，键入 PCB 作为结构名称，选择 AWR Analyst 3D EM-Async 作为仿真器，在 Initialization Options 下选择 From Stackup，选择 PCB 作为 Stackup，然后点击 Create，如图 11-21 所示。

注意： 选择的"PCB"是在 Global Definitions 中所定义的介质基板，包含了电磁仿真所需要的全部介质定义。

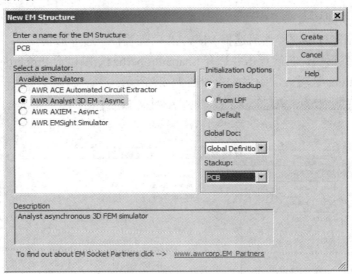

图 11-21　New EM Structure 对话框

此时会显示该 EM 结构的版图窗口。

(3) 在工程管理器中，找到 EM Structures 节点下的 PCB 项，点击"+"号展开，双击 PCB 项下的 Enclosure 节点，以显示 Element Options - ENCLOSURE Properties 对话框。将 Grid_X 和 Grid_Y 设置为 1 mil，从而定义 EM 结构的绘图网格(对 Analyst 仿真无影响)。

2. 配置边界

默认情况下，在创建结构时会添加方形边界形状。

(1) 使 2D 版图视图窗口处于活动状态(在工程管理器中双击该 EM 结构名称，它就被激活为当前活动状态的窗口)。

(2) 双击边界形状以进入编辑模式。每个边界边缘的顶点和中点都会显示菱形/方形，如图 11-22 所示。

(3) 点击并拖动方形的右上角时，按下 Tab 键。在 Enter Coordinates 对话框中，键入如图 11-23 所示的值，以创建大小为 750 × 500 的边界形状，单位为 mil。注意，未勾选 Rel 复选框。

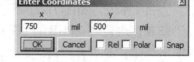

图 11-22　进入编辑模式　　　　　　　　图 11-23　Enter Coordinates 对话框

(4) 右键点击 2D 版图，然后选择 View All 以查看整个边界形状。

(5) 选择边界形状，右键点击并选择 Shape Properties，以显示 Properties 对话框。点击 Boundary Conditions 选项卡，确保设置如图 11-24 所示。

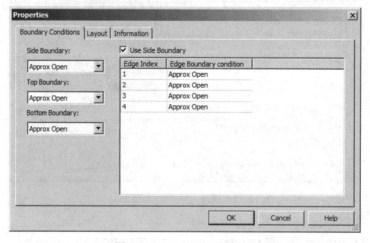

图 11-24　Properties 对话框

　　勾选 Use Side Boundary 复选框，可以强制定义边界形状的每个侧边都与 Side Boundary 的设置相同。如果清除此复选框，则可以为边界形状的各个侧边单独指定边界条件。注意，也可以在工程管理器中双击 PCB 项下的 Enclosure 节点，然后点击 Boundary Conditions 选项卡，在 Element Options - ENCLOSURE Properties 对话框中设置边界信息。

　　(6) 右键点击工程管理器中的 PCB 项，选择 Options 以显示 Options 对话框，然后点击 Frequencies 选项卡。请注意，已利用从工程频率复制的值来设置频率范围，如有必要，可以使用 Mesh 和 Analyst 选项卡的选项来更改网格或 Analyst 求解器选项。

3．构建层次设计

下面要将 Analyst_Line 结构添加到 PCB 结构中。

(1) 点击 Layout 选项卡以打开版图管理器，点击展开 EM Layers 窗格，如图 11-25 所示。

(2) 要设置子电路的初始 Z 位置，需确保将 EM Layer 设置为 2。

(3) 保持 PCB 结构的二维版图处于活动状态，选择 Draw→Add Subcircuit 以打开 Add Subcircuit Element 对话框。选择 Analyst_Line，然后点击 OK，如图 11-26 所示。

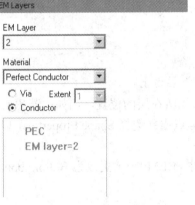
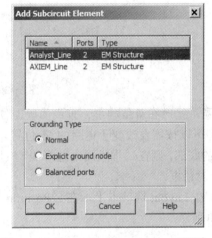

图 11-25　EM Layer 窗格　　　　图 11-26　Add Subcircuit Element 对话框

(4) 现在就可以将 Analyst_Line 结构作为子电路放入 PCB 结构版图中的任意位置。按下 Tab 键以显示 Enter Coordinates 对话框，键入以下数值，如图 11-27 所示。注意清空 Rel 复选框，然后点击 OK。

子电路就会被置于当前边界区域的中心，如图 11-28 所示。

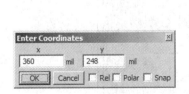

图 11-27　Enter Coordinates 对话框　　　图 11-28　子电路被置于当前边界区域的中心

(5) 在工程管理器的树状图中，右键点击 PCB 项，选择 View EM 3D Layout，查看三维视图，如图 11-29 所示。

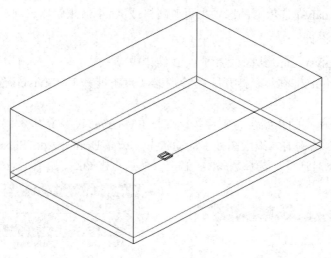

图 11-29　三维视图

注意，此时在新结构中，布线的版图位于基板层之上。

(6) 可以按需要改变子电路的 Z 位置，即布线所在层的位置。例如：若想要将布线移到基板的底部，则在二维版图中选择线，然后右键点击并选择 Shape Properties，以显示 Cell Options 对话框。

(7) 在 Layout 选项卡上，在 Z Position 部分中将 EM layer 更改为 Bottom boundary，如图 11-30 所示。

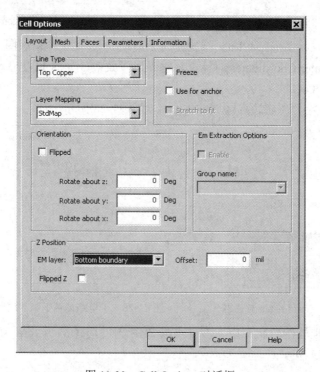

图 11-30　Cell Options 对话框

此时 Analyst_Line 子电路就将会显示在基板的底部，如图 11-31 所示。

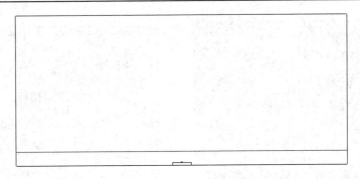

图 11-31　子电路显示在基板的底部

(8) 将子电路的 EM layer 重新设回 2，可以编辑属性，也可以直接选择 Edit→Undo。

4．绘制芯片的接地面及过孔

下面绘制接地面及过孔，即用于芯片的接地焊盘。

(1) 在 PCB 结构的二维版图窗口处于活动状态时，点击 Layout 选项卡以打开版图管理器，然后点击展开 Drawing Layers 窗格，如图 11-32 所示。

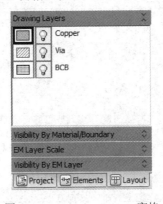

图 11-32　Drawing Layers 窗格

(2) 定义起点坐标：先点击 Copper 层的左侧方框，在选中 Copper 层的情况下，再由主菜单选择 Draw→Rectangle，然后按下 Tab 键以显示 Enter Coordinates 对话框，键入如图 11-33 所示的值，点击 OK。

定义长宽数值：再次按下 Tab 键，键入数值，如图 11-34 所示，注意要勾选 Rel 项，然后点击 OK。

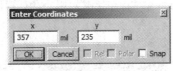
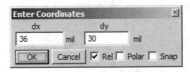

图 11-33　定义起点坐标　　　　　图 11-34　定义长宽数值

此时在原有的线下面会增加显示一个矩形，即接地面，如图 11-35 所示。

(3) 选择 Via 层，然后选择 Draw→Ellipse，在版图中点击左键不要释放，向外拖动展开，创建一个 4×4 的过孔。然后再将过孔拖到线的接地焊盘之下，如图 11-36 所示。在本设计中，精确放置过孔并不重要，但要注意保持过孔与边缘相距一定的距离。

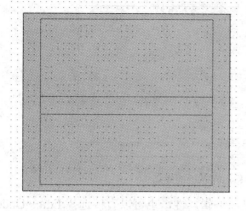
图 11-35　创建接地面

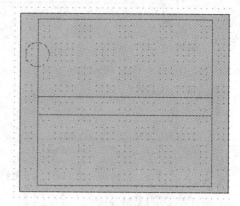
图 11-36　创建过孔

(4) 选中过孔，然后依次按下 Ctrl + C 和 Ctrl + V，以复制并粘贴过孔。需要在线的接地焊盘之下粘贴三个过孔，位置如图 11-37 所示。

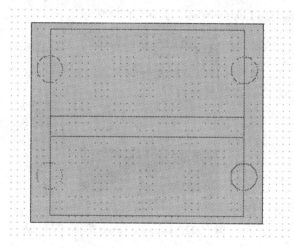
图 11-37　复制过孔

5. 绘制芯片的馈线

下面绘制连接芯片的微带馈线。

(1) 先点击 Copper 层的左侧方框，在选中 Copper 层的情况下，再由主菜单选择 Draw→Rectangle。按下 Tab 键以显示 Enter Coordinates 对话框，键入以下值，然后点击 OK，如图 11-38 所示。

再次按下 Tab 键，键入数值，如图 11-39 所示，注意要勾选 Rel 项，然后点击 OK。

图 11-38　定义起点坐标

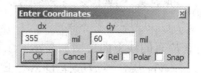
图 11-39　定义长宽数值

此时，线的左侧会增加一个矩形，即馈线，如图 11-40 所示。

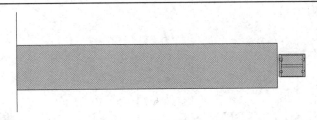

图 11-40　创建馈线

(2) 选中该矩形，依次按下 Ctrl + C 和 Ctrl + V 以进行复制和粘贴，移动光标，将复制的矩形粘贴到线的右侧，如图 11-41 所示，即复制一条馈线。注意，应确保该馈线右侧与边界的右边缘完全对齐，否则无法在此形状上添加波端口。

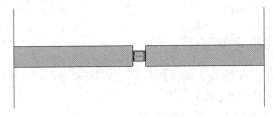

图 11-41　复制馈线

(3) 添加端口：先选中左侧的矩形，即馈线，然后选择 Draw→Add Edge Port，将光标移动到该矩形的最左侧边缘，当出现端口符号时点击左键，即可添加端口 1。对右侧的馈线重复此步骤，在其最右侧边缘处添加端口 2。结构如图 11-42(a)所示。

(4) 分别在端口 1、2 上双击，打开属性窗口，将 Type 项设置改为 Wave，即定义为波形端口。如图 11-42(b)所示。

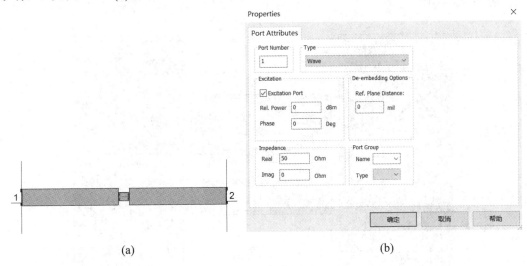

(a)　　　　　　　　　　　　　　　　　(b)

图 11-42　添加端口

(5) 层次设计的总结构

PCB 结构图的二维、三维版图如图 11-43、图 11-44 所示。注意，中间的芯片和两边的馈线之间存在一定的缝隙。可在图中点击右键，选 View Area，框选适当范围放大后即可查看。

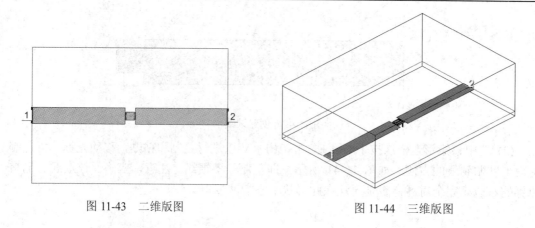

图 11-43　二维版图　　　　　　　　图 11-44　三维版图

11.2.4　三维参数化单元模型

本节主要介绍在芯片和馈线之间添加键合线，需要应用 3D EM 元件库中的键合线模型，即三维参数化单元模型(pCell)。

要添加键合线的步骤如下：

(1) 点击 PCB 结构的二维版图窗口，使其处于当前活动状态。

(2) 点击软件左下方的 Elements 标签，以打开元件管理器。在上方树状图中依次展开 3D EM Elements→Libraries→AWR web site，选择 Interconnects 子组。然后在下方窗口中找到 Bondwire 元件，即键合线模型，点击左键选中，注意不要释放鼠标，将其移动到右侧的 PCB 结构窗口内，再松开左键，在芯片右边缘的适当位置点击左键，放置键合线。具体结构如图 11-45 所示。

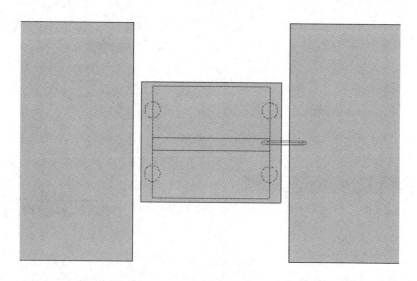

图 11-45　添加键合线模型

与子电路的放置方法类似，键合线被放置于当前 EM 层指定的 Z 位置。可以更改该项的形状属性，以沿着 Z 方向上下移动。

图 11-46 显示了芯片上的键合线的三维视图。

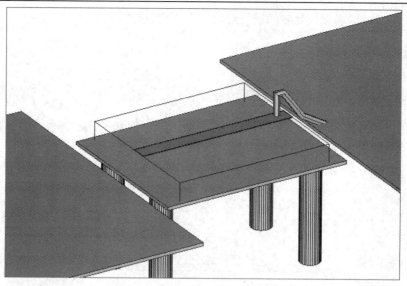

图 11-46　键合线的三维视图

(3) 要配置键合线的模型参数，需要在二维版图中选中键合线，右键点击并选择Element Properties，以显示 Element Options－BWIRES 对话框，数值设置如图 11-47 所示。

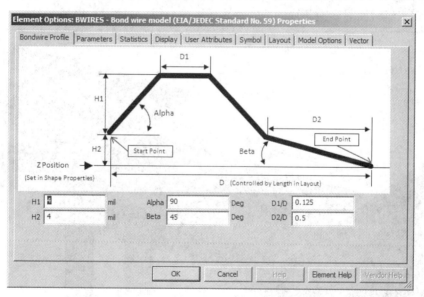

图 11-47　设置键合线的模型参数

说明：键合线参数设置的高度是相对于为三维 pCell 设置的层的高度。在之前的步骤中，由于已经设置了 EM 层 2 上的键合线，因此高度被设置为 PCB 叠层中的层 2 之上的高度。

(4) 在二维版图中，选中键合线，应用菜单 Edit→Copy 和 Edit→Paste，以复制键合线并准备粘贴。将光标移到二维版图内，连续点击右键两次，以使键合线旋转 180°(此时键合线的高端已处于右侧，图中暂时还没有显示)。

(5) 将光标移至芯片的左侧，然后点击放置，位置如图 11-48 所示。可以同时打开二维和三维版图窗口，以确保被复制的键合线已处于正确位置。

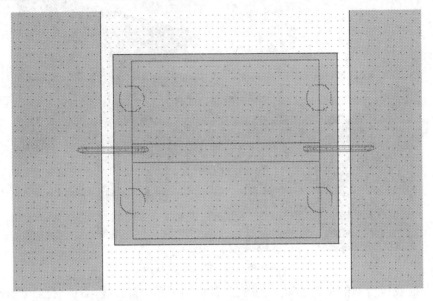

图 11-48　新增键合线的二维图

现在，三维视图显示在芯片的两侧都连接了键合线，如图 11-49 所示。

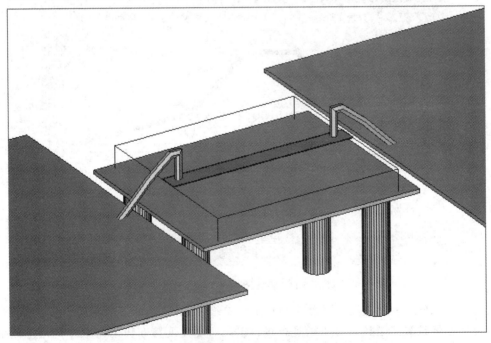

图 11-49　新增键合线的三维版图

(6) 要确保所有元件已正确连接并且元件之间没有间隙，可以查看彩色网格。在该结构的三维视图处于活动状态下，点击 EM 3D Layout 工具栏上的 Show Mesh Connectivity 按钮，显示网格连通性即可查看彩色网格，具有相同颜色即表示已经电气连接。结果如图 11-50 所示，可知所有元件均已正确连接。

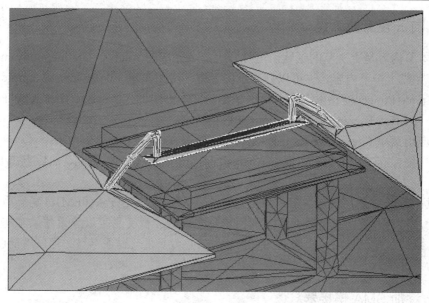

图 11-50　显示网格连通性的三维视图

11.3　任意三维结构

本节将介绍如何自主创建任意的三维结构模型。主要任务是将 SMA 连接器连接到主板，并使用介电材料将键合线和芯片区域进行覆盖、封装。SMA 连接器是一个预定义的结构，在 NI AWRDE 软件的 3D 编辑器中设计。本节还将使用 3D 编辑器进行电介质密封材料的结构创建。

本节包括以下主要步骤：

- 将 SMA 连接器连接到主板；
- 对整个结构进行仿真；
- 查看结果和电场；
- 简化结构，仅对 SMA 连接器进行仿真；
- 使用电介质块密封芯片和键合线。

11.3.1　三维结构的使用方式

在 Analyst 仿真器中，可以通过多种方式使用三维几何图形。

(1) 如前一节所示，可以使用键合线等内置的参数化单元模型。

(2) 可以使用由供应商定义并通过 XML 在 Web 上托管的元件模型。

(3) 可以在 NI AWRDE 3D 编辑器中自行创建静态的或参数化的三维元件模型。

NI AWRDE 软件提供了多种创建/使用元件的选项，可以非常轻松地设置任意三维结构模型。

11.3.2　打开现有的工程

(1) 本节内容是上一节的延续，可打开上一节完成的 Analyst_GS_hierarchy.emp 工程。如果没有完成上一节内容，也可以打开示例工程：应用菜单 File→Open Example，以显示 Open Example Project 对话框，在对话框底部的文本框中键入 Analyst_Hierarchy_Finish，找到并打开 Analyst_Hierarchy_Finish.emp 文件。

(2) 应用菜单 File→Save Project As，出现 Save As 对话框。

(3) 选择保存工程的路径，键入 Analyst_GS_arbitrary 作为工程名，然后点击 Save 保存工程。

注意：仿真结果可能与本节中的图像略有不同。有限元方法(FEM)仿真需要执行基于网格细化序列的收敛。求解器版本之间网格细化中的轻微变更可以导致结果略有不同。虽然默认的收敛公差足以满足大多数几何图形，但是如果发现结果转移，可以降低收敛公差，以确保结果准确。

11.3.3　添加 SMA 连接器

要将 SMA 连接器添加到 PCB 结构中，可以使用层次化的另一级别，这样可以先对芯片和主板本身进行仿真，然后再结合 SMA 连接器重新仿真同一结构，从而可以对比、查看连接器对整个电路性能的影响。

将 SMA 连接器添加到主板的步骤如下：

(1) 在工程管理器中，右击 EM Structures 节点，在弹出菜单中选择 New EM Structure。(或者选择 Project→Add EM Structure→New EM Structure，或点击工具栏上的 Add New EM Structure 按钮，以显示 New EM Structure 对话框。)

(2) 键入 SMA 作为结构名称，选择 AWR Analyst 3D EM - Async 作为仿真器，选择 From Stackup 作为 Initialization Options，选择 AIR 作为 Stackup，然后点击 Create，如图 11-51 所示。

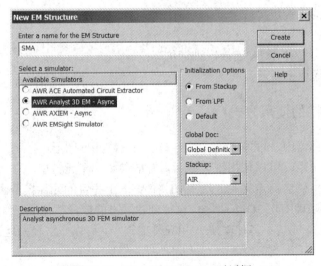

图 11-51　New EM Structure 对话框

（3）在 SMA 结构的二维版图窗口处于活动状态时，双击边界形状以进入编辑模式。此时每个边界边缘的顶点和中点均会显示菱形/方形。

（4）点击并拖动方形的右上角，同时按下 Tab 键。在 Enter Coordinates 对话框中，清空 Rel 复选框，然后输入数值，以创建 750×500 的边界形状。

（5）右键点击 2D 版图，然后选择 View All 以查看整个边界形状。

（6）选择边界形状，右键点击并选择 Shape Properties，以显示 Properties 对话框。点击 Boundary Conditions 选项卡，具体设置如图 11-52 所示。

（7）将 PCB 结构添加到 SMA 结构中：在 SMA 结构的二维窗口处于活动状态时，选择 Draw→Add Subcircuit，以打开 Add Subcircuit Element 对话框。选择 PCB 项，然后点击 OK，如图 11-53 所示。

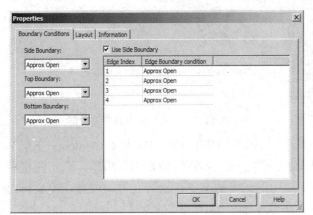
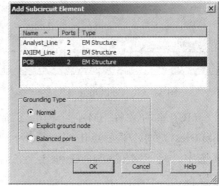

图 11-52　Properties 对话框　　　　　　　图 11-53　Add Subcircuit Element 对话框

（8）按住 Ctrl 键，移动 PCB 子电路至边界处，当子电路与四周边界对齐时，点击左键放置，如图 11-54 所示。

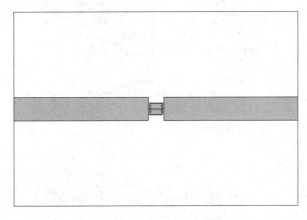

图 11-54　将子电路放在边界内

（9）在版图中选中 PCB 子电路，右键点击，在弹出菜单中选择 Shape Properties，出现 Cell Options 对话框。在 Z Position 下，将 EM layer 改为 3，如图 11-55 所示。

SMA 结构的三维视图如图 11-56 所示。

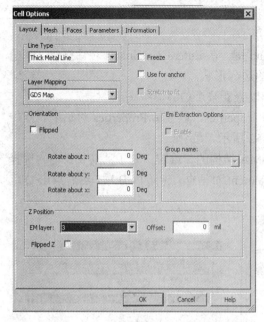

图 11-55　Cell Options 对话框

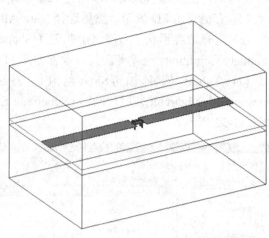

图 11-56　SMA 结构的三维视图

（10）重新激活 SMA 结构的二维视图，在元件管理器中的 3D EM Elements 下展开 Libraries 类别，然后点击 Connectors→SMA 子组。选择 SMACONFIG 模型，点击左键将其选中，将 SMACONFIG 拖放至 SMA 结构的二维视图中，松开左键。注意，不要再点击鼠标。

（11）按下 Tab 键，在 Enter Coordinates 对话框中输入图 11-57 所示值，然后点击 OK，则在版图左侧添加了一个 SMA 接头，二维版图如图 11-58 所示。

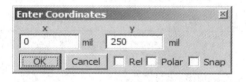

图 11-57　Enter Coordinates 对话框

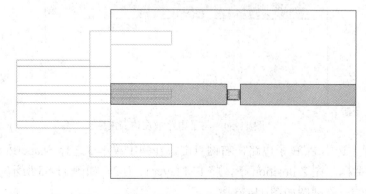

图 11-58　添加左侧 SMA 接头的二维视图

（12）在二维图内点左键选中 SMACONFIG 模型，再点击右键并选择 Element Properties，以显示 Element Options:SUBCKT - Properties 对话框。确保设置如图 11-59 所示，其余值均为默认，然后点击 OK。

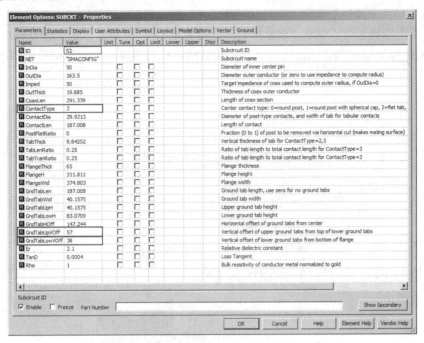

图 11-59　Element Options: SUBCKT - Properties 对话框

（13）再次右键点击 SMACONFIG 并选择 Shape Properties，以显示 Cell Options 对话框。在 Z Position 下，确保 EM layer 设置为 2，如图 11-60 所示。

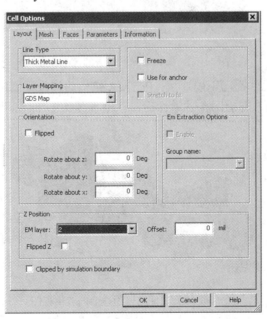

图 11-60　Cell Options 对话框

(14) 点左键选中 SMACONFIG 元件，依次按 Ctrl + C、Ctrl + V 以复制元件，再将光标移动到版图的右侧，连续点击右键两次，元件将旋转 180°。再按 Tab 键，在新弹出界面，先清除 Rel 项的选勾，再将 x 项输入 802，将 y 项输入 250，即在版图右侧新添加一个 SAM 接头。

(15) 点击左键选中左侧的 SMA 接头，应用菜单 Draw→Add Edge Port，移动光标并悬停在 SMA 接头的最左侧边缘，当出现端口形状时，点击左键，即添加边缘端口 1。重复此步骤，设置右侧 SMA 接头的边缘端口 2。完成后，二维视图如图 11-61 所示。

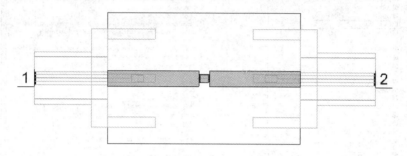

图 11-61　添加边缘端口后的二维视图

(16) 图 11-62 显示了 SMA 结构的三维视图。

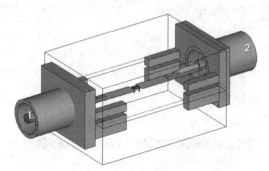

图 11-62　添加边缘端口后的三维视图

(17) 要确保所有元件都已正确连接，在 SMA 结构的三维视图中点击工具栏上的 Show Mesh Connectivity 按钮。开启网格连通性后，三维视图如图 11-63 所示。

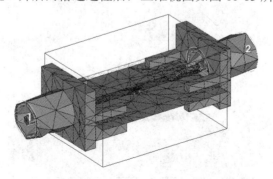

图 11-63　开启网格连通性后的三维视图

注意： 来自 PCB 电磁结构的接地平面存在于 SMA 电磁结构中，正如网状连接所示。

11.3.4　添加焊盘

进行仿真前，更贴近实际应用的结构还包括用于连接 SMA 接头的焊盘，可以在结构分层的同一层级添加四个铜图形和过孔。

添加焊盘和过孔的步骤如下：

(1) 激活 SMA 电磁结构的二维版图视图，点击 Layout 选项卡，打开 Layout 管理器。

(2) 选择 Copper 绘图层，然后按下 Ctrl + B 或选择 Draw→Rectangle，以开始绘制矩形。

(3) 按下 Tab 键，显示 Enter Coordinates 对话框，输入矩形的起点，如图 11-64 所示，点击 OK。

(4) 再次按下 Tab 键，输入矩形的大小，注意要勾选 Rel 项，如图 11-65 所示，即添加一个矩形焊盘。

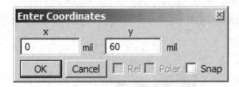
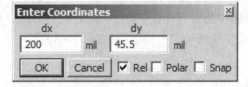

图 11-64　设置焊盘起点　　　　　　图 11-65　设置焊盘大小

(5) 选择 Via 绘图层，选择 Draw→Circle，按下 Tab 键，显示 Enter Coordinates 对话框。

(6) 将 30 输入到 x 项中，将 82 输入到 y 项中，然后点击 OK。

(7) 再次按下 Tab 键，将 15 输入到 dx 项中，注意要勾选 Rel 项，即添加一个过孔。

(8) 点左键选中过孔，依次按 Ctrl + C、Ctrl + V 复制该过孔。然后移动光标，注意不要点击，此时再按下 Tab 键，设置如图 11-66(a)所示，注意要勾选 Rel 项，即间隔 60 mil 新添加一个过孔。

(9) 重复同样的步骤，选中新添加的过孔，间隔 60 mil 再添加一个过孔。完成后，版图如图 11-66(b)所示。

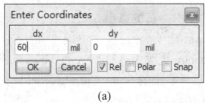

(a)

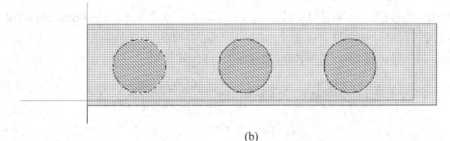

(b)

图 11-66　焊盘和等间隔排列的过孔

(10) 复制焊盘和所有三个过孔，并将它们粘贴在 SMA 接头凸缘的相应位置。全部完成后，二维版图如图 11-67 所示。

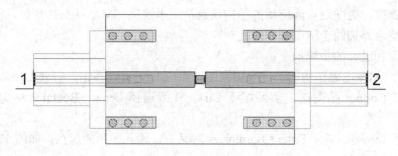

图 11-67　已添加焊盘和过孔的二维版图

11.3.5　完整结构的仿真

本节将对 SMA 完整结构进行仿真分析，包括 SMA 接头、PCB、芯片、焊盘和过孔。SMA 完整结构的三维版图如图 11-68 所示。

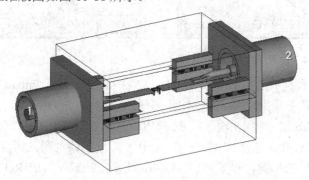

图 11-68　SMA 完整结构的三维版图

为了能在仿真结束后查看电场分布，还需要设置相关选项，以保存电场信息，步骤如下：

(1) 在工程管理器的树状图中，右键点击 SMA 结构项，选择 Options 以显示 Options - SMA 对话框，然后点击 Analyst 选项卡。

(2) 将 Field Output Frequency 更改为 AMR Frequencies Only，然后点击 OK。

(3) 点击 EM 3D Layout 工具栏上的 Show Currents/Fields 按钮，以在横切面上显示场。在每个 AMR 序列完成时，电场会显示更新。

(4) 在 SMA 结构的三维视图窗口处于活动状态时，点击工具栏上的 Show 3D Mesh 按钮，以查看结构的网格，并观察它在每个 AMR 步骤进行时的更新。注意，应确保工具栏如图 11-69 所示，特别是激活 Show Cut Plane 和 Use Cut Plane 按钮。

图 11-69　工具栏

图 11-70 显示了初始网格和从一侧切割的横切面。

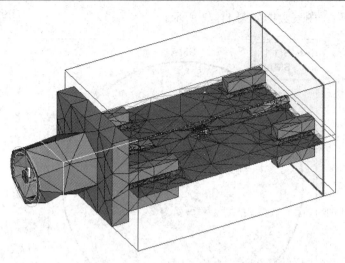

图 11-70　初始网格和从一侧切割的横切面

(5) 选择 Simulate→Analyze 或点击工具栏上的 Analyze 图标，以开始仿真。

注意：一般在无其他程序抢占资源的情况下，仿真时间大约为 10 分钟。在仿真运行过程中可以创建图表，以显示新的仿真结果。

创建图表的步骤如下：

(1) 在工程管理器中右击 Graphs 节点，在弹出菜单中选择 New Graph。

(2) 将图表命名为 SMA，选择 Smith Chart 作为图形类型，然后点击 Create。

(3) 右键点击新图表并选择 Add New Measurement，将 S11 添加到图表中。确认设置如图 11-71 所示。

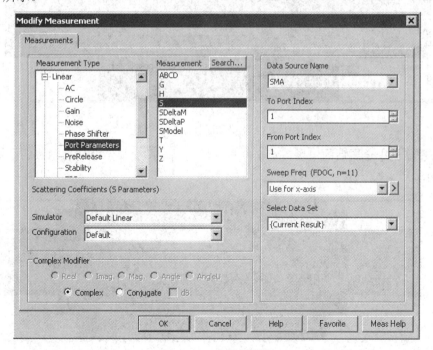

图 11-71　设置新图表

(4) 仿真完成后,图表数据如图 11-72 所示。

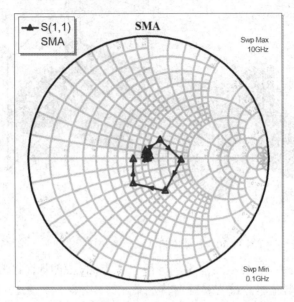

图 11-72　仿真结果

可以在三维视图中查看电场分布情况。在三维版图视图处于活动状态时,按下 y 键以将横切面移动到 y 平面。此时显示注释如图 11-73 所示。

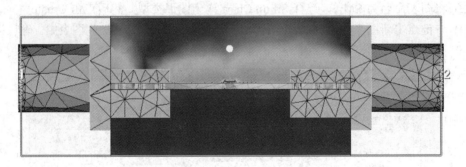

图 11-73　将横切面移动到 y 平面

要查看结构中金属后的电场,点击并按住横切面,即会显示金属后隐藏的电场,如图 11-74 所示。

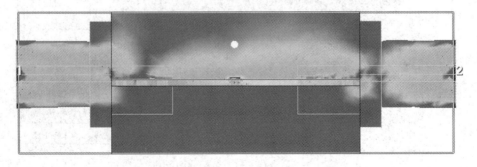

图 11-74　金属后隐藏的电场

可以在仿真过程中或者仿真完成后查看每个 AMR 序列的网格和电场数据。

查看每个 AMR 序列的结果的步骤如下：

(1) 在 SMA 结构三维版图窗口处于活动状态时，展开工程管理器中的 Data Sets 节点，然后展开 SMA 子节点。此电磁结构的当前数据集显示为绿色图标，而且也可以将其展开，如图 11-75 所示。数据集用于在仿真中运行的每个 AMR 序列。

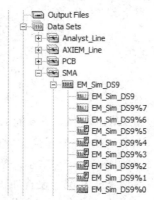

(2) 按下 Shift 键并点击某个子数据集，以显示该 AMR 序列的网格和电场。注意，对于仅限端口的 AMR 序列，不会显示电场。此类序列的数据集图标上会显示一个 P，并且位于列表的最底部。

11.3.6　仅进行过渡仿真

图 11-75　展开 SMA 的 Data Sets 子节点

在上一节中，是将 SMA 接头、PCB、芯片等结构作为一个整体进行整体结构仿真。而在某些情况下，有可能只想对其中的某一部分几何图形进行仿真。对于 Analyst 仿真而言，是对边界内部的形状进行仿真，因此不需要更改原始的完整结构，通过移动边界形状和配置端口，就能实现仅对部分几何图形的仿真。

在以下步骤中，将延续使用上一节的几何图形，并对其中一个 SMA 接头进行仿真。

(1) 首先要复制已创建的结构。在工程管理器的树状图中，右键点击 SMA 项，选择 Duplicate。此时工程管理器中将新增加一个名为 SMA1 的电磁结构。

(2) 右键点击 SMA 1 并选择 Rename EM Structure。在 Rename EM Structure 对话框中，将结构命名为 SMA_Simplified，然后点击 Rename。

(3) 双击 SMA_Simplified 项，使其二维窗口处于活动状态，将光标移动至 PCB 的上边界线处(即矩形边框的上侧)，双击边界线进入编辑模式，此时边界的每个顶点和边缘中点均会显示菱形/方形。

(4) 点击选中右侧边界线的中点(菱形)，按住左键不要释放，将其向端口 1 拖动，如图 11-76 所示。

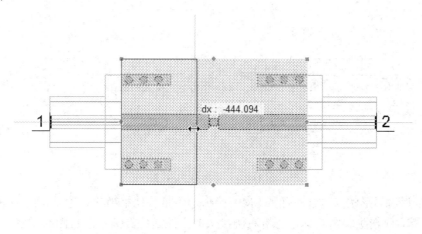

图 11-76　拖动右侧边界线的中点

(5) 当靠近 SMA 接头、但还尚未连接时，按下 Tab 键，参数设置如图 11-77 所示。注意要勾选 Rel 项。PCB 的右边界即与 SMA 接头取齐。

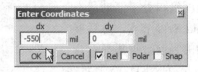

图 11-77　Enter Coordinates 对话框

(6) 点击 AWR 软件左下方的 Layout 选项卡，打开布线管理器。在 Drawing Layers 子项内选择 Copper 层，然后选择 Draw→Rectangle。按下 Tab 键以显示 Enter Coordinates 对话框，参数设置如图 11-78(a)所示，然后点击 OK。

(7) 再次按下 Tab 键，设置如图 11-78(b)所示，点击 OK，注意要勾选 Rel 项，即在新的右边界内新添加一个矩形，如图 11-79 所示。

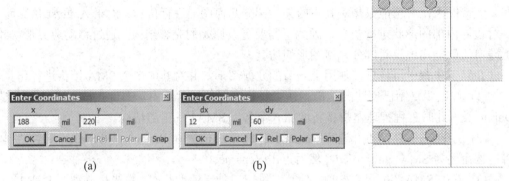

(a)　　　　　　　　　　(b)

图 11-78　设置矩形参数　　　　　　　　图 11-79　添加一个小矩形

(8) 先删除最右侧的端口 2，再选中新添加的矩形，然后应用菜单 Draw→Add Edge Port 以添加边缘端口。端口 2 重新添加后，双击该端口，将 Type 项由 Lumped Down 更改为 Wave。此时结构如图 11-80 所示。

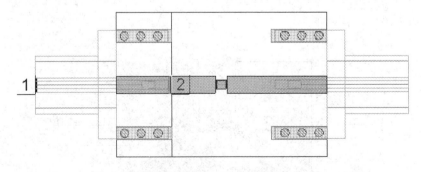

图 11-80　重新添加端口 2

(9) 尽管边界形状未包含右侧的 SMA 接头，但是若使用当前设置对该结构进行仿真，仍然会分析右侧接头。需要禁止分析右侧接头的方法是：右键点击右侧的 SMA 接头，选择 Shape Properties，弹出 Cell Options 对话框，在 Layout 标签页内的最下方勾选 Clipped by

simulation boundary 项，如图 11-81 所示。

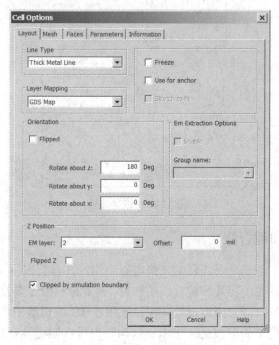

图 11-81　Cell Options 对话框

　　(10) 在进行仿真前，需要重新观察网格连通性，以确保已经正确连接。激活当前结构的三维视图，点击工具栏上的 Show Mesh Connectivity 按钮。网格连通性如图 11-82 所示。

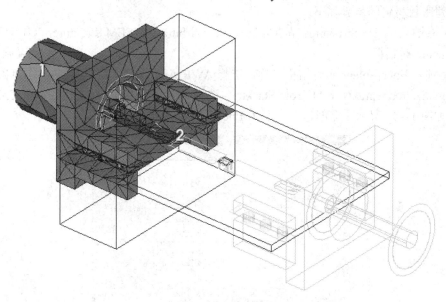

图 11-82　网格连通性

　　(11) 运行仿真。注意：通常此仿真需要运行几分钟。

　　仿真运行时，在 SMA 图表中再添加一个测量项，测量 SMA_Simplified 结构的 S11 参数。仿真结果类似图 11-83。

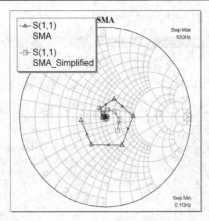

图 11-83　仿真结果

11.3.7　密封芯片和键合线

本节介绍如何自主创建一个任意的三维电磁结构，并将其应用于已有设计。

利用介电材料可以实现芯片和键合线的密封。密封材料经过参数化后，就可以作为 EM 结构的子电路，调用时只需要指定参数即可，不用在 3D 编辑器中再修改几何模型。

密封材料是极其简单的参数化三维电磁结构，也可以创建具有复杂几何图形的完全参数化的电磁结构，例如在本章已经导入使用过的 SMA 连接器，就是一个参数化的三维电磁结构。要查看参数化电磁结构的不同示例，可以在元件管理器中浏览 3D EM Elements 元件。

创建密封材料的步骤如下：

(1) 右键点击 EM Structures 节点并选择 New Arbitrary 3D EM Structure，以显示 New 3D EM Structure 对话框。

(2) 键入 Encapsulant 作为结构名称，选择 AWR Analyst 3D EM - Async 作为仿真器，选择 Initialization Options 下的 From Stackup，选择 AIR 作为 Stackup，然后点击 Create。设置界面如图 11-84 所示，即创建一个名为 Encapsulant 的电磁结构。

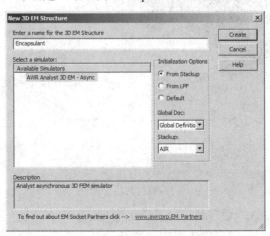

图 11-84　New 3D EM Structure 对话框

(3) 在工程管理器的树状图中,右键点击 Encapsulant 电磁结构项,然后选择 Open in 3D Editor。此时将打开 NI AWRDE 3D Editor。

(4) 在 Home 功能区的 Settings 组中, 点击 Units 以显示 Working Units 对话框。

(5) 将 Length 单位改为 mil, 然后点击 OK, 如图 11-85 所示。

(6) 在 Structure 功能区中, 在 Entity Creation 节点中, 点击 Draw Entity 并选择 Box。

(7) 按下 Tab 以显示 Edit Properties 对话框。将 Material 项设置为 New。

(8) 在新材料的 Edit Properties 对话框中,将 Label 项指定为 BCB,将 Relative Permittivity (Er)项设置为 2.65, 然后点击 OK。设置如图 11-86 所示。

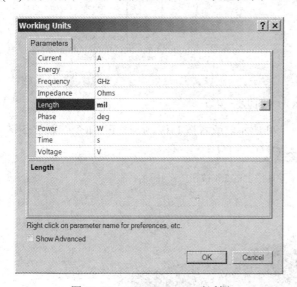
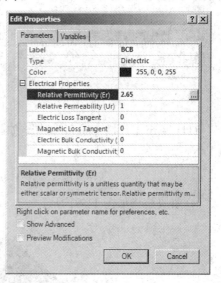

图 11-85　Working Units 对话框　　　　　　　图 11-86　新材料的 Edit Properties 对话框

(9) 对于新方块,在 Edit Properties 对话框中,将 Label 项指定为 Encapsulant,将 Corner 项设置为 0, 0, 0, 在 Extent 项键入 length, width, height。如图 11-87 所示。

此 PCB 的材料 BCB 已包括在可用于其他形状的材料列表中, 如图 11-88 所示。

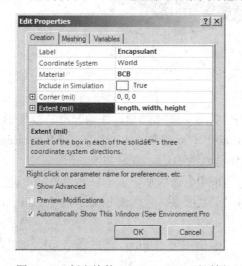
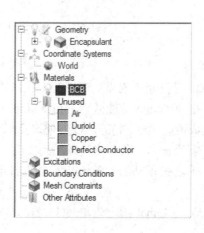

图 11-87　新方块的 Edit Properties 对话框　　　　　图 11-88　材料列表

(10) 在 Variables 窗口中设置变量的值(点击默认情况下在主窗口左下角的 Variables 选项卡，或者在 Window 功能区中，在 Controls 节点，点击 Control Visibility 并选择 Variables，显示 Variables 窗口)。将 length 设置为 70 mil，将 width 设置为 64 mil，将 height 设置为 20 mil，然后点击 Apply 按钮，更新参数设置。注意，必须在表达式中键入 mil。此操作可以方便设计者使用当前单位之外的其他单位值。完成后，Variables 窗口应如图 11-89 所示。

Name	Expression	Value	Export	Constrain	Min	Max	Step	Tune	Optimize	Log	Note
height	20 mil	20 mil	☐	☐	0	0	0	☐	☐		new variable for Extent
length	70 mil	70 mil	☐	☐	0	0	0	☐	☐		new variable for Extent
width	64 mil	64 mil	☐	☐	0	0	0	☐	☐		new variable for Extent

Apply　Revert　3 Variables　　　　　This value set is undeletable

Log　**Variables**

图 11-89　Variables 窗口

(11) 点击工具栏上的 Fit 按钮，如图 11-90 所示。或者按 F 键，这是 Fit 命令的默认热键。

图 11-90　工具栏上的 Fit 按钮

介质块结构如图 11-91 所示。

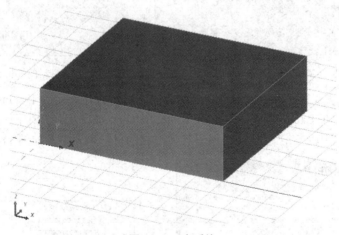

图 11-91　介质块

(12) 要使介质成为更理想的形状，还需要为方块添加圆角，使角光滑。要使形状变得圆滑，在 Structure 功能区的 Entity Modification 组中点击 Blend，然后选择 Fillet Edges，方块将变成透明(边除外)的，以方便选择想要使之光滑的边，如图 11-92 所示。

(13) 点击边，准备将其添加到要更改的边群组。选中后，边会以红色显示，示意图略。

(14) 选择顶部的 4 条边和侧立面的 4 条边，共 8 条，然后按 Enter，显示 Edit Properties 对话框。

(15) 将 Label 指定为 EdgeFillet，将 Radius 指定为 radius，然后点击 OK，如图 11-93 所示。

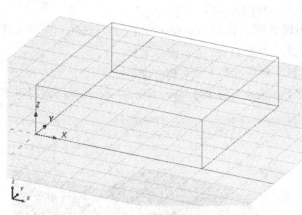

图 11-92　透明化的介质块

图 11-93　Edit Properties 对话框

(16) 在 Variables 窗口中，将新半径变量的 Expression 设置为 20 mil，然后点击 Apply 按钮。

(17) 创建参数化的任意三维电磁结构的最后一步是设置变量，以从 NI AWRDE 3D Editor 导出到 NI AWRDE。在 Variables 窗口中，逐个点击定义此结构的四个变量的 Export 复选框。

(18) 在定义参数化的电磁结构时，应该约束定义结构的变量。启用针对每个变量的约束，并如图 11-94 所示设置上、下限范围。

Name	Expression	Value	Export	Constrain	Min	Max	Step	Tune	Optimize	Log	Note
height	20 mil	20 mil	☑	☑	0 mil	20 mil	1 mil	☐	☐	⚫	new variable for Extent
length	70 mil	70 mil	☑	☑	0 mil	70 mil	1 mil	☐	☐	⚫	new variable for Extent
width	64 mil	64 mil	☑	☑	0 mil	64 mil	1 mil	☐	☐	⚫	new variable for Extent
radius	20 mil	20 mil	☑	☑	0 mil	20 mil	1 mil	☐	☐	⚫	new variable for Radius

图 11-94　启用针对每个变量的约束

完成后，最终结构应该如图 11-95 所示。

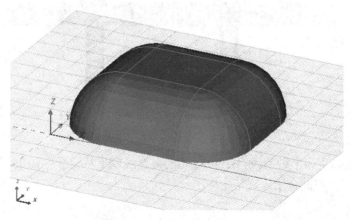

图 11-95　完成后的结构

(19) 点击工具栏上的 Save 按钮，然后退出 NI AWRDE 3D 编辑器。关闭 3D 编辑器后，对 Encapsulant 电磁结构的更改将发送到 NI AWRDE 设计环境。

(20) 打开 PCB 电磁结构的二维版图视图，选择 Draw→Add Subcircuit，然后选择 Encapsulant 以添加密封材料。按下 Tab 键，如图 11-96 所示输入坐标。

(21) 右键点击二维版图中的密封材料，然后选择 Shape Properties。

(22) 在 Cell Options 对话框中，在 Z Position 下将 EM layer 设置为 2。此时密封材料将覆盖芯片和键合线，如图 11-97 所示。

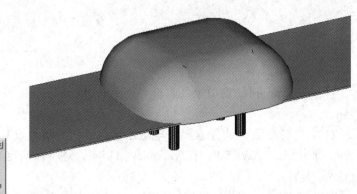

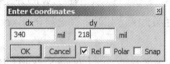

图 11-96　输入坐标　　　　　　　　　　图 11-97　密封材料覆盖芯片和键合线

(23) 勾选 Clipped by simulation boundary 项，然后点击 OK。

(24) 要查看密封材料中的物体，在版图管理器的 Visibility By Material/Boundary 窗格中，将设置组上的 Opaque 值设置为 0.5。

(25) 更改电介质的高度。在 PCB 电磁结构的二维版图中，右键点击电介质并选择 Element Properties，以显示 Element Options 对话框。将高度更改为 5，将半径更改为 5，然后点击 OK。此时键合线会从电介质中伸出，如图 11-98 所示。此时并不符合密封的要求。

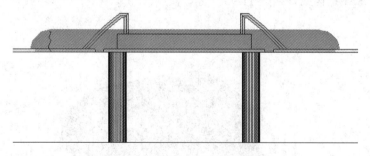

图 11-98　键合线从电介质中伸出

(26) 再将高度和半径都改为 10，此时的键合线就不从介质中伸出，已符合密封要求，即为 PCB 的芯片和键合线建立了一个密封结构。

第 12 章　综合设计：多层平面电路 DGS 低通滤波器设计

本章介绍设计一个 DGS(缺地陷结构)低通滤波器，应用 AXIEM 技术进行多层平面电路的电磁仿真。

12.1　建模环境设置

启动 AWR 软件，密匙功能选择 MWO-228。主菜单 File→Save Project as，自行选择保存路径，命名为 Ex12_DGS filter.emp，保存。

主菜单 Options→Project Options，在弹出窗口中点击 Global Units 选项卡，进行单位设置，如图 12-1 所示。

主菜单 Options→Layout Options，在 Layout 选项卡中设置版图选项，以确保在导入 DXF 版图时最小单位能满足要求。设置如图 12-2 所示。

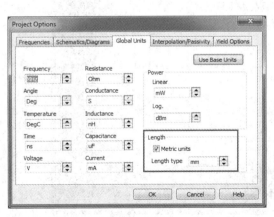

图 12-1　单位设置

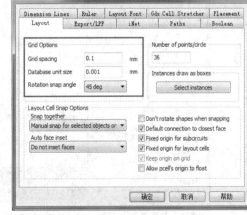

图 12-2　版图选项设置

点击左下角的 Project 选项卡，在工程管理器树状图中双击 Global Definitions 节点打开全局定义窗口，界面如图 12-3 所示。

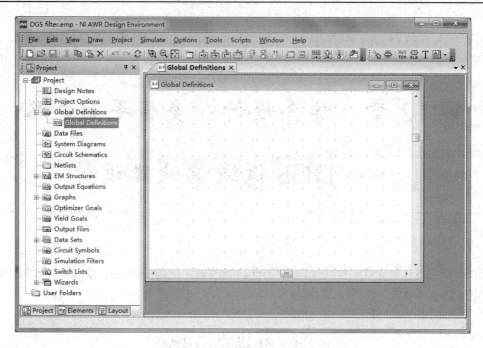

图 12-3　打开全局定义窗口

点击窗口左下角的 Elements 选项卡，在元件管理器的上方窗口内点击 Substrates 节点，在下方窗口找到 STACKUP 元件，点击左键选中，将 STACKUP 元件拖动到 Global Definitions 窗口中放置，如图 12-4 所示。

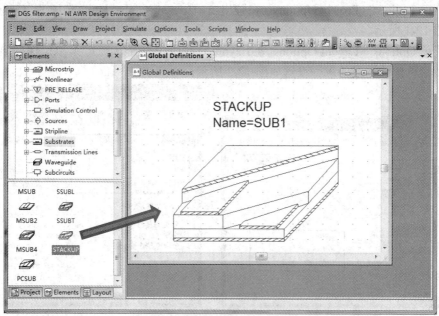

图 12-4　放置 STACKUP 元件

在 Global Definitions 窗口中双击 STACKUP 元件，设置各个选项卡：
· 材料定义选项卡：介质定义栏右侧点击 Add，输入名称 RO4003，介电常数为 3.38；

导体定义栏右侧点击 Add，Presets 的下拉菜单选择 Copper 项，具体设置如图 12-5 所示。

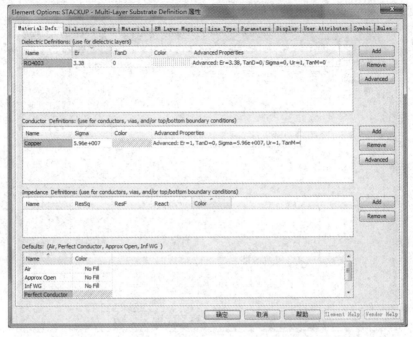

图 12-5 设置材料定义选项卡

• 介质层选项卡：若当前结构少于 3 层，则点击 Insert 插入层；若超过 3 层，则点击 Delete 删除多余层。设置第 2 层的厚度为 0.831，材料定义选择为介质 RO4003，其他两层均为 Air，厚度 20，上边界、下边界均为 Open，侧边界为 Perfect Conductor，具体设置如图 12-6 所示。

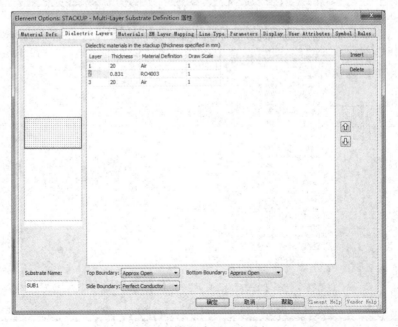

图 12-6 设置介质层选项卡

· 材料选项卡：定义材料，点击 Insert 插入材料，命名为 COPPER，厚度为 0.018，材料定义选择为 Copper，具体设置如图 12-7 所示。

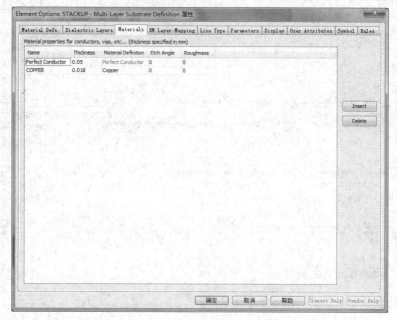

图 12-7　设置材料选项卡

· 电磁层映象选项卡：设置 DGS Ground 层在第 3 层，Copper 层在第 2 层，材料均选 COPPER，Via 层在第 2 层，材料选 Perfect Conductor，勾选 Via 项，其他默认，具体设置如图 12-8 所示。

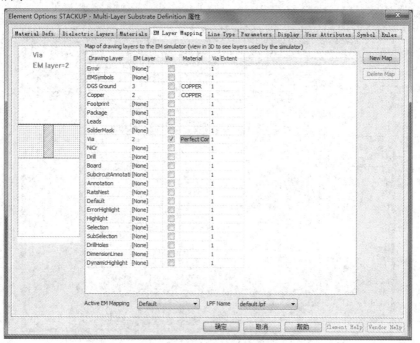

图 12-8　设置电磁层映象选项卡

・线类型选项卡：设置时，先点击 Initialize，在弹出界面中将 LPF 设为 Default，并勾选 Remove 项，点击 OK，则线类型是 Top Copper，注意设置 EM Layer 项为 2，即第 2 层，具体设置如图 12-9、图 12-10 所示。

图 12-9　设置 LPF

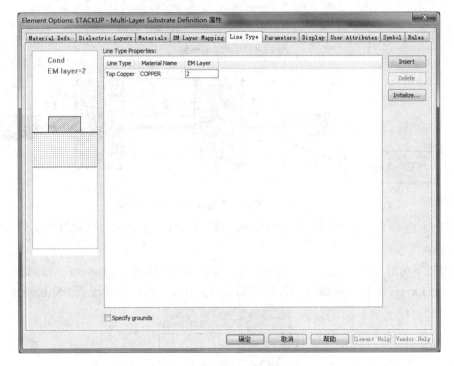

图 12-10　设置线类型选项卡

点击确定，STACKUP 设置完成。

12.2　低通滤波器结构建模(表层电路设计)

新建电磁结构：回到 Project 选项卡，在工程管理器的树状图的 EM Structures 节点上点击右键，选择 New EM Structure，命名为 DGS，选择三维平面电磁仿真器 AWRAXIEM - Async，初始化选项选择 From Stackup，即由 Stackup 定义的参数进行初始化。具体界面如图 12-11 所示，点击 Create。

首先绘制表层的低通滤波器，采用阶跃型微带线结构，具体结构、尺寸如图 12-12 所示。

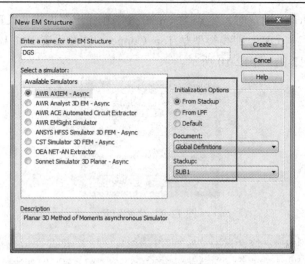

图 12-11　新建电磁结构

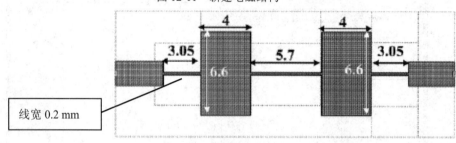

图 12-12　表层低通滤波器结构尺寸

在图 12-12 中，左、右两侧的矩形为 50 欧姆连接线，中间 5 个矩形导体为阶跃型低通滤波器结构。

点击左下角的 Layout 选项卡，打开布线管理器。展开 Drawing Layers 小窗，选择 Copper 层，则 EM Layers 小窗的参数自动设置如图 12-13 所示，也可手动设置 EM Layers 参数。

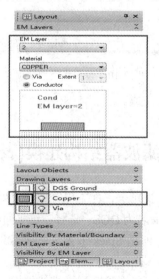

图 12-13　设置 EM Layers 参数

菜单 Draw→Rectangle，在绘图窗口中的任意位置点击左键，并拖曳绘制一个矩形，注意不要释放鼠标，按 Tab 键，输入矩形的长为 3.05、宽为 0.2，设置界面如图 12-14 所示。

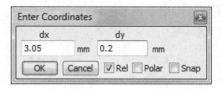

图 12-14 设置矩形参数

点击 OK 后，如图 12-15 所示。

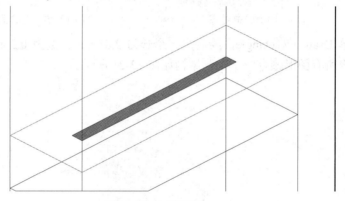

图 12-15 绘制矩形

菜单 View→3D EM Layout，查看三维视图，如图 12-16 所示。

图 12-16 三维视图

注意：在平面绘图中，要时时查看三维视图，以确认各层设置正确。

返回二维绘图窗口，绘制长为 4 mm、宽为 6.6 mm 的矩形，结构如图 12-17 所示。

点击左侧的微带线(窄)，按下 Ctrl 键，并将鼠标移动至其右上角，此时鼠标将自动锁定至其右上角；不要释放 Ctrl 键，点击并移动微带线，将其向右侧的大矩形的左上角移动，则移动的微带线会自动锁定到大矩形的左上角，结构如图 12-18 所示。

图 12-17 绘制矩形　　　　　　　　　　　图 12-18 移动微带线

　　按下 Ctrl + A，全部选中，然后应用菜单 Draw→Align Shapes→Middle，居中对齐，结构如图 12-19 所示。

　　全部选中这两条微带线后，应用菜单 Draw→Modify Shapes→Union，将两个图形融合成一个，结构如图 12-20 所示。

　　　　图 12-19　居中对齐　　　　　　　　　　图 12-20　融合后的结构

　　应用菜单 Draw→Rectangle，绘制另一个长为 2.85 mm、宽为 0.2 mm 的微带线。应用前述方法，将所有图形融合成一个，结构如图 12-21 所示。

图 12-21　绘制另一个微带线

　　再绘制一个长为 5 mm、宽为 1.98 mm 的矩形，即 50 欧姆微带线，放置在之前结构的左侧，融合。结构如图 12-22 所示。

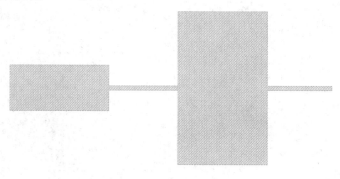

图 12-22　绘制左侧结构

按 Ctrl + A 全选，然后按 Ctrl + C 复制，再按 Ctrl + V 粘贴，此时即有一个跟随光标移动的结构，连续点击右键两次，进行 180°旋转，再点击左键放置，与之前结构连接、融合。绘制完成的低通滤波器结构如图 12-23 所示。

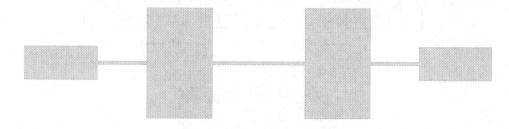

图 12-23 绘制完成的低通滤波器结构

12.3 DGS 结构建模(底层电路设计)

在 Drawing Layers 小窗中选择 DGS Ground 层，则 EM Layers 小窗的参数自动设置见图 12-24，也可手动设置参数。

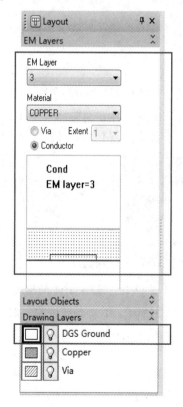

图 12-24 设置 EM Layers 参数

绘制 3 个小矩形，大小、间距如图 12-25 所示。

绘制一个大矩形，起点任意，长、宽的尺寸如图 12-26 所示。

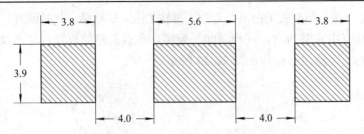

图 12-25　绘制 3 个小矩形

图 12-26　绘制大矩形参数设置

选中大矩形，按住 Shift 键，再选中之前的 3 个小矩形，应用菜单 Draw→Align Shapes →Middle，Draw→Align Shapes→Center，中心对齐。对齐后图形如图 12-27 所示。

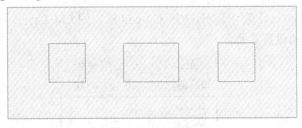

图 12-27　对齐后图形

再次选中大的矩形，按住 Shift 键，再分别选择 3 个小矩形，应用菜单 Draw→Modifiy Shapes→Substract，将 3 个小矩形裁掉，得到如图 12-28 所示的图形。

图 12-28　裁掉 3 个小矩形

向中间的空白矩形中添加插指结构，共 6 个插指线，即 6 个小矩形，每个长 3.55 mm、宽 0.3 mm，间距 0.3 mm。结构如图 12-29 所示。

图 12-29　添加插指结构

6 个插指线放置好后，与大矩形融合，结构如图 12-30 所示。

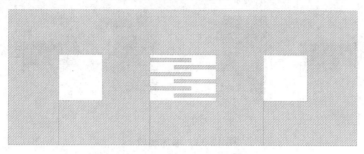

图 12-30　融合后的结构

按下 Ctrl + A，将顶层、底层结构全部选中，应用菜单 Draw→Align Shapes→Middle，Draw→Align Shapes→Center，将顶层的滤波器结构和下层的缺陷地结构对齐。对齐后结构如图 12-31 所示。

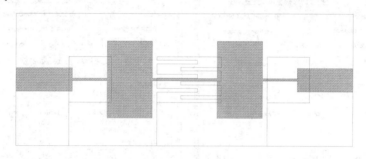

图 12-31　对齐后结构

三维结构如图 12-32 所示。

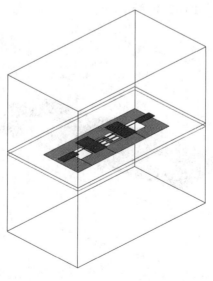

图 12-32　三维结构

添加端口：选中上层的滤波器结构，菜单 Draw→Add Edge Port，在左右两侧各添加一个边缘端口，结果如图 12-33 所示。

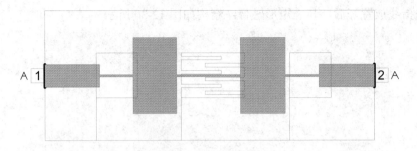

图 12-33　添加端口

分别双击端口，分别设置属性，如图 12-34 所示。

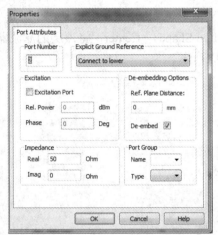

图 12-34　设置端口属性

最终完成的三维结构图如图 12-35 所示。

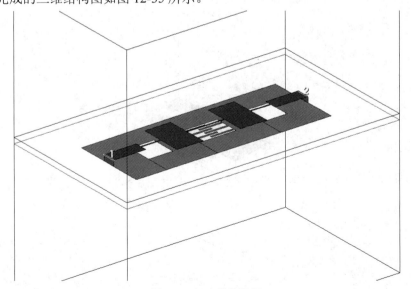

图 12-35　三维结构图

注意：此处并不是表示滤波器的端口要短路到地，而是表示接地在更低一层。

12.4 AXIEM 电磁仿真

点击 Project 标签，返回工程管理器界面，在树状图中右键点击 DGS 项，选择 Options，频率设置为 1～10 GHz，步长为 0.1 GHz，具体界面如图 12-36 所示。

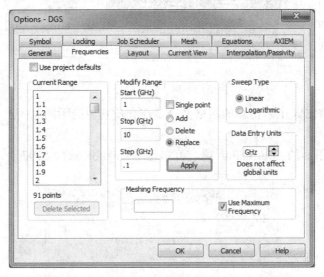

图 12-36 设置频率

注意：要先点击 Apply 按钮，应用频率设置，再点击 OK 确定。

双击 DGS 项下面的 Enclosure 项，设置网格大小，X、Y 方向分别为 0.5 mm、0.05 mm，设置界面如图 12-37 所示。

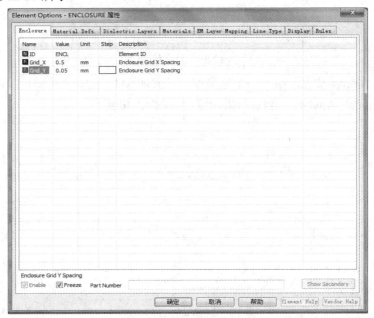

图 12-37 设置网格大小

右键点击 DGS 项，选择 Mesh 进行网格剖分，则在 DGS 项下新增了 MESH 的注释项，并自动显示三维结构的网格剖分情况，如图 12-38 所示。

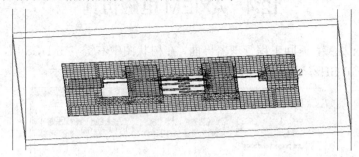

图 12-38　网格剖分

由图可见，AXIEM 电磁仿真的网格剖分是在介质基板的不同层面上分别进行的，网格是平面的。

双击 DGS 项下面的 Information 项，可知此时 Unknowns 为 5797 个，即网格数目，如图 12-39 所示。

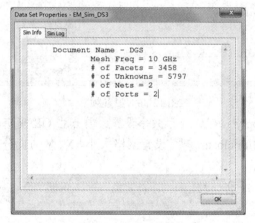

图 12-39　查看信息

右键点击 Graphs 节点，添加一个矩形图，再添加 S11、S21 的测试量，取 dB 值。

菜单 Simulate→Analyze，测量结果示意图如图 12-40 所示。

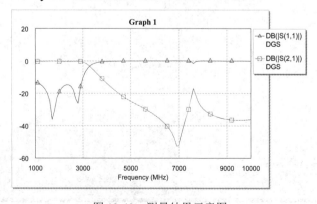

图 12-40　测量结果示意图

12.5　扩展内容：Analyst 电磁仿真

Analyst 仿真器是应用三维有限元法对模型进行电磁仿真分析。

复制电磁结构：在工程管理器界面的树状图中点击 DGS 项，并将其拖动到 EM Structures 节点，则新复制一个电磁结构，默认名称为 DGS 1。右键点击 DGS 1 项，选择 Rename，将其命名为 DGS_ANALYST。

右键点击 DGS_ANALYST 项，选择 Set Simulator，设为 Analyst 3D EM 仿真器，设置及模型结构如图 12-41、图 12-42 所示。

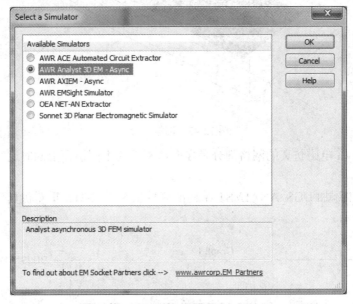

图 12-41　设置 Analyst 3D EM 仿真器

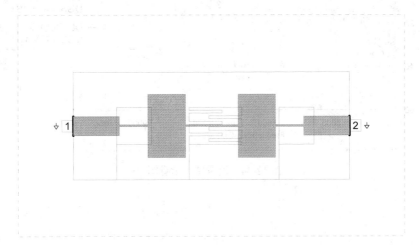

图 12-42　模型结构图

选中最外部边界，并稍作移动。右键点击 DGS_ANALYST 项，选择 Mesh，网格剖分情况如图 12-43 所示。

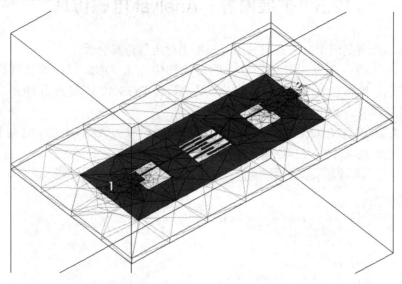

图 12-43　网格剖分

可见，Analyst 电磁仿真的网格剖分是在介质基板的不同层面上同时进行的，网格是立体的。

在 Graph1 中添加 DGS_ANALYST 结构的测量项 S11、S21，重新仿真分析，结果示意图如图 12-44 所示。

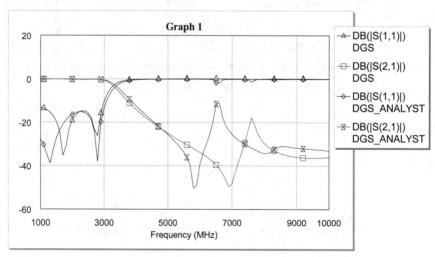

图 12-44　测量结果示意图

第四部分

有源器件设计

第 13 章　功率放大器设计

13.1　放大器基本理论

　　无线电系统包括无线电通信、导航、定位、测向、雷达、遥测、遥控、广播、电视等各种无线电设备。无线电设备主要是指发射机和接收机,在发射机中首先对信号进行调制,然后通过功率放大器进行功率放大,最后由天线发射出去。简单地说,电磁波在空气中传播的过程中能量会逐渐衰减,并且会遇到各种阻碍,所以功率放大器就是将已调制的载波信号进行足够的功率放大,使得在距离天线一定的范围之内的接收机可以接收到信号,通过解调来获取准确的信息。

　　随着数字调制技术的飞速发展,对功率放大器设计的要求也越来越高,特别是功率放大器的功率、效率、带宽和线性度等方面。所以在现在的无线电系统中,功率放大器有着举足轻重的地位,其性能的优劣将直接影响整个无线电系统的工作情况。功率放大器从 20 世纪中期发展至今,种类日益繁多,形式越来越多样化,应用领域也在不断地扩展。在军用领域,有军用电台的语音和数据通信系统、雷达、导航、定位、遥控遥测等单一或多功能作战平台;在民用领域,有 88～108 MHz 的广播发射机、470～860 MHz 的电视发射机、全球移动通信系统(GSM)、第四代移动通信系统(4G)、蓝牙(Bluetooth)、无线局域网(WLAN)和超宽带(UWB)等多种系统并存。而且功率放大器的输出功率范围很广,从几百毫瓦的移动手机、几十瓦的移动基站、百瓦左右的飞机电台到几百甚至上千瓦的 TV 发射基站都离不开各个种类的功率放大器。

13.1.1　功率放大器分类

　　根据功率放大器(功放管)的工作状态,通常可分为 A、B、C 等类型,下面对 A、B、C 三类进行简要的介绍。

1. A 类功率放大器

　　如果在输入信号的整个周期内功放管都是完全导通的,把这样的功放管划分为 A 类。由于在信号的整个周期内功放管都是导通的,因此输入信号的信号放大是比较完整的,当对线性度有较高要求时,可以采用这种放大类型,如音频信号的高保真放大、射频信号的线性放大等,但由于工作在这种状态时功放管的静态电流较大,无论输入信号幅度如何变化它都不会改变,而且没有工作于饱和区,因此效率较低,理论上工作效率最高可以达到 50%,但实际情况往往比这个值要低,故功放管本身的功耗比例较高。A 类功率放大器的伏安特性曲线如图 13-1 所示。

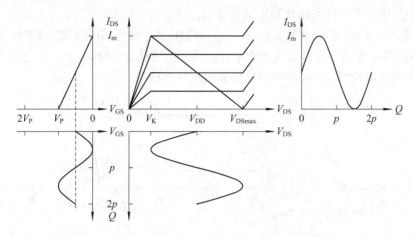

图 13-1　A 类功率放大器的伏安特性曲线

2．B 类功率放大器

当功放管在处于导通的状态只有输入信号的半个周期时，我们把这样的功放管划分为 B 类。由于这种状态刚好是信号的半个周期，因此是一个比较理想的状态，这种状态的功放管在无信号输入情况时不存在直流偏置，因此它的效率是比较高的，但实际情况不可能保证功放管导通刚好为半个周期，而且有交越失真的存在，因此在这种情况下一般都给功放管加一个适当的偏置，让它具有一定的静态电流，同时它的导通周期会介于半个信号周期到一个信号周期之间，即介于 A 类和 B 类之间，一般称这种功放为 AB 类，通常在推挽电路中都会用到 B 类，A、B 类两种功放管交替导通，在输出端形成一个比较完整的波形，为了降低它的谐波，在输出端通常还会接有调谐电路或者滤波器。B 类功率放大器的伏安特性曲线如图 13-2 所示。

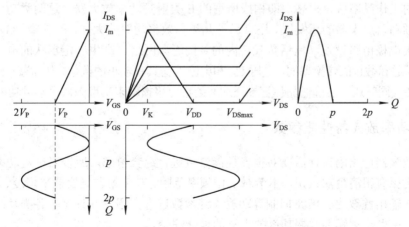

图 13-2　B 类功率放大器的伏安特性曲线

3．C 类功率放大器

当功放管在处于导通的状态小于输入信号的半个周期时，我们把这样的功放管划分为 C 类，由于这种方式输出信号与输入信号相比较会产生非常严重的失真，输出会产生非常多的谐波分量,通过傅里叶分析便可以得到,因此 C 类的功放管应用于低频的情况较少,主要应用于高频放大,这类功放输出通常会有滤波和阻抗匹配的调谐回路。

 C 类功放与 A、B 类相比对基极(或栅极)偏置电路、集电极(或漏极)偏置电路都有所不同,C 类功放效率理论上可以达到 100%,而实际上只能达到 70%左右,这是由于功放管本身存在静态电流造成的。C 类功率放大器的伏安特性曲线如图 13-3 所示。

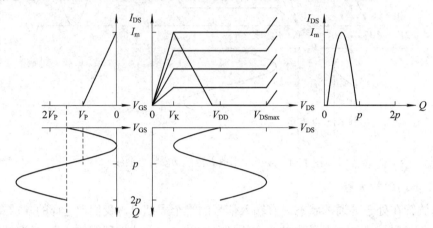

图 13-3 C 类功率放大器的伏安特性曲线

4. 其他功率放大器

 射频功率放大器还有使功率器件工作于开关状态的 D 类功率放大器和 E 类功率放大器。D 类功率放大器还分为电流开关型和电压开关型两种。D 类功率放大器的效率高于 C 类,理论上可以达到 100%,但它的最高工作频率受到开关转换瞬间所产生的器件功耗(集电极耗散功率或阳极耗散功率)的限制。

 如果在电路上加以改进,使电子器件在通断转换瞬间的功耗尽量减小,则 D 类射频功率放大器的工作频率可以提高,即构成所谓的 E 类射频功率放大器。这两类功率放大器是晶体管射频功率放大器的新发展。还有另外几类高效率功率放大器,即 F 类、G 类和 H 类。在它们的集电极电路设置了包括负载在内的专门无源网络,产生一定形状的电压波形,使晶体管在导通和截止的转换期间,电压 U_{ce} 和电流 I_c 均具有较小的数值,从而减小过渡状态的集电极损耗。同时还设法降低晶体管导通期间的集电极损耗来实现高效率射频功率放大器。

13.1.2 功率放大器性能参数

 功率放大器电路的设计需要对很多性能参数进行综合考虑,所以必须对功率放大器的主要技术指标有很清楚的认识。本节对工作频率范围、功率增益、增益平坦度、输出功率、效率、输入输出驻波比、谐波抑制等功放关键参数进行介绍,并且比较各类功率放大器的性能差异,有助于理解并掌握功率放大器的设计理论。

 对于各种不同的功率放大器,输出效率、线性度、最大输出功率、增益等都是它们重要的指标,一般来说,有如下一些要求:

- 输出功率大,而且效率要尽可能高。
- 线性度要好,但由于功率放大管都有非线性的存在,因此一般都需要采取一些线性化措施。

• 功率放大器散热措施要好，由于工作在大功率状态，如果散热不好，功率放大管容易超过极限参数而损坏。

下面逐一介绍功率放大器的主要技术指标，这为后面功率放大器的设计提供了衡量标准。

1. 工作频率范围

工作频率范围(IV)通常是指能够满足功率放大器各级性能指标要求的连续频率范围。而一般我们也会用倍频程的概念对功率放大器的带宽进行描述，简单地说就是频率的最低点成倍往上翻到达最高点后，翻了多少倍就是多少个倍频程。

2. 功率增益

功率增益(G)表征的是功率放大器对信号的放大能力，是指在输入输出端口功率匹配良好的情况下，输出功率与输入功率的比值取对数，单位为 dB。一般用如下表达式表示：

$$G(\text{dB}) = 10\lg \frac{P_{\text{out}}(\text{W})}{P_{\text{in}}(\text{W})} \quad \text{或} \quad G(\text{dB}) = P_{\text{out}}(\text{dBm}) - P_{\text{in}}(\text{dBm}) \tag{13-1}$$

3. 增益平坦度

增益平坦度(ΔG)是指在相同的输入功率情况下，功率放大器的输出功率幅度随频率的变化而出现波动的范围，如图 13-4 所示。在这里的最大输出功率必须是处于功率放大器的线性放大区范围内(最好远小于 P_{1dB} 输出功率)，因为如果对于有频点是处于增益压缩时讨论增益平坦度是没有意义的。其表达式如下：

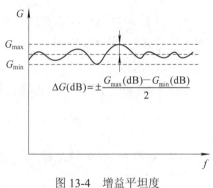

图 13-4　增益平坦度

$$\Delta G(\text{dB}) = \pm \frac{G_{\text{max}}(\text{dB}) - G_{\text{min}}(\text{dB})}{2} \tag{13-2}$$

其中 G_{max} 为工作频带内的最大增益，G_{min} 为工作频带内的最小增益。

4. 输出功率

输出功率 P_{out} 随输入功率 P_{in} 的逐渐增加而出现有规律的变化，先是线性的增加，达到一定程度后开始出现增加幅度减小而进入非线性区域的现象，最后达到饱和，如果继续增加输入功率会出现输出功率反而减小的现象。功率放大器一般都是工作在 P_{1dB} 压缩点附近，所以在这个过程中，最值得关注的就是 P_{1dB} 输出功率和饱和输出功率 P_{SAT}，饱和输出功率 P_{SAT} 在工程中是一个十分重要的参数，特别是在调试的时候，它代表功率放大器可以输出的最大功率。功放输出功率变化的过程表示如图 13-5 所示。

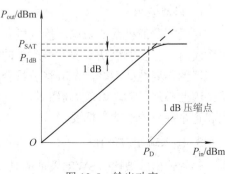

图 13-5　输出功率

5. 效率

功率放大器由于输出功率大，因而要求直流电源提供的功率也较大，这就存在着一个效率问题。效率是射频功率放大器极为重要的指标，定义功率放大器的效率通常采用集电极效率(η_c)和功率附加效率 PAE(Power Added Efficiency)两种方法。

集电极效率是指功率放大器的输出功率 P_{out} 与电源供给的直流功率 P_{dc} 的比值，用 η_c 表示，即

$$\eta_c = \frac{P_{out}}{P_{dc}} \times 100\% = \frac{P_{out}}{P_{out} + P_c} \times 100\% \tag{13-3}$$

效率 η_c 越高，意味着在相同的输出功率情况下，要求直流电源供给的功率越小，相应的管子内部消耗的功率也就越小。但是在相同输出功率和直流电源供给功率的情况下，有可能输入功率有很大的差别。集电极效率不能很准确地反映功放管将直流功率转化为射频功率的能力和功放管的功率放大能力，所以一般用功率附加效率 PAE 来表示。

功率附加效率定义为输出功率 P_{out} 与输入功率 P_{in} 的差与电源供给的直流功率 P_{dc} 之比，即

$$PAE = \frac{P_{out} - P_{in}}{P_{dc}} \times 100\% \tag{13-4}$$

功率附加效率 PAE 的定义中包含了功率增益的因素。在有比较大的功率增益的情况下，即 $P_{out} \gg P_{in}$ 时，有 $\eta_c \approx PAE$。

6. 噪声系数

噪声系数(NF)的定义是输入输出的信噪比之比取对数，单位为 dB，其表示形式为

$$NF(dB) = 10\lg \frac{(P_{Si}/P_{Ni})}{(P_{So}/P_{No})} \tag{13-5}$$

其中 P_{Si}/P_{Ni} 和 P_{So}/P_{No} 就是输入和输出信噪比，信噪比就是指在某一特定点上信号功率与噪声功率之比。

在多级功率放大器进行级联的情况下，总的噪声系数可以表示为

$$NF(dB) = NF_1 + \frac{NF_2 - 1}{G_1} + \frac{NF_3 - 1}{G_1 G_2} + \cdots + \frac{NF_n - 1}{G_1 G_2 \cdots G_{n-1}} \tag{13-6}$$

其中 NF_i 和 G_i 为第 i 级的噪声系数和增益。

7. 杂散输出

对于收发信机系统来说，接收机和发射机共用一个天线，当接收机和发射机处于不同的频段时，若发射机功率放大器产生的频带外的杂散输出位于接收机频带内，再加上天线双工器的隔离性能不好，杂散将被耦合到接收机前端的低噪声放大器输入端，从而形成干扰。因此必须限制功率放大器的带外寄生输出。在工程上，一般对功率放大器会有窄带杂散和宽带杂散的性能指标要求。

8. 输入输出驻波比

输入输出驻波比(VSWR)表征的是在系统要求的阻抗下，功率放大器输入输出端口的阻抗匹配程度。一般的表达式如下：

$$VSWR = \frac{1+|\varGamma|}{1-|\varGamma|} \tag{13-7}$$

式中，$\varGamma$ 为反射系数，$\varGamma = \dfrac{Z - Z_0}{Z + Z_0}$ (Z 为输入输出的端口阻抗，Z_0 为系统的特性阻抗)。通信系统的特性阻抗一般为 50Ω，而功放管的输入输出阻抗一般都很低，所以必须对功放管的输入输出阻抗进行匹配。在阻抗失配的情况下会使功率放大器产生自激等不稳定现象而导致输出功率下降，失配严重甚至会烧毁功放管，并且会使增益平坦度和群延时变差。

窄带功率放大器需要良好的共轭阻抗匹配，使得功率放大器有最大的功率输出和较小的增益波动，在工程上窄带功率放大器的输入输出驻波比一般可以做到小于等于 1.4：1，而宽带功率放大器的频带比较宽，很难在全频段做到良好的阻抗匹配，一般进行功率匹配，即使功率放大器获得最大的功率输出，所以难免存在失配现象。

9. 谐波抑制

功率放大器工作在大信号状态时，由于非线性的原因将使功率放大器的输出产生谐波。谐波抑制(HD)定义是谐波功率与基波功率的比值取对数，单位用 dBc 表示。一般的表达式为

$$HD_n = 10 \lg \frac{P_n}{P_s} \tag{13-8}$$

式中，HD_n 表示第 n 次谐波抑制，P_n 表示第 n 次谐波的功率，P_s 表示基波功率。

一般功率放大器的二次谐波输出很难达到系统的要求，所以必须采用滤波器将其滤除。

10. 三阶互调抑制

三阶互调抑制(IM3)是指在有两个频率间隔较近的载波互相调制而产生的互调产物中三阶分量相对于载波功率的比值，单位为 dBc，如图 13-6 所示。三阶互调抑制的大小与产生它的器件的非线性特性有关，另外还与输入的载波功率的大小有关。

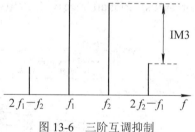

图 13-6 三阶互调抑制

13.2 功率放大器设计

设计一个功率放大器，工作频率为 2 GHz，管子采用 Philip 的 BLT11。测试管子特性，设计偏置电路以及输入、输出匹配电路，测量功率放大器的输出功率、三阶交调、三阶交叉点等特性。

设计步骤如下：

第 1 步，创建新工程。

创建新工程，保存路径为自建的文件夹，命名为 Ex13.emp。单位设为 GHz、μH、pF、mA。

第 2 步，测量元件特性。

创建新原理图，命名为 IV Curve。

导入元件：应用 Project→Add Netlist→Import Netlist，选择 BLT11.PRM 元件的存放路径，导入，在弹出窗口中选择 PSPICE FILE 类型，点 OK，在新弹出界面点击 "是"，则转换并导入 BLT11 网表文件；激活元件浏览页，选择 Subcircuits 项，将 BFG11W/X 元件添加到电路图中(若已安装本地元件库，可在元件浏览页的 Libraries 节点下的 Philips→Nonlinear →RFwideband 项下找到 BLT11 元件，直接添加即可)，将元件属性的 Symbol 设为 BJT 形式；再添加 IVCURVEI 元件，参数设置如图 13-7 所示；最后接地。

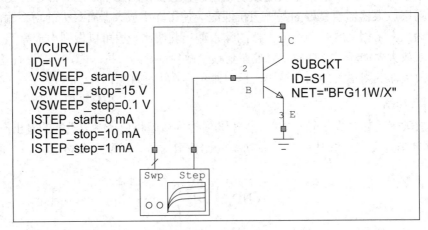

图 13-7　元件特性测量

添加一个矩形图，命名为 IV BJT。测量项为 IVCurve，其他项依次设为 IV Curve、Use for x-axis、Plot all traces。分析电路，结果如图 13-8 所示。

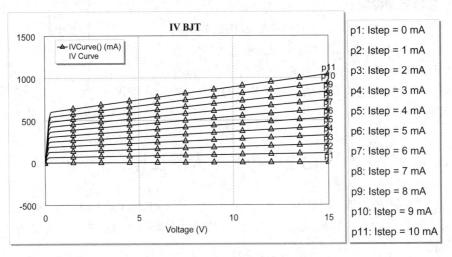

图 13-8　元件特性结果

第 3 步，测量直流偏置。

创建新原理图，命名为 DC Bias。依次添加元件：BLT11；IND，2 个，1 μH；RES，0.5 Ω；DCVS，2 个，分别为 1 V 和 6 V；GND，3 个；I_METER；V_METER。电路如图 13-9 所示。

添加一个列表型测量图(Tabular)，命名为 DC Bias。添加测量项：测量类型选 Nonlinear

→Current，测量项选 Icomp，数据源选 DC Bias，测量元件选 I_METER.AMP1，其他不变，确定；再添加测量项：依次选 Nonlinear→Voltage、Vcomp、DC Bias、V_METER.VM1，确定。分析电路，结果如图 13-10 所示。

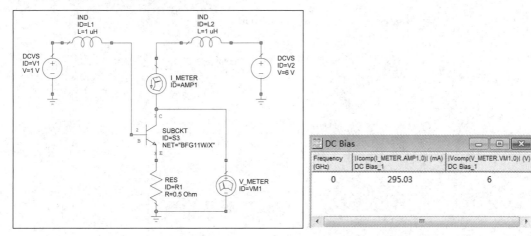

图 13-9　直流偏置测量　　　　　　　　　　　　图 13-10　直流偏置测量结果

第 4 步，添加谐波平衡端口。

回到 DC Bias 电路图，添加 3 个 100 pF 的 CAP 元件；在 Ports→Harmonic Balance 目录中，选 PORT1 元件添加，Pwr 值为 18 dBm；最后添加元件 PORT。电路如图 13-11 所示。

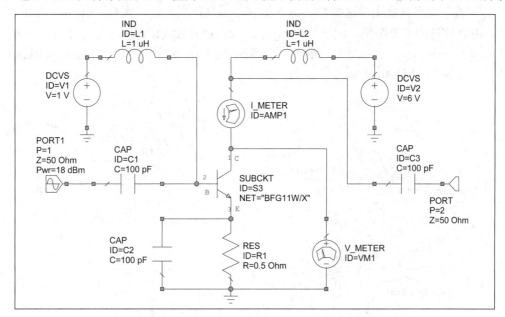

图 13-11　添加谐波平衡端口

设置非线性仿真频率：在工程浏览页，选择 Circuit Schematics 项下的 DC Bias，点右键，选 Options，在弹出对话框的 Frequencies 页，去掉 Use project defaults 前的选钩，单位选择 GHz，设 Start 为 1.5，Stop 为 2.5，Step 为 0.1，选 Replace。设置完成后必须先点 Apply 按钮，应用后再点确定。

设置大信号伽玛参数测量项：添加一个测量图，命名为 input reflection，类型选 Smith Chart。添加测量项：依次选 Nonlinear→Parameter、Gcomp、DC Bias、PORT_1、1、Use for x-axis，确定。分析电路，结果见图 13-12。

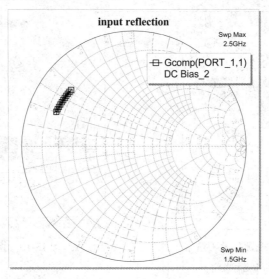

图 13-12　输入反射结果

第 5 步，导入匹配电路。

在工程管理器树状图中选择 Circuit Schematics 项，点右键，选 Import Schematic 项，选择 AWR 软件的安装路径，例如 C:\Program Files (x86)\AWR\AWRDE\10，选择 Examples 文件夹中的 input match.sch 文件，导入，电路如图 13-13 所示。再选择 output match.sch 文件导入，电路如图 13-14 所示。

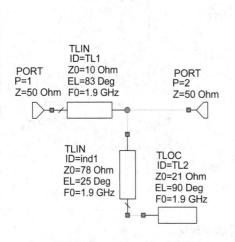

图 13-13　input match 电路图

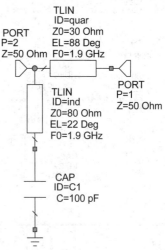

图 13-14　output match 电路图

添加支电路：激活 DC Bias 电路图，断开元件 CAP C1 与管子 1 管脚的连线，将 PORT1 和 C1 元件向左移，在元件浏览页的 Subcircuit 组，找到 input match 电路，添加。同理，断开 CAP C3 与 I_METER 的连线，添加 output match 电路，要求先旋转 180°后再放置(即点右键 2 次)。注意检查输出匹配电路的端口 1、2 的连接位置。最终的 DC Bias 电路如图 13-15 所示。

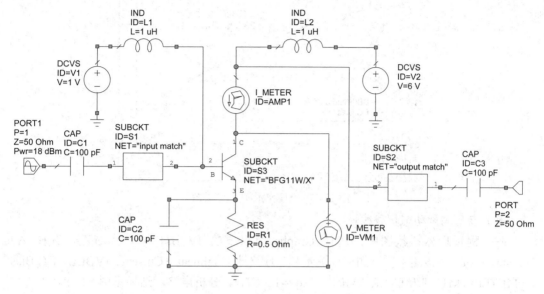

图 13-15　最终的 DC Bias 电路图

调节匹配：先将输入、输出匹配电路中所有元件的 F0 改为 2 GHz，再应用 tune tool 工具将两电路中的 TL1、ind1 元件及 quar、ind 元件的阻抗、电长度设为可调的，手动调节，使图 13-12 所测参数尽量接近圆图的中心点，期望测量结果如图 13-16 所示。记录此时的输入、输出匹配电路。

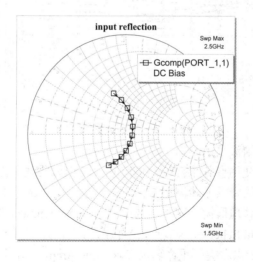

图 13-16　匹配结果图

第 6 步，测量输出功率。

添加一个矩形测量图，命名为 Pout。添加测量项：依次选 Nonlinear→Power、Pcomp、DC Bias、PORT_2、1、Use for x-axis，勾选 DBm 项，确定。分析电路，结果见图 13-17。

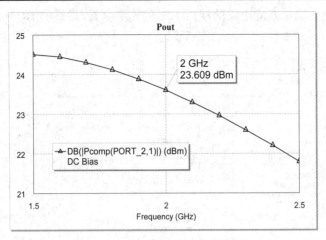

图 13-17　测量输出功率结果图

第 7 步，测量动态负载线。

在工程管理器树状图中，选择 Graphs 节点下的 IV BJT 项，点右键，选择 Add Measurement，在该图中再添加一个测量项：依次选 Nonlinear→Current、IVDLL、DC Bias、V_METER.VM1、I_METER.AMP1，freq = 1.5 GHz。分析电路，结果见图 13-18。

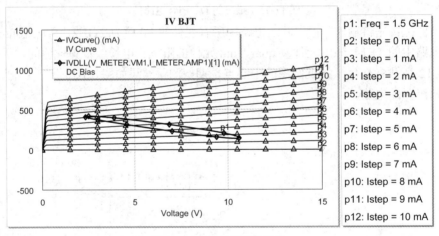

图 13-18　动态负载线结果

第 8 步，添加双频谐波平衡端口。

功放特性常用三阶交调参数来衡量，电路不变，但要将输入端口特性改为双频谐波平衡端口，注入两个很近的音频才能测量。

复制电路：在工程管理器树状图中，选中 Circuit Schematics 节点下的 DC Bias 项，按住左键将其拖放到 Circuit Schematics 节点，松开左键,则在该节点下自动生成一个名为 Copy of DC 的电路，在该项上点右键，重命名为 Two Tone Amp。

设置端口：激活 Two Tone Amp 电路，在 PORT1 元件符号上双击，弹出对话框，选择 Port 标签页，分别选择 Source、Harmonic Balance，勾选 Swept Power，选 Tone 1&2、Excite Fundamental Frequency。再选择 Parameters 标签页，各项依次设为：1、50、0.2 GHz、−10 dBm、30 dBm、5 dB。全部完成，点 OK，则元件名称自动改为 PORT_PS2，如图 13-19(a)所示。

第 9 步，测量三阶交调。

添加一个矩形测量图，命名为 IM3。首先添加基波测量项：依次选 Nonlinear→Power、Pcomp、Two Tone Amp、PORT_2，谐波指数选 1、0，扫描频率选 1.5 GHz，PORT_1 选 use for x-axis，点 Apply 按钮；再添加三阶谐波测量项：其他项设置相同，谐波指数选 2、−1，确定。分析电路，结果见图 13-19(b)。

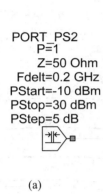

PORT_PS2
P=1
Z=50 Ohm
Fdelt=0.2 GHz
PStart=−10 dBm
PStop=30 dBm
PStep=5 dB

(a)

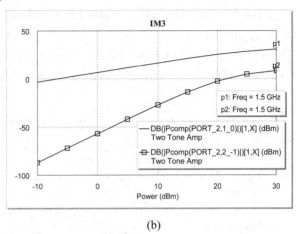

(b)

图 13-19 三阶交调测量

第 10 步，测量三阶交叉点。

复制电路：复制 Two Tone Amp 电路，方法同上，生成新电路 Copy of Two Tone Amp，改名为 IP3。

设置端口：在 IP3 电路图中，双击 Port_PS2 元件，在弹出对话框中选择 Port 标签页，去掉 Swept power 项前的选钩，点 OK，则元件名变为 Port2。将其参数 Pwr1、Pwr2 值均改为 −10 dBm，如图 13-20(a)所示。

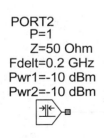

PORT2
P=1
Z=50 Ohm
Fdelt=0.2 GHz
Pwr1=−10 dBm
Pwr2=−10 dBm

(a)

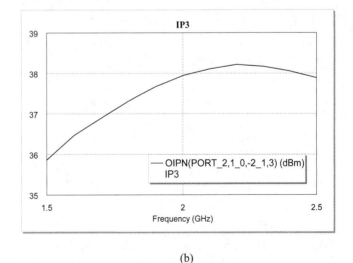

(b)

图 13-20 三阶交叉点测量

测量：添加一个矩形图，命名为 IP3。添加测量项：依次选 Nonlinear→Intermod、OIPN，右侧的数据源选 IP3，输出功率测量元件选 PORT_2，基波指数选 1、0(定义基波为 1.5 GHz)，交调指数选 −2、1(定义交调谐波为 1.3 GHz)，IP 阶数选 3，扫描频率选 use for x-axis。分析电路，结果见图 13-20(b)。

设置扫描变量：应用主菜单 Draw→Add Equation，在 IP3 电路图中添加变量：Vcc=6，再将 DCVS V2 元件的 V 值改为 Vcc。利用 Ctrl+L 搜索并添加扫描变量控制器 SWPVAR，放置在 IP3 原理图的任意空白处，具体设置见图 13-21(a)，即对变量 Vcc 在 4～8 之间、步进为 1 进行扫描分析。

进行扫描分析：编辑 OPIN 测量项，在设置页面右下方新增了 SWPVAR.SWP1 项，选 Plot all traces，确定。点 Analyze 图标或按 F8 键重新分析电路，结果见图 13-21(b)。

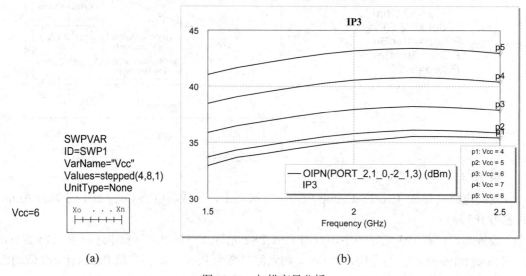

(a)　　　　　　　　　　　　　　　　　　(b)

图 13-21　扫描变量分析

第 14 章 低噪声放大器设计

14.1 低噪声放大器基本理论

根据在通信系统中完成任务的不同，在设计线性射频放大器时关注的参数也不同，重点关注的参数如下：

· 最大输出功率：在发射机的输出端，主要关注高功率电平。在移动式发射机应用中，还需要着重考虑负载终端的变化。设计时，可采用工作功率增益表达式，给输出端口接上 Γ_{OL} 终端并计算新的输入端口反射系数 Γ_{IN}，并提供一个源终端 $\Gamma'_{MS} = \Gamma^*_{OUT}$。

· 最大小信号增益：对于中间级放大器来说，当信号电平被充分放大到高于噪声电平以后，增益就成为比噪声更重要的参数了。由于放大器要在不同频率上面对宽范围的终端，RF 稳定性是另一个要考虑的关键问题。这些中间级的放大器需要按最大增益设计，在输入端口和输出端口同时匹配。设计时需同时找到 Γ_{MS} 和 Γ_{ML}，对于绝对稳定的二端口，Γ_{MS} 和 Γ_{ML} 总是在 Smith 圆图内部。

· 低噪声：在接收机的输入端，信号电平可能会非常低。因此，在放大信号的同时应该尽量使放大器引入的噪声最小。一般采用资用功率增益法设计低噪声放大器，给输入端口接上 Γ_{OPT} 终端，并计算新的输出反射系数 Γ_{OUT}，提供一个负载终端 $\Gamma'_{ML} = \Gamma^*_{OUT}$。无论二端口的稳定性如何，该方法都适用。

本节主要介绍低噪声放大器的设计。

14.1.1 低噪声放大器简介

微波低噪声放大器是现代 RF 和微波系统中一个非常重要的部分，已广泛应用于微波通信、雷达、电子对抗及各种高精度的测量系统。它常常位于接收机的前端，如图 14-1 所示，主要作用是放大从空中接收到的微弱信号，降低干扰，以供系统解调出所需的信息数据。

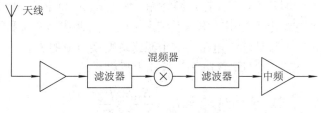

图 14-1 接收机前端

前级放大器的噪声系数对整个微波系统的噪声影响最大，它的增益将决定对后级电路的噪声抑制程度，它的线性度将对整个系统的线性度和共模噪声抑制比产生重要影响。因此，对低噪声放大器的基本要求是：噪声系数低、足够的功率增益、工作稳定可靠、足够的带宽和大的动态范围等。

目前低噪声放大器常用的结构形式有单端式、负阻反射式和平衡式三种。单端 LNA(低噪声放大器)的优点是结构简单、成本低，但匹配、调谐都较为困难，整机性能一般，一般用在对放大器的性能要求不高的系统中；负阻反射式 LNA 主要用于工作频率高、电路损耗大、单级增益低的系统中，随着技术的发展，这种结构现在越来越少；平衡式 LNA 需要在单端放大器的前端和后端分别加入一个正交耦合器，通常使用的正交耦合器是微带线耦合器，包括 Lange 耦合器、平行微带线耦合器和分支线耦合器。

使用资用功率增益设计法设计低噪声放大器，首先要从源终端处开始，在输出一侧需要共轭匹配负载，如图 14-2 所示。

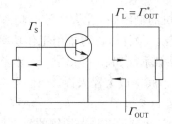

图 14-2　资用功率增益法

由于资用功率设计法包含了 S_{12} 带来的输入—输出间的相互作用，所以该方法是双向设计法。资用功率增益 G_{A} 的数学表达式如式(14-1)所示：

$$G_{\mathrm{A}} = \frac{\text{二端口的资用功率}}{\text{源的资用功率}} = \frac{\left|S_{21}\right|^2 \left(1 - \left|\varGamma_{\mathrm{S}}\right|^2\right)}{\left(1 - \left|\dfrac{S_{22} - (\Delta)\varGamma_{\mathrm{S}}}{1 - S_{11}\varGamma_{\mathrm{S}}}\right|^2\right)\left|1 - S_{11}\varGamma_{\mathrm{S}}\right|^2} \tag{14-1}$$

由式(14-1)解得 $\varGamma_{\mathrm{S}}$，可得到一组具有不同 G_{A} 值的圆，称为等资用功率增益圆。对于一组特定的二端口 S 参数，这些圆由给定的资用功率增益值来确定。每个圆表示能提供相同资用功率增益的所有源阻抗的轨迹。设计时为了实现二端口的噪声性能和增益之间的折中，可以将资用功率增益圆和恒噪声圆叠加在同一个 Smith 圆图上。由于资用功率增益设计是一种双向设计方法，为了把最大输出功率传送至负载，负载应与输出端口共轭匹配。

使用资用功率增益法设计单频线性低噪声放大器的步骤如下：

从二端口的输入一侧开始，首先选定源终端，通过式(14-1)计算相应的小信号增益。如果增益不够大，可通过绘出等资用功率增益圆和恒噪声圆来获得增益和噪声之间可能的折中。当合适的源确定时，设计输入电路将这个源终端变换至新的 $\varGamma_{\mathrm{S}}$。

将新的 $\varGamma_{\mathrm{S}}$ 与器件相连，根据式(14-2)计算输出反射系数：

$$\varGamma_{\mathrm{OUT}} = S_{22} + \frac{S_{21}S_{12}\varGamma_{\mathrm{S}}}{1 - S_{11}\varGamma_{\mathrm{S}}} \tag{14-2}$$

由于资用功率增益法是以输出端口共轭匹配为基础的，需要制作一个输出电路把系统终端变换至需要的共轭匹配源。

如式(14-3)所示，把实际的系统负载终端变换至与 Γ_{OUT} 共轭匹配：

$$\Gamma_{\text{L}} = \Gamma_{\text{OUT}}^{*} \tag{14-3}$$

把器件放在两个新终端 Γ_{S} 和 Γ_{L} 之间。在用无耗匹配元件进行匹配之后，放大器具有确定的预期增益和一个匹配的输出端口。因为输入端口没有匹配，放大器的增益小于 G_{max}。

对于大多数小信号射频/微波晶体管，最小噪声条件下的增益要比器件的最大增益低 $3 \sim 6\,\text{dB}$，主要有下面两个原因：① 特别是对双极晶体管，使噪声最小的集电极直流电流要比使增益最大时对应的电流低很多；② 由于 Γ_{MS} 和 Γ_{OPT} 通常相差很多，为获得最佳噪声性能不得不放弃增益。其中，原因②还会造成输入阻抗匹配很差，在放大器与其他系统元件级联时导致不确定的失配。当有源器件端接最佳噪声源阻抗，输入端口匹配不够良好时，可以采用平衡结构来设计低噪声放大器。

14.1.2　低噪声放大器性能参数

1. 噪声系数

构成电路的器件材料的温度以及物理性质等原因激发电荷载流子产生不规则运动变化，这种不规则运动变化产生的扰动信号就是电路的噪声。在任何时刻都不能预知噪声的精确大小，因为噪声是一种随机信号，可是有些噪声却遵循一定的统计概率分布，所以从统计学来说，这些噪声是可知的。

噪声在实际电路中与有用信号混同在一起，会对微弱信号的正确检测产生影响。电路输入信号的下限是由噪声所决定的，当输入信号小到与有用信号可以比拟时，有用信号会受到相当严重的影响，甚至被噪声完全淹没。另外，如果电路的增益很高，那么，即使没有输入信号，输出的噪声信号同样会使晶体管进入截止或饱和状态，所以，增益也会受到噪声的制约。

噪声系数(NF)的定义是输入、输出的信噪比之比值，其表示形式为

$$\text{NF} = \frac{P_{\text{Si}}/P_{\text{Ni}}}{P_{\text{So}}/P_{\text{No}}} \tag{14-4}$$

其中 $P_{\text{Si}}/P_{\text{Ni}}$ 和 $P_{\text{So}}/P_{\text{No}}$ 分别是输入和输出信噪比。信噪比是指在某一特定点上信号功率与噪声功率之比。

从式(14-4)中可以看出，噪声系数的物理意义是，信号通过放大器之后，由于放大器产生噪声，使信号变坏，信噪比下降的倍数就是噪声系数。

通常，噪声系数用分贝表示，此时，

$$\text{NF(dB)} = 10\lg\frac{\left(P_{\text{Si}}/P_{\text{Ni}}\right)}{\left(P_{\text{So}}/P_{\text{No}}\right)} \tag{14-5}$$

如图 14-3 所示为放大器相关参数的定义及示意图。

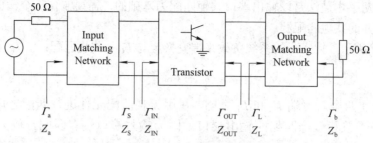

图 14-3　放大器示意图

对单级噪声放大器而言，可通过如下公式计算噪声系数：

$$NF = NF_{min} + 4R_n \frac{|\Gamma_S - \Gamma_{opt}|^2}{(1-|\Gamma_S|^2)|1-\Gamma_{opt}|^2} \tag{14-6}$$

其中，NF_{min} 为晶体管的最小噪声系数，由放大器的管子本身决定；R_n、Γ_S 和 Γ_{opt} 分别为得到 NF_{min} 时的晶体管等效噪声电阻、晶体管输入端的源反射系数、最佳源反射系数。

对多级放大器而言，其噪声系数的计算公式为

$$NF = NF_1 + \frac{NF_2 - 1}{G_1} + \frac{NF_3 - 1}{G_1 G_2} + ... + \frac{NF_n - 1}{G_1 G_2 ... G_{n-1}} \tag{14-7}$$

其中，NF_n 为第 n 级放大器的噪声系数，G_n 为第 n 级放大器的增益。

在某些情况下，用噪声温度来表示难以表示的极小的噪声系数：

$$N = kT_e B \tag{14-8}$$

式中，k 为波尔兹曼常量 1.38×10^{-23} J/K；T_e 为有效温度，单位为 K；B 为带宽，单位为 Hz。

噪声温度和噪声系数的换算关系为

$$NF(dB) = 10 \lg \left(1 + \frac{kT_e B}{kT_0 B} \right) = 10 \lg \left(1 + \frac{T_e}{T_0} \right) \tag{14-9}$$

其中，T_e 为放大器的噪声温度；$T_0 = 290$ K；NF 为放大器噪声系数。

2. 增益平坦度

增益平坦度是指工作频带内功率的起伏，常用最高增益与最小增益的差 $\Delta G(dB)$ 表示，如图 14-4 所示。

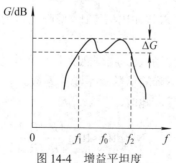

图 14-4　增益平坦度

对于低噪声放大器来说，就是全频带内增益变化要平缓，不允许增益有陡变。

14.1.3　放大器的稳定性分析

1. 放大器的稳定性

稳定性是晶体管放大器电路在工作频段内稳定工作的必要条件，这一点对于射频电路非常重要，因为射频电路在某些工作频段和终端条件下会产生某些无法避免的寄生因素，从而激发振荡。

放大器的稳定性问题主要分为两类：一类称为无条件稳定，在此条件下，对于所有的无源负载和信号源阻抗，有 $|\Gamma_{\text{IN}}| < 1$ 和 $|\Gamma_{\text{OUT}}| < 1$，即 $|\Gamma_{\text{S}}| < 1$ 和 $|\Gamma_{\text{L}}| < 1$，则此网络为无条件稳定网络；另一类称为条件稳定，假如只对某些确定范围的无源信号和负载阻抗，有 $|\Gamma_{\text{IN}}| < 1$ 和 $|\Gamma_{\text{OUT}}| < 1$，则此网络是条件稳定的，这种情况存在不稳地因素。

通常用 S 参数对放大器的稳定性进行分析，假设现在有一个 S 参数已知的二端口网络，它由 S 参量及外部终端条件 Γ_{L} 和 Γ_{S} 确定，稳定性就代表反射系数的模必须小于 1，即

$$|\Gamma_{\text{L}}| < 1, \quad |\Gamma_{\text{S}}| < 1 \tag{14-10}$$

$$|\Gamma_{\text{IN}}| = \left| \frac{S_{11} - \Gamma_{\text{L}} \Delta}{1 - S_{22} \Gamma_{\text{L}}} \right| < 1 \tag{14-11}$$

$$|\Gamma_{\text{OUT}}| = \left| \frac{S_{22} - \Gamma_{\text{S}} \Delta}{1 - S_{11} \Gamma_{\text{S}}} \right| < 1 \tag{14-12}$$

$$\Delta = S_{11} S_{22} - S_{12} S_{21} \tag{14-13}$$

在特定频率下，S 参量是一个恒定值，故只有 Γ_{S} 和 Γ_{L} 对稳定性能影响造成影响。

两种稳定性判别的方法如下：

方法一：$K\text{-}\Delta$ 检验法。

$K\text{-}\Delta$ 检验是一种非常简单的检验方法来确定无条件稳定，其定义为

$$K = \frac{1 - |S_{11}|^2 - |S_{22}|^2 + |\Delta|^2}{2|S_{12} S_{21}|} > 1 \tag{14-14}$$

$$|\Delta| = |S_{11} S_{22} - S_{12} S_{21}| < 1 \tag{14-15}$$

上述两个条件同时满足，则可以证明器件是无条件稳定的。这两个条件对无条件稳定是必要和充分的，并且是容易计算的。假如器件的 S 参量不满足 $K\text{-}\Delta$ 检验标准，则该器件就不是无条件稳定。若器件是无条件稳定，还必须有 $|S_{11}| < 1$ 和 $|S_{22}| < 1$。

方法二：利用 S 参数的解析式进行判断。

可以直接从 S 参数得到解析式进行判断，一般有三种有源两端口网络满足绝对稳定条件的标准。首先用 S 参数来定义有源器件的一些表达式，定义如下：

$$\Delta = S_{11} S_{22} - S_{12} S_{21} \tag{14-16}$$

$$K = \frac{1 - |S_{11}|^2 - |S_{22}|^2 + |\Delta|^2}{2|S_{12} S_{21}|} > 1 \tag{14-17}$$

$$B_1 = 1 + |S_{11}|^2 - |S_{22}|^2 - |\Delta|^2 \tag{14-18}$$

若下面三个等价条件的任何一个成立的话，那么这个二端口网络能够绝对稳定：

标准一：三参数判断准则

$$K = 1 \tag{14-19}$$

$$\frac{1 - |S_{11}|^2}{|S_{12}S_{21}|} > 1 \tag{14-20}$$

$$\frac{1 - |S_{22}|^2}{|S_{12}S_{21}|} > 1 \tag{14-21}$$

标准二：两参数判断准则(K-Δ 参数)

$$K > 1 \tag{14-22}$$

$$\Delta > 1 \tag{14-23}$$

标准三：两参数判断准则(K-B_1 参数)

$$K > 1 \tag{14-24}$$

$$B_1 > 0 \tag{14-25}$$

潜在不稳定指的是一些终端处于某些频率时可能会发生振荡。在进行放大器的设计时，不一定要遵循绝对稳定的条件，只要所使用的终端满足稳定条件就可以了，这样不仅可以提高设计效率，而且还可以减少某些耗能元件的使用。在此还有一点值得特别关注，那就是放大器的低频振荡，低频靠近基带处的振荡经过一次或几次混频后就有可能达到频带内引起振荡，从而干扰有用信号，因此要保证在低频时放大器也处于稳定状态。

2. 改善稳定的措施

(1) 串联负反馈。

在 MESFET 的源极与地之间串接一个阻抗元器件，从而构成负反馈电路。对于双极晶体管，则在发射极经反馈元器件接地，在实际的电路中，由于电路尺寸很小，外接阻抗元器件难以实现，因此，反馈元器件常用一段微带线来代替，相当于电感性元件的负反馈。

(2) 采用铁氧体隔离器。

铁氧体隔离器应加在天线于放大器之间，用以改善稳定性的隔离器应具备以下特征：频带很宽，能够覆盖低噪声放大器不稳定频率范围；反向隔离度并不要求太高；正向衰减只需保证工作频带之内有较小衰减，以免影响整机噪声系数，工作频带外，则没有要求；隔离器本身端口驻波小。

(3) 采用稳定衰减器。

稳定衰减器通常接在低噪声放大器的末级输出口，有时也可加在低噪声放大器的级间，以免影响噪声系数。

14.2 低噪声放大器设计

设计一个低噪声放大器，技术指标：工作频率为 5 GHz，增益大于 10 dB，噪声系数小于 1.2 dB。选择适当元件，设计稳态电路、输入、输出匹配电路，综合考虑增益和噪声指标调节电路，测量低噪声放大器的增益、匹配、噪声等特性。

设计步骤如下：

1. 元件特性测试

创建新工程，命名为 Ex14.emp。创建原理图，命名为 Device。

导入元件：采用富士的 FHX35LG 元件。由主菜单 Project→Add Data File→Import Data File，选择 FHX35LG.S2P 文件存放路径，导入，则在工程管理器的 Data Files 项内导入元件数据，如图 14-5、图 14-6 所示。激活元件浏览页，选择 Subcircuits 项，将 FHX35LG 元件添加到电路图中，如图 14-7 所示。

```
FHX35LG (Touchstone)
! fhx35lg.s2p  4/90
! FHX35LG
! @3V-10mA
! .1GHZ 20GHZ 22
# GHZ S MA R 50
! S-parameter data
    .100    .996     -3.5   4.576   177.2   .002    81.2   .516     -2.5
    .500    .994    -12.1   4.548   169.0   .012    79.3   .517    -10.2
   1.000    .982    -23.5   4.471   158.5   .023    73.1   .513    -19.9
   2.000    .950    -44.7   4.304   139.3   .043    57.9   .498    -38.0
   3.000    .912    -64.6   4.026   121.0   .059    44.6   .483    -54.9
   4.000    .867    -84.0   3.742   103.1   .071    31.8   .462    -71.9
   5.000    .821   -101.6   3.436    86.6   .079    20.0   .446    -87.6
   6.000    .783   -117.5   3.132    71.6   .085     9.8   .439   -102.2
   7.000    .757   -130.9   2.881    57.9   .087     0.9   .441   -115.3
   8.000    .738   -142.8   2.659    45.0   .088    -7.1   .452   -126.7
   9.000    .726   -153.8   2.497    32.4   .090   -15.3   .468   -136.9
  10.000    .707   -164.5   2.347    20.2   .092   -21.7   .480   -146.1
  11.000    .680   -174.1   2.206     8.4   .090   -27.8   .494   -156.0
  12.000    .654    176.1   2.101    -3.4   .090   -35.5   .503   -164.8
  13.000    .638    166.0   2.035   -15.1   .091   -42.6   .514   -173.8
  14.000    .626    157.1   2.003   -26.2   .093   -49.6   .537    178.4
  15.000    .607    147.8   1.975   -37.6   .094   -55.8   .559    171.0
  16.000    .565    138.4   1.917   -50.1   .097   -64.7   .564    162.7
  17.000    .528    127.2   1.924   -62.9   .102   -73.3   .567    154.4
  18.000    .484    112.8   1.966   -77.1   .109   -86.2   .572    142.7
  19.000    .421     93.5   1.932   -91.7   .116   -96.2   .581    113.1
  20.000    .380     74.2   1.991  -107.4   .127  -110.9   .547    124.3
! Noise data 4/90
```

Data Files
  FHX35LG
System Diagrams
Circuit Schematics
  Device
    FHX35LG

图 14-5 元件树状图   图 14-6 元件数据

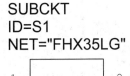

图 14-7 元件电路符号

　　编辑元件符号：在电路图中双击元件符号，在弹出对话框的 Groud 标签页，将接地类型设为 Explicit ground node(外在接地点)，在 Symbol 标签页将元件符号设为 FET@system.syf。

　　添加端口，接地，如图 14-8 所示。PORT 2 元件添加时需先点击右键两次，旋转 180°后再放置。在工程浏览页双击 Project Options 项，在弹出对话框设置工作频率：单位 GHz，start 设为 0.1，stop 设为 20，step 设为 0.1，先点 Apply 按钮，再确定。

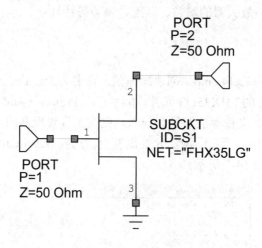

图 14-8　添加端口和接地

　　添加一个圆图，命名为 Input Port，测量项为 S11(测量类型为 Linear→Port Parameters)；再添加一个圆图，命名为 Output Port，测量项为 S22。结果如图 14-9 所示。

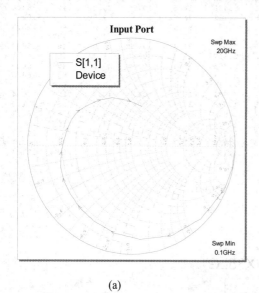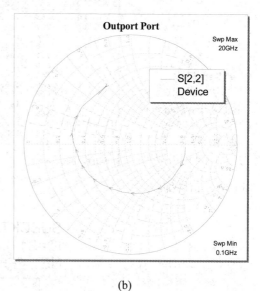

(a)　　　　　　　　　　　　　　　　　　(b)

图 14-9　输入、输出端测量图

　　创建一个矩形图，命名为 Two Port Gain，测量项为 S21 和 MSG(测量类型为 Linear→Gain)，在曲线图上点击右键，选 Properties，在弹出对话框的 Axes 标签页，将 x 轴的 Auto limits 项的选钩取消，min 设为 0。测量结果见图 14-10。

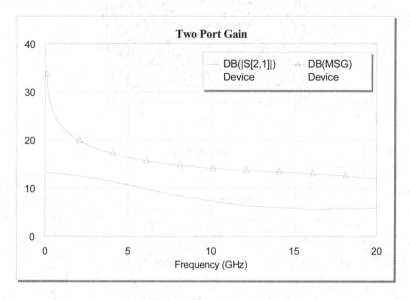

图 14-10　Two Port Gain 测量图

　　创建一个矩形图，命名为 Two Port Noise Parameters，测量项为 NF 和 NF Min(测量类型为 Linear→Noise)。在曲线图上点击右键，选 Properties，在弹出对话框的 Axes 标签页，将 x 轴的 Auto limits 项的选勾取消，min 设为 0，max 设为 20。测量结果见图 14-11。

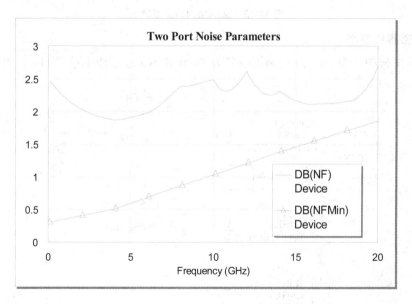

图 14-11　Two Port Noise Parameters 测量图

　　创建一个矩形图，命名为 Stability Data，测量项为 K 和 B1(测量类型为 Linear→Stability)。同样将 x 轴取值范围限定为 0～20。在图上点右键，选择 Add Marker，在 K 值上任一点处添加 marker，再在 marker 的数值框上点右键，选择 Marker Search，搜索并标出 K 值为 1 的点，如图 14-12 所示。

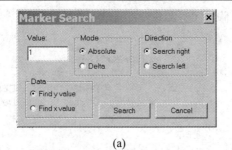

(a)

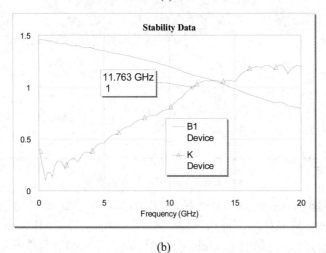

(b)

图 14-12　Stability Data 测量图

2. 稳态器件电路

在当前工程中，将 Device 电路图改名为 Stable Device，新电路如图 14-13 所示。

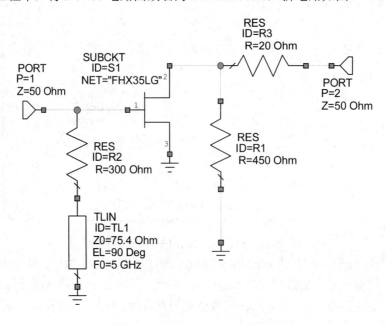

图 14-13　Stable Device 电路图

分析，调节 R1、R2 的阻值，比较 Two Port Noise Parameters 图和 Stability Data 图的变化情况，期望结果如图 14-14、图 14-15 所示。此时稳态器件电路的参数 K、B1 一致，满足 K>1，B1>0 的要求，且在工作点 5 GHz 处的性能最佳。记录稳态器件电路的调节结果(参考值：R1 为 461 欧姆，R2 为 325 欧姆)。

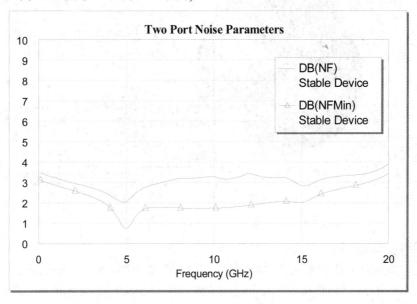

图 14-14　Two Port Noise Parameters 测量图

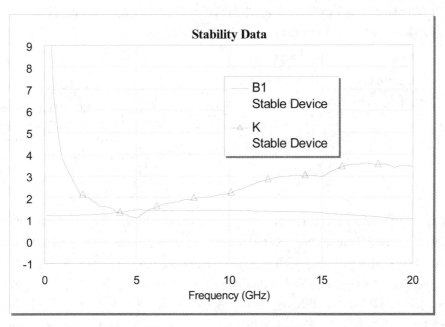

图 14-15　Stability Data 测量图

再添加一个圆图，命名为 CIR，测量项为 NFCIR(噪声系数圆)、SCIR1(稳定性圆)(测量类型为 Linear→Circle)。结果如图 14-16 所示。由图中可知，SCIR1 基本在圆图外，存在潜在不稳定区。若适当减少工作频率点，就可看清各个圆的具体分布。

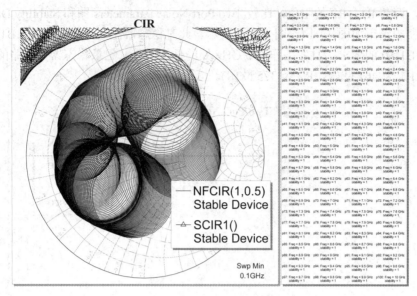

图 14-16　CIR 测量图

3. 输入、输出匹配

输入匹配：先将工作频率改为单频、5 GHz。创建新原理图，命名为 Input matching circuit，建立输入匹配电路，如图 14-17 所示。在电路图中双击 L1 的元件符号，在弹出窗口的 Parameters 标签页，勾选 Tune，勾选 Limit，lower 设为 0，upper 设为 10，step 设为 0.1，即可在 0～10 nH 之间调节元件 L1 的电感值。同样步骤，设置元件 L2。

新建电路图，命名为 Amplifier，如图 14-18 所示。

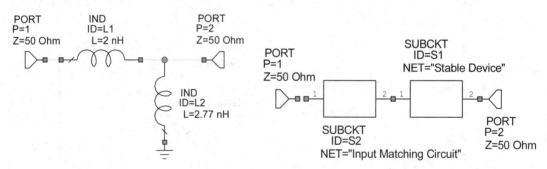

图 14-17　Input matching circuit 电路图　　　图 14-18　具有输入匹配的 Amplifier 电路图

添加圆图，命名为 Input Port of Device，测量 Stable Device 支路的 NFCIR(噪声系数圆图)、GAC_MAX(最大资用增益圆图)及 Input matching circuit 支路的 S22 参数。添加圆图，命名为 Input Port of Amplifier，测量 Amplifier 电路的 S11 参数。添加矩形图，命名为 Noise，测量 Amplifier 电路的噪声，测量项为 NF。添加矩形图，测量 Amplifier 电路的稳定性，命名为 Stability，测量项为 K、B1。添加矩形图，命名为 Gain and Match，测量 Amplifier 电路的 S21、S11、S22 参数。

注意：所有矩形图的 x 轴取值范围都限定为 0～20。

调节输入匹配电路中的 L1、L2 元件，将输入匹配电路的 S22 匹配到 NFCIR 和

GAC-MAX 圆图中的一个中间值，使 Amplifier 电路的 S11 尽量靠近圆图中心，NF 尽量小，S21 尽量高。也就是要在匹配、噪声、增益之间取一个折衷点，尤其是要将噪声尽量降低。调节结果如图 14-19 所示。记录输入匹配电路的最终结果，包括元件 L1、L2 的数值。

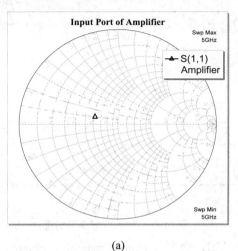

(a)

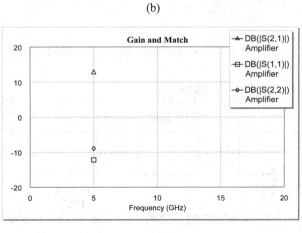

(b)

(c)

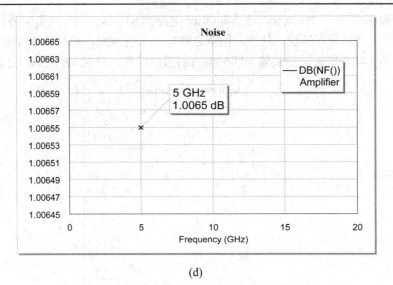

(d)

图 14-19　输入匹配调节结果

　　输出匹配：创建新原理图，命名为 Output matching circuit，电路如图 14-20 所示。将 L1 元件也设为可调的，范围 0～10 nH，具体步骤同前。在 Amplifier 电路图中添加输出匹配电路，如图 14-21 所示，中间支路为稳定器件电路，左、右各为输入、输出匹配支路。

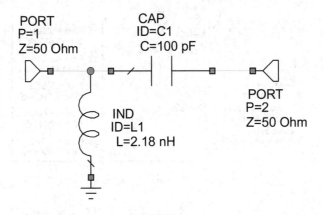

图 14-20　Output matching circuit 电路图

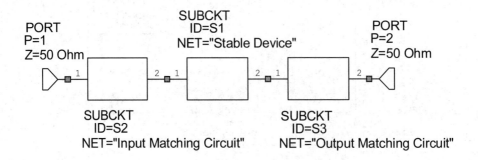

图 14-21　具有输入、输出匹配的 Amplifier 电路图

添加圆图，命名为 Output Port of Amplifier，测量 Amplifier 电路的 S22 参数。调节输出匹配电路的元件 L1，使 Amplifier 电路的 S22 尽量靠近圆图的中心，S21 尽量调大，即尽量使放大器的增益最大。此时对噪声无明显影响。结果如图 14-22 所示。记录输出匹配电路的最终结果，包括元件 L1 的数值。

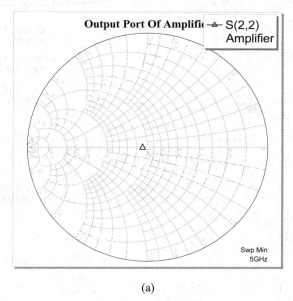

(a)

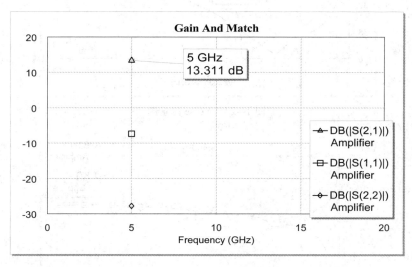

(b)

图 14-22　输出匹配调节结果

4. 低噪声放大器总电路特性测量

输入、输出匹配均完成后，图 14-21 即为最终的低噪声放大器总电路。

将工作频率改回最初的宽频带范围，即 0.1～20 GHz，阶长 0.1 GHz。

重新分析，得到的增益、噪声、稳定性等结果如图 14-23、图 14-24、图 14-25 所示。注意，测量时，将 Stability 测量图的 y 轴属性改为 log 坐标。记录最终结果。

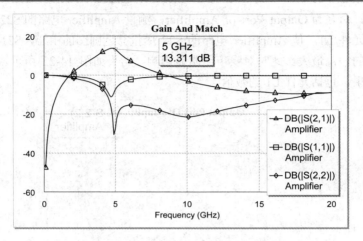

图 14-23　Gain And Match 测量图

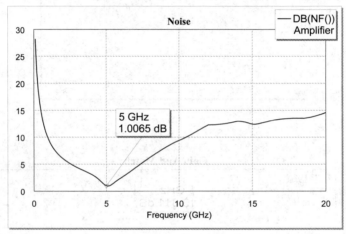

图 14-24　Noise 测量图

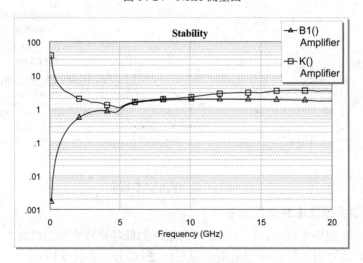

图 14-25　Stability 测量图

第 15 章 振荡器设计

15.1 振荡器基本理论

15.1.1 振荡器原理

在现代雷达和无线通信系统中，RF 和微波振荡器使用广泛，用于频率变换和产生载波的信号源。固体振荡器使用有源非线性器件(如二极管和晶体管)以及无源电路，将 DC 转换成稳态 RF 正弦信号。基本的晶体管振荡器电路通常可以在低频下使用，并带有晶体谐振器以改善频率稳定性和低噪声性能。在较高频率处可使用偏置于负阻工作点的二极管或晶体管，以及腔体、传输线或介质谐振器，以产生高达 100 GHz 的基频振荡。

从最一般的意义上看，振荡器是一个非线性电路，它将 DC 功率转换成 AC 波形。正弦振荡器的基本工作原理可用线性反馈电路描述，如图 15-1 所示。图中，设具有电压增益 A 的放大器的输出电压为 V_o，这一输出电压通过随频率变化的传递函数 $H(\omega)$ 的反馈网络，而加到电路的输入电压 V_i 上，因此，输出电压能够表示为

$$V_o(\omega) = AV_i(\omega) + H(\omega)AV_o(\omega) \qquad (15\text{-}1)$$

求解该方程可以给出用输入电压表示的输出电压为

$$V_o(\omega) = \frac{A}{1 - AH(\omega)} V_i(\omega) \qquad (15\text{-}2)$$

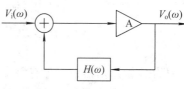

图 15-1 振荡器工作原理图

若在某个特定的频率下，式(15-2)的分母为零，就有可能在输入电压为零时输出电压不为零，形成振荡器。这称为奈奎斯特准则(Nyquist criterion)或巴克豪森准则(Barkhausen criterion)。与放大器设计不同，放大器设计应达到最大稳定性，而振荡器的设计依赖于不稳定性电路。

15.1.2 微波振荡器

晶体管基本振荡电路如图 15-2 所示。图 15-2 右边是双极结型或场效应晶体管的等效电路模型。假定晶体管是单向的，用晶体管的跨导 g_m 分别定义晶体管的输入和输出实导纳 G_i 和 G_o。电路左边的反馈网络用 T 型桥结构中的三个导纳组成。这些元件通常是电抗性的(电容或电感)，用以得到具有频率选择性的高 Q 值传递函数。设 $V_2=0$，可得到共发射极/

源极结构，而 $V_1=0$ 或 $V_4=0$ 能够分别得到共基极/栅极或共集电极/漏极结构。如图 15-2 所示，电路中没有引入反馈路径——将节点 V_3 和节点 V_4 连接就可得到反馈路径。

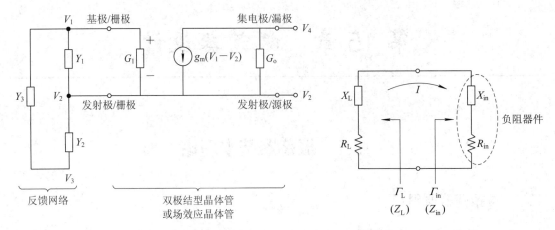

图 15-2　晶体管振荡器的一般电路　　　　　　图 15-3　单端口负阻振荡器电路

联立图 15-2 所示电路的四个电压节点的基尔霍夫方程，可得到如下的矩阵方程：

$$
\begin{bmatrix}
(Y_1+Y_3+G_i) & -(Y_1+G_i) & -Y_3 & 0 \\
-(Y_1+G_i+g_m) & (Y_1+Y_2+G_i+G_o+g_m) & -Y_2 & -G_o \\
-Y_3 & -Y_2 & (Y_2+Y_3) & 0 \\
g_m & -(G_o+g_m) & 0 & G_o
\end{bmatrix}
\begin{bmatrix}
V_1 \\ V_2 \\ V_3 \\ V_4
\end{bmatrix} = 0
\tag{15-3}
$$

典型的单端口 RF 负阻振荡器电路如图 15-3 所示，其中 $Z_{in}=R_{in}+jX_{in}$ 是有源器件(即偏置二极管)的输入阻抗。器件的终端连接无源负载阻抗 $Z_L=R_L+jX_L$。对于稳态振荡，有 $Z_L=-Z_{in}$，因此反射系数 Γ_L 和 Γ_{in} 应满足如下关系：

$$
\Gamma_L = \frac{Z_L-Z_0}{Z_L+Z_0} = \frac{-Z_{in}-Z_0}{-Z_{in}+Z_0} = \frac{Z_{in}+Z_0}{Z_{in}-Z_0} = \frac{1}{\Gamma_{in}}
\tag{15-4}
$$

在晶体管振荡器中，把有潜在不稳定的晶体管终端连接一个阻抗，选择它的数值使得在不稳定区内驱动器件，就可以有效地建立负阻单端网络，其电路模型如图 15-4 所示，实际功率输出可以在晶体管的任何一边。对于振荡器，需要具有高度不稳定性的器件。例如，共源或共栅 FET 电路(对于双极晶体管器件是共发射极或共基极电路)常常带有正反馈以增强器件的不稳定。在选定晶体管电路结构以后，能够在 Γ_T 平面画出输出稳定性圆，并且选择 Γ_T 使晶体管输入处产生大的负阻值。然后选择负载阻抗 Z_L 和 Z_{in} 匹配。由于这样的设计使用了小信号 S 参量，且当振荡功率建立起来后负阻 R_{in} 的数值将变得不太符合要求，因此需要选择 R_L 使得 $R_L+R_{in}<0$。否则，当上升功率使得 R_{in} 增加到 $R_L+R_{in}>0$ 的点时，振荡将停止。实际应用中采用的典型值是：

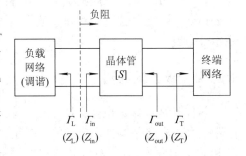

图 15-4　双端口晶体管振荡器电路

$$R_{\mathrm{L}} = \frac{-R_{\mathrm{in}}}{3} \tag{15-5}$$

选择使电路谐振的 Z_{L} 的电抗部分为

$$X_{\mathrm{L}} = -X_{\mathrm{in}} \tag{15-6}$$

当振荡产生在负载网络和晶体管之间时，在输出端口也同时产生振荡。

15.1.3　振荡器性能参数

1. 工作频率

理想情况下，振荡器的输出信号是一个正弦信号。在实际应用中，影响频率的因素很多，如环境温度、内部噪声、元件老化、机械振动、电源纹波等，因此，设计时应针对指标侧重点，采取相应的补偿措施，在调试时，也需要经验和技巧，才能达到一定的频率指标。和频率相关的指标如下：

- 频率精度：频率精度有绝对精度(Hz)和相对精度(ppm)两种表示方式。绝对精度是给定环境条件下的最大频偏。相对精度是最大频偏和中心频率的比值。
- 频率温漂：随着温度的变化，物质热胀冷缩引起的尺寸变化会导致振荡器的频率偏移。这种偏移是不可避免的，只能采取恰当的方法降低。常用的方法有温度补偿(数字或模拟微调)、采取恒温措施等。频率温漂用指标 MHz/℃或 ppm/℃描述。
- 年老化率：随着时间的推移，振荡器的输出频率也会偏移，用 ppm/年描述。
- 电源牵引：电源的纹波或上电瞬间会影响振荡器的频率精度，也可以看作电源的频率调谐，用 Hz/V 表示。在振荡器内部增加稳压电路和滤波电容能改善这一指标。
- 负载牵引：在振荡器与负载紧耦合的情况下，振荡频率会受到负载的影响，可通过使负载与振荡器匹配，增加隔离器或隔离放大器，来减小负载的牵引作用。
- 振动牵引：振荡器内谐振腔或晶振等频率敏感元件随机械振动的形变，会影响振荡器的输出频率。振动敏感性与元件的安装和固定有关，用 Hz/g 表示。

2. 相位噪声

振荡器和其他信号源产生的噪声会使雷达或其他通信接收系统的性能严重恶化，因此在实际应用中有重要影响。除了增加接收机的噪声电平以外，有噪声的本机振荡器会把不希望得到的邻近信号一起进行下变频，限制了接收机的选择性，使得相邻的通道被隔开。

相位噪声归因于振荡器信号频率(或相位)的短期起伏，相位噪声也会引起在检测数字调制信号时的不确定性。相位噪声定义为：来自信号频率特定的偏离 f_{m} 处，一个相位调制边带的单位带宽(1 Hz)功率和总信号功率之比，表示为 $L(f_{\mathrm{m}})$，它通常用每 1 Hz 带宽内的噪声功率相对于载波功率的分贝数表示(dB/Hz)。

设振荡器或频率合成器的输出电压表示为

$$v_{\mathrm{o}}(t) = V_{\mathrm{o}}[1 + A(t)]\cos[\omega_{\mathrm{o}}t + \theta(t)] \tag{15-7}$$

其中，$A(t)$ 代表输出的振幅起伏，$\theta(t)$ 代表输出波形的相位变化。由于振荡器频率的小的改变可以表示为载波的频率调制，假设：

$$\theta(t) = \frac{\Delta f}{f_m} \sin \omega_m t = \theta_p \sin \omega_m t \tag{15-8}$$

其中 $f_m = \omega_m/2\pi$ 是调制频率。相位偏离的最大值为 $\theta_p = \Delta f/f_m$ (也称调制指数)。如果忽略振幅起伏，即设 $A(t) = 0$，将式(15-8)带入式(15-7)并展开，同时假设相位偏离小到可使 $\theta_p \ll 1$，可得

$$
\begin{aligned}
v_o(t) &= V_o \left[\cos \omega_o t - \theta_p \sin \omega_m t \sin \omega_o t \right] \\
&= V_o \left\{ \cos \omega_o t - \frac{\theta_p}{2} \left[\cos(\omega_o + \omega_m)t - \cos(\omega_o - \omega_m)t \right] \right\}
\end{aligned}
\tag{15-9}
$$

式(15-9)表明，振荡器输出信号的相位或频率的小的偏离，将导致调制边带在 $\omega_o \pm \omega_m$ 处，位于载波信号 ω_o 的两侧。

按照相位噪声的定义，即单边带噪声功率与载波功率之比，式(15-9)对应的相位噪声为

$$L(f) = \frac{P_n}{P_c} = \frac{\frac{1}{2}\left(\frac{V_o \theta_p}{2}\right)^2}{\frac{1}{2}V_o^2} = \frac{\theta_p^2}{4} = \frac{\theta_{rms}^2}{2} \tag{15-10}$$

其中，$\theta_{rms} = \theta_p/\sqrt{2}$ 是相位偏离的均方根值。而与相位噪声相关联的双边带功率谱密度中包括在两个边带中的功率为

$$S_\theta(f_m) = 2L(f_m) = \frac{\theta_p^2}{2} = \theta_{rms}^2 \tag{15-11}$$

由无源或有源器件产生的白噪声可以用同样定义的相位噪声来描述。在有噪二端口网络的输出处，噪声功率是 kT_0BFG，其中 $T_0 = 290$ K，B 是测量带宽，F 是网络噪声系数，而 G 是网络的增益。对于 1 Hz 的带宽，输出噪声功率密度与输出信号功率之比得到的功率谱密度为

$$S_\theta(f_m) = \frac{kT_0 F}{P_c} \tag{15-12}$$

其中，P_c 是输入信号的(载波)功率。当振荡器用于混频系统时，它的相位噪声指标可能会决定着混频系统在下变频后对中频信号的最大区分距离，即振荡器的相位噪声指标可能会影响系统选择性、灵敏度等。

3. 输出功率

输出功率是振荡器的一个重要参数。如果振荡器有足够的功率输出，就会降低振荡器内谐振器的有载 Q 值，导致功率随温度变化而变化。因此，选用稳定的晶体管或采用补偿的办法，也可增加稳幅电路。这样，又会增加成本和噪声。为了降低振荡器的噪声，让振荡器的输出功率小一些，可降低谐振器的负载，增加一级放大器，以提高输出功率。通常，振荡器的噪声比放大器的噪声大，故功率放大器不会增加额外噪声。如果振荡器是可调谐的，还要保证频带内功率平坦度。

4. 调谐范围

对于可调谐振荡器，调谐带宽也是一个重要参数。调谐带宽通常是指调谐的最大频率

和最小频率。调谐时间是最大调谐范围所用的时间，变容管的调谐速度比 YIG 的调谐速度快得多。调谐范围对应变容管的电压范围或 YIG 的电流范围。为了维持振荡范围内的高 Q 特性，变容管的最小电压大于 0。调谐灵敏度的单位是 MHz/V，在中心频率的小范围内测量。调谐灵敏度比是最大调谐灵敏度与最小调谐灵敏度之比。在 PLL 的压控振荡器中，由于这个参数会影响到环路增益，因而特别重要。低电压时，电容的大范围变化会引起频率的变化范围增大，意味着频率低端灵敏度高，频率高端灵敏度低。

15.1.4　振荡器设计步骤

振荡器设计与放大器设计类似。对于振荡器设计来说，为了产生振荡，S'_{11} 和 S'_{22} 均大于 1。可以依照下列步骤利用 S 参数来设计一个振荡器。

第 1 步，确定振荡频率与输出负载阻抗。一般射频振荡器的输出负载阻抗为 50 Ω。

第 2 步，根据电源选用半导体元件，设定晶体管的偏压条件(U_{CE}, I_C)，确定振荡频率下的晶体管的 S 参数(S_{11}, S_{21}, S_{12}, S_{22})。

第 3 步，将所获得的 S 参数带入式(15-13)以计算出稳定因子 K 的值。

$$K = \frac{1 - |S_{11}|^2 - |S_{22}|^2 + |\Delta|^2}{2|S_{12}S_{21}|} \tag{15-13}$$

其中，$\Delta = S_{11}S_{22} - S_{12}S_{21}$。

第 4 步，检查 K 值是否小于 1。若 K 值不够小，可使用射极或源极增加反馈电路来降低 K 值，如图 15-5 所示，其中

$$[Z_m] = [Z_a] + [Z_f] \tag{15-14}$$

第 5 步，利用式(15-15)计算出负载稳定圆的圆心 A 和半径 b，并绘出以 Γ_L 为参量的史密斯圆，如图 15-6 所示。同理，由式(15-16)可计算出振源稳定圆的圆心 C 和半径 d。

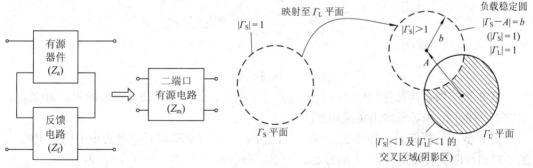

图 15-5　有源器件与反馈电路的串联　　　　图 15-6　$|\Gamma_S| = 1$ 映射至 Γ_L 平面的负载稳定圆

负载稳定圆：$|\Gamma - A| = b$

$$\begin{cases} \text{圆心} \quad A = \dfrac{\overline{\left(S_{22} - \Delta S_{11}^*\right)}}{|S_{22}|^2 - |\Delta|^2} \\[4mm] \text{半径} \quad b = \dfrac{|S_{12}S_{21}|}{\left||S_{22}|^2 - |\Delta|^2\right|} \end{cases} \tag{15-15}$$

振源稳定圆：$|\Gamma - C| = d$

$$\begin{cases} \text{圆心} \quad C = \dfrac{\overline{\left(S_{11} - \Delta S_{22}^{*}\right)}}{|S_{11}|^2 - |\Delta|^2} \\[4mm] \text{半径} \quad d = \dfrac{|S_{12}S_{21}|}{|S_{11}|^2 - |\Delta|^2} \end{cases} \tag{15-16}$$

第 6 步，设计一个谐振电路，一般使用并联电容 Z_S，将其反射系数转换为 Γ_{L1}，并将其标记到 $|\Gamma_{L1}| = 1$ 的圆图上：

$$\Gamma_{L1} = \frac{1}{S_{22m}'} = \frac{1}{S_{22m} + \dfrac{S_{12m}S_{21m}\Gamma_{S1}}{1 - S_{11m}\Gamma_{S1}}} \tag{15-17}$$

第 7 步，检查 Γ_{L1} 的值是否落在负载稳定圆外部与 $|\Gamma_L| = 1$ 的单位圆内部的交叉斜线区域，如图 15-7 所示。若没有，则重选谐振电路的电容值，并重复步骤六直到符合步骤七的要求。

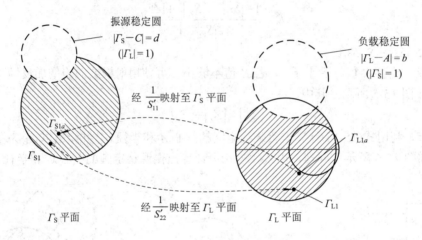

图 15-7　振荡器设计图示

第 8 步，根据计算得到的 Γ_{L1} 值，选择一个接近新值 Γ_{L1a}，使其对应的阻抗值(Z_{L1a})的实数部分$(\mathrm{Re}[Z_{L1a}])$等于输出负载阻抗(R_L)。

第 9 步，将新值 Γ_{L1a} 经 $1/S_{11}'$ 转换成新值 Γ_{S1a}，并检查其绝对值是否小于所选定的 Γ_{S1} 的绝对值，即比较接近$|\Gamma_S| = 1$ 的圆心，如果符合起振条件$|\Gamma_{S1}| > |\Gamma_{S1a}|$，取：

$$\Gamma_{S1a} = \frac{1}{S_{11m}'} = \frac{1}{S_{11m} + \dfrac{S_{12m}S_{21m}\Gamma_{L1a}}{1 - S_{22m}\Gamma_{L1a}}} \tag{15-18}$$

第 10 步，振荡器电路的实现，分别将 Z_f、Z_S、$\mathrm{Im}[Z_{L1a}]$ 转换成实际元件值，可选用电容、电感或传输线实现这些元件值。

1. 反馈电路：

(1) 若选用电容，公式为

$$C_{\mathrm{f}} = \frac{1}{2\pi f_0 \left| Z_{\mathrm{f}} \right|} \qquad (15\text{-}19)$$

若选用等效传输线(阻抗 Z_0)，长度为

$$\theta = \operatorname{arc\,cot}\left(\frac{\left| Z_{\mathrm{f}} \right|}{Z_0}\right) \qquad (15\text{-}20)$$

(2) 若选用电感，公式为

$$L_{\mathrm{f}} = \frac{\left| Z_{\mathrm{f}} \right|}{2\pi f_0} \qquad (15\text{-}21)$$

若选用等效传输线(阻抗 Z_0)，长度为

$$\theta = \arctan\left(\frac{\left| Z_{\mathrm{f}} \right|}{Z_0}\right) \qquad (15\text{-}22)$$

2. 谐振电路

(1) 若选用电容，公式为

$$C_{\mathrm{S}} = \frac{1}{2\pi f_0 \left| Z_{\mathrm{S}} \right|} \qquad (15\text{-}23)$$

若选用等效传输线(阻抗 Z_0)，长度为

$$\theta = \operatorname{arc\,cot}\left(\frac{\left| Z_{\mathrm{S}} \right|}{Z_0}\right) \qquad (15\text{-}24)$$

(2) 若选用电感，公式为

$$L_{\mathrm{S}} = \frac{\left| Z_{\mathrm{S}} \right|}{2\pi f_0} \qquad (15\text{-}25)$$

若选用等效传输线(阻抗 Z_0)，长度为

$$\theta = \arctan\left(\frac{\left| Z_{\mathrm{S}} \right|}{Z_0}\right) \qquad (15\text{-}26)$$

3. 输出负载匹配电路

(1) 若 $\mathrm{Im}[Z_{\mathrm{L}1a}] < 0$，则选用串联电容或等效匹配传输线：

$$C_{\mathrm{L}} = \frac{1}{2\pi f_0 \left| \mathrm{Im}[Z_{\mathrm{L}1a}] \right|} \qquad (15\text{-}27)$$

(2) 若 $\mathrm{Im}[Z_{\mathrm{L}1a}] > 0$，则选用并联电感或等效匹配传输线：

$$L_{\mathrm{L}} = \frac{\left| \mathrm{Im}[Z_{\mathrm{L}1a}] \right|}{2\pi f_0} \qquad (15\text{-}28)$$

15.2　晶体振荡器设计

设计一个工作在 2.8 GHz 的振荡器。采用指定元件，测试元件特性，设计负阻电路、

谐振电路，设计完成振荡器电路、自动稳态搜寻电路，测量振荡器的输出频谱、相位噪声等参数，并记录结果。

设计步骤如下：

1. 元件特性测试

创建新工程，命名为 Ex15a.emp。设置工程频率：2.7～3.1 GHz，步长 0.01 GHz。

创建电路原理图，命名为 Device IV Curve Measurement。

导入元件：采用 Avago 的 AT310 元件。由主菜单 Project→Add Netlist→Import Netlist，选择元件存放路径，导入 AT310.net 文件，则在工程浏览页的 Netlist 项内导入 AT310 的网表文件。激活元件浏览页，选择 Subcircuits 项，将 AT310 元件添加到电路图中。在图中双击元件符号，在弹出对话框选择 Symbol 标签页，将元件符号设为 BJT@system.syf。继续添加 IVCURVEI、GND 元件，电路如图 15-8 所示。

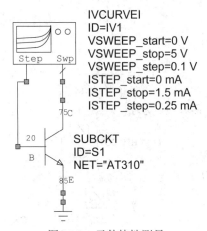

图 15-8　元件特性测量

添加矩形测量图，命名为 Device Dynamic IV；添加测量项：类型选 Nonlinear→Current，测量项选 IVCurve，依次设置 Device IV Curve Measurement，Use for x-axis，Plot all traces。结果如图 15-9 所示。

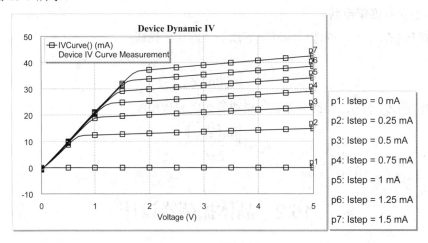

图 15-9　元件特性结果

2. 创建负阻电路

创建新电路图，命名为 Neg Resistance，如图 15-10 所示。创建一个全局定义式：在工程浏览页，双击 Global Definitions 项，则右侧弹出新界面，由主菜单选 Draw→Add Equation，在文本框内输入全局等式 power＝−60。

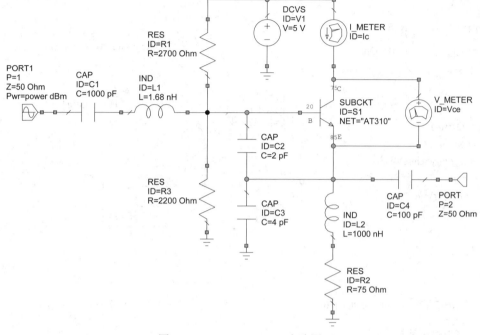

图 15-10　Neg Resistance 电路图

添加一个测量图，圆图属性，测量类型为 Nonlinear→Power，测量项为 LSSnm，数据源为 Neg Resistance，其他依次设为 PORT_1、PORT_1、1、1、Use for x-axis。结果如图 15-11所示。

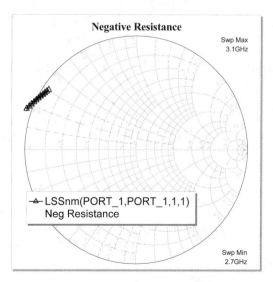

图 15-11　Neg Resistance 电路测量结果

3. 创建谐振电路

创建新电路图，命名为 Resonator，如图 15-12 所示。注意：图中左侧为文本，不是等式，由主菜单选 Draw→Add Text，依次添加。

添加新测量图，圆图类型，命名为 Resonator Measurement，测量项为 S11，结果如图15-13 所示。

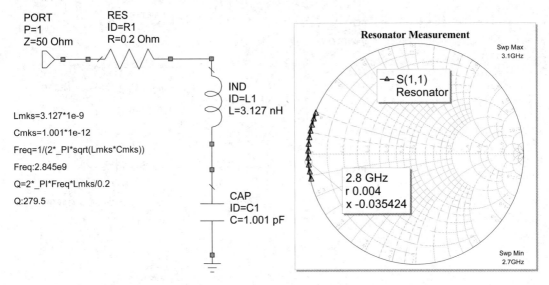

图 15-12　Resonator 电路图
图 15-13　反射系数测量结果

4. 创建振荡器电路

创建新电路图，命名为 Oscillator，如图 15-14 所示，用于测量负阻与谐振器之间的环路增益。注意：在 OSCTEST 元件属性的 Parameters 标签页，先点击 Show Secondary 按钮，再将 FC 参数值设为 3.2 GHz。

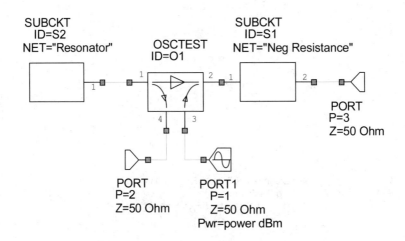

图 15-14　Oscillator 电路图

创建新测量图，极化图属性，命名为 Loop Response，测量项为 LSS nm，数据源为 Oscillator，其他依次设为 PORT_2、PORT_1、1、1、Use for x-axis，其他项默认，测量固态环路增益。注意此时 power 为 -60，结果如图 15-15 所示。再将全局变量改为 power=3，结果如图 15-16 所示。

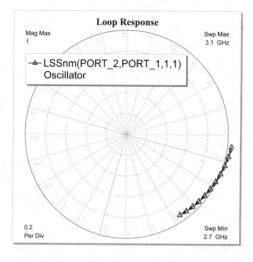
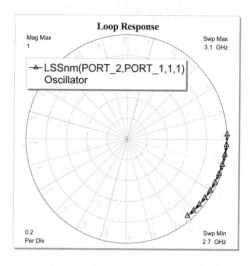

图 15-15　power=-60 的 Loop Response 测量图　　　　图 15-16　power=3 的 Loop Response 测量图

测 I-V 动态负载线：在 Device Dynamic IV 测量图中新添加一个测量项 IVDLL，数据源为 Neg Resistance，其他依次设为 V_METER.Vce、I_METER.Ic、Freq=2.8 GHz。结果见图 15-17。

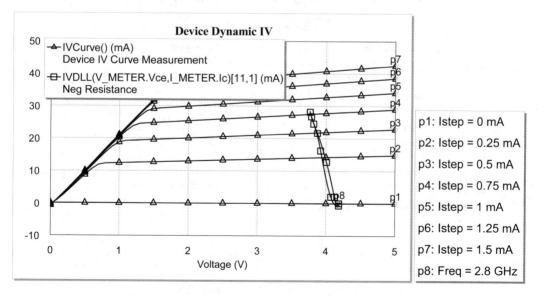

图 15-17　添加 IVDLL 测量结果

测输出频谱：新建一个矩形测量图，命名为 Output Spectrum，测量类型为 Nonlinear→Power，测量项为 Pharm，其他依次设为 Oscilator、PORT_2、Freq=2.8 GHz、Mag、 dBm。结果见图 15-18，并在图中标注 ref marker(参考标签)。记录负阻电路的变化情况，见图 15-19。

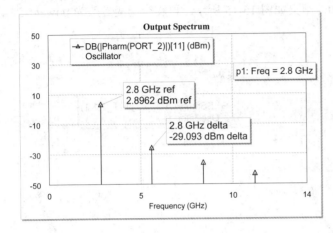

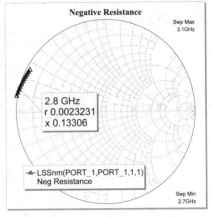

图 15-18　Output Spectrum 测量结果　　　　　图 15-19　Neg Resistance 电路测量结果

5. 创建稳态自动搜寻电路

创建新工程，命名为 Ex15b.emp。设置工程频率：2.7～3.1 GHz，步长 0.01 GHz。应用 Options→Default Circuit options，在 Harmonic Balance 标签页设置谐波参数，如图 15-20 所示。

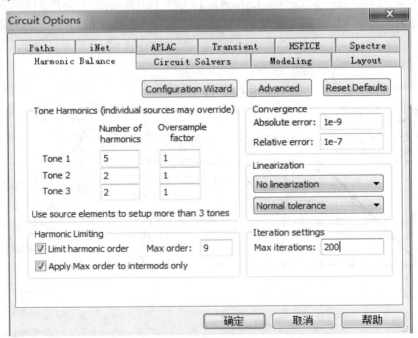

图 15-20　Harmonic Balance 标签页设置

创建新电路图，命名为 Oscillator，如图 15-21 所示，左侧为谐振电路 Resonator，右侧为负阻电路 Neg Resistance。注意图中新增了一个 OSCAPROBE 元件，一个 OSCNOISE 模块。

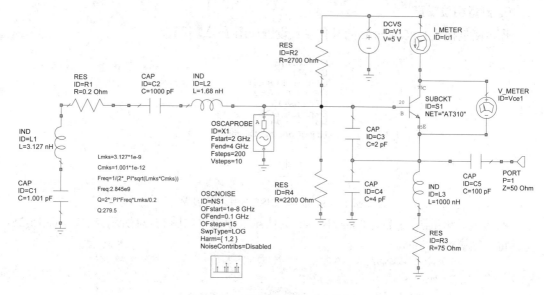

图 15-21　新的 Oscillator 电路图

添加一个矩形测量图，命名为 Output Spectrum，测量项为 Pham，右侧依次设置 Oscillator、PORT_1、FREQ = 1 GHz、Mag、dBm。结果见图 15-22(a)。

添加一个表格测量图，命名为 Operating Frequency，测量项为 OSC_FREQ，右侧依次设置 Oscillator、Use for x-axis。结果见图 15-22(b)。

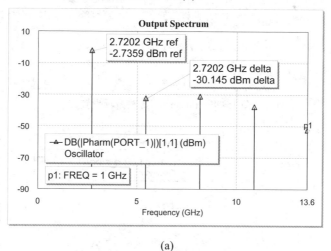

(a)

(b)

图 15-22　Output Spectrum 和 Operating Frequency 测量结果

6. 测量相位噪声

噪声测量模块 OSCNOISE 的具体参数设置如图 15-23 所示。

图 15-23　OSCNOISE 模块参数设置

添加矩形测量图,命名为 Phase Noise,具体测量项设置如图 15-24 所示。结果见图 15-25,注意将 x 轴属性取 log。

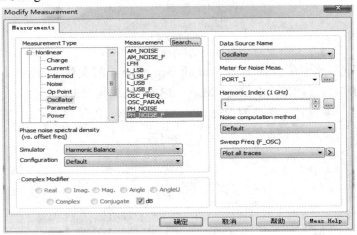

图 15-24　Phase Noise 测量项设置

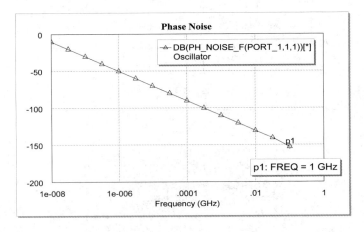

图 15-25　Phase Noise 测量结果

第 16 章　混频器设计

16.1　混频器基本理论

16.1.1　混频器原理

混频器是一个三端口器件。通常，混频器通过采用非线性或时变元件实现频率变换。一个理想的混频器可以将两个不同频率的输入信号变为一系列的输出频谱，输出频率分别为两个输入频率的和频、差频及其谐波。其中，两个输入端分别称为射频端(RF)和本振端(LO)，而输出端称为中频端(IF)。混频器通过两个信号相乘进行频率变换，其符号和功能图如图 16-1 所示。

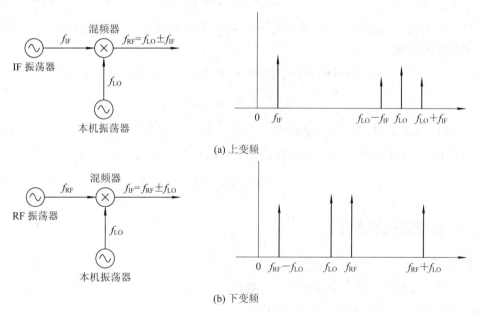

(a) 上变频

(b) 下变频

图 16-1　使用混频器做频率变换

图 16-1(a)显示了在发射机中产生的上变频(frequency up-conversion)的工作状况。在图 16-1(a)中，混频器的一个输入端口输入一个相对高的本振频率 f_{LO}，假设 LO 信号表示为

$$v_{LO}(t) = \cos 2\pi f_{LO}t \tag{16-1}$$

混频器的另一个输入端口输入一个较低的基带频率或者中频(IF)，这个信号一般含有送

发的信息或者数据。假设 IF 信号表示为

$$v_{IF}(t) = \cos 2\pi f_{IF}t \tag{16-2}$$

理想的混频器的输出是 LO 和 IF 信号的乘积，可表示如下：

$$
\begin{aligned}
v_{RF}(t) &= Kv_{LO}(t)v_{IF}(t) = K\cos 2\pi f_{LO}t \cos 2\pi f_{IF}t \\
&= \frac{K}{2}\left[\cos 2\pi(f_{LO}-f_{IF})t + \cos 2\pi(f_{LO}+f_{IF})t\right]
\end{aligned} \tag{16-3}
$$

其中 K 是考虑到混频器的电压变换损耗而引入的常量。RF 输出包含了输入信号的和与差：

$$f_{RF} = f_{LO} \pm f_{IF} \tag{16-4}$$

输入和输出信号的频谱如图 16-1(a)所示，从图中可以看出混频器具有用 IF 信号调制 LO 信号的作用。和频和差频 $f_{RF} = f_{LO} \pm f_{IF}$ 称为载波频率 f_{LO} 的边带，其中 $f_{LO}+f_{IF}$ 是上边带(USB，Upper Sideband)，而 $f_{LO}-f_{IF}$ 是下边带(LSB，Lower Sideband)。双边带(DSB，Double-Sideband)信号拥有上和下两个边带，如式(16-3)所示，而单边带(SSB，Single-Sideband)信号可通过滤波器或用单边带混频器产生。

图 16-1(b)显示了下变频的过程，通常用在接收机中，在这种情况下，RF 输入信号表示为

$$v_{RF}(t) = \cos 2\pi f_{RF}t \tag{16-5}$$

将如式(16-5)所示的 RF 信号和如式(16-1)所示的本振信号同时施加到混频器的输入端，则混频器的输出为

$$
\begin{aligned}
v_{IF}(t) &= Kv_{RF}(t)v_{LO}(t) = K\cos 2\pi f_{RF}t \cos 2\pi f_{LO}t \\
&= \frac{K}{2}\left[\cos 2\pi(f_{RF}-f_{LO})t + \cos 2\pi(f_{RF}+f_{LO})t\right]
\end{aligned} \tag{16-6}
$$

从式(16-6)中可见，混频器的输出中包括了输入信号频率的和与差，信号频谱如图 16-1(b)所示。在接收机中，用低通滤波器很容易选出差频 IF 信号：

$$f_{IF} = f_{RF} - f_{LO} \tag{16-7}$$

16.1.2 混频器性能参数

1. 变频损耗

变频损耗是混频器的一个重要性能参数，定义为输入端可用射频信号功率与输出端中频信号功率之比，单位为 dB，表达式如下：

$$L_c = 10\lg\frac{可用RF输入功率}{可用IF输出功率} \geqslant 0\ \text{dB} \tag{16-8}$$

由于包含了几个频率及其谐频，混频器需要阻抗在三个端口上匹配。理想情况下，混频器的每个端口在特定的频率(RF、LO 或 IF)下匹配，而用电阻性负载吸收不需要的频率产物，或者用电抗性终端加以阻断。电阻性负载会增加混频器损耗，但电抗性负载则对频率

很敏感。此外，在频率变换过程中，由于会产生不需要的谐频和其他频率产物，所以会有固有损耗。

混频器的变频损耗考虑了在混频器中的电阻损耗以及在频率变换过程中从 RF 端口到 IF 端口的损耗，主要由 3 部分组成：电路失配损耗、混频二极管芯的结损耗和非线性电导净变频损耗。实际中二极管混频器的变频损耗在 1～10 GHz 范围内的典型值为 4～7 dB。晶体管混频器变频损耗较低，甚至可以有几 dB 的变频增益。本振功率电平是严重影响变频损耗的一个因数；对于 LO 功率，最小变频损耗常常在 0～10 dBm 之间。由于功率电平相当大，在准确地表征混频器特性时就需要做非线性分析。

2. 噪声系数

在混频器中，噪声是由二极管或晶体管元件以及造成电阻性损耗的热源产生的。混频器的噪声系数定义为输入端信噪比与输出端信噪比的比值：

$$F = \frac{P_{\mathrm{Si}}/P_{\mathrm{Ni}}}{P_{\mathrm{So}}/P_{\mathrm{No}}} \tag{16-9}$$

根据混频器具体用途不同，噪声系数可以分为两种：单边带噪声系数和双边带噪声系数。

(1) 单边带(SSB)噪声系数。

假设单边带混频器的输入信号为

$$v_{\mathrm{SSB}}(t) = A\cos(\omega_{\mathrm{LO}} - \omega_{\mathrm{IF}})t \tag{16-10}$$

与 LO 信号 $\cos\omega_{\mathrm{LO}}t$ 混频，并使用低通滤波，可得下变频的 IF 信号为

$$v_{\mathrm{IF}}(t) = \frac{AK}{2}\cos(\omega_{\mathrm{IF}}t) \tag{16-11}$$

其中 K 是计算变频损耗引入的常数。由式(16-10)可得单边带混频器输入信号的功率为

$$P_{\mathrm{Si}} = \frac{A^2}{2} \tag{16-12}$$

输出 IF 信号的功率为

$$P_{\mathrm{So}} = \frac{A^2 K^2}{8} \tag{16-13}$$

输入噪声功率定义为 $P_{\mathrm{Ni}} = kT_0 B$，其中 $T_0 = 290\,\mathrm{K}$，B 是 IF 带宽。输出噪声功率等于输入噪声加上由混频器附加的噪声功率 N_{added} 再除以变频损耗：

$$P_{\mathrm{No}} = \frac{(kT_0 B + N_{\mathrm{added}})}{L_{\mathrm{c}}} \tag{16-14}$$

根据定义，单边带噪声系数可表示为

$$F_{\mathrm{SSB}} = \frac{P_{\mathrm{Si}}/P_{\mathrm{Ni}}}{P_{\mathrm{So}}/P_{\mathrm{No}}} = \frac{4}{K^2 L_{\mathrm{c}}}\left(1 + \frac{N_{\mathrm{added}}}{kT_0 B}\right) \tag{16-15}$$

(2) 双边带(DSB)噪声系数。

在遥感探测、射电天文等领域，接收信号是均匀谱辐射信号，存在两个边带，使用这种应用的噪声系数称为双边带噪声系数。此时，上下两个边带都有噪声输入。假设双边带混频器输入信号为

$$v_{\mathrm{DSB}}(t) = A\left[\cos(\omega_{\mathrm{LO}} - \omega_{\mathrm{IF}})t + \cos(\omega_{\mathrm{LO}} + \omega_{\mathrm{IF}})t\right] \tag{16-16}$$

与 LO 信号 $\cos\omega_{\mathrm{LO}}t$ 混频，并使用低通滤波，可得下变频的 IF 信号为

$$v_{\mathrm{IF}}(t) = \frac{AK}{2}\cos(\omega_{\mathrm{IF}}t) + \frac{AK}{2}\cos(-\omega_{\mathrm{IF}}t) = AK\cos\omega_{\mathrm{IF}}t \tag{16-17}$$

其中 K 是计算每个边带变频损耗引入的常数。由式(16-16)可得双边带混频器输入信号的功率为

$$P_{\mathrm{Si}} = \frac{A^2}{2} + \frac{A^2}{2} = A^2 \tag{16-18}$$

输出 IF 信号的功率为

$$P_{\mathrm{So}} = \frac{A^2 K^2}{2} \tag{16-19}$$

输入和输出噪声与单边带情况下相同，则双边带噪声系数为

$$F_{\mathrm{DSB}} = \frac{P_{\mathrm{Si}}/P_{\mathrm{Ni}}}{P_{\mathrm{So}}/P_{\mathrm{No}}} = \frac{2}{K^2 L_{\mathrm{c}}}\left(1 + \frac{N_{\mathrm{added}}}{kT_0 B}\right) \tag{16-20}$$

由式(16-15)和式(16-20)比较可以看出，混频器单边带噪声系数是双边带噪声系数的两倍，即高出 3 dB。

3. 混频器其他参数

(1) 隔离度。

混频器的隔离度是指各频率端口之间的相互隔离，包括射频信号与本振信号之间的隔离度、射频信号与中频信号之间的隔离度和本振信号与中频信号之间的隔离度。隔离度定义为本振或信号泄露到其他端口的功率与原有功率之比，单位为 dB。例如，射频信号至本振的隔离度定义为

$$L_{\mathrm{sp}} = 10\lg\frac{射频信号输入到混频器的功率}{在本振端口测得的射频信号功率} \tag{16-21}$$

射频信号至本振的隔离度是个重要指标，尤其在公用本振的多通道接收系统中，当一个通道的信号泄漏到另一通道时，就会产生交叉干扰。当本振至射频信号的隔离度不好时，本振功率可能从接收机信号端反向辐射或从天线反向发射，造成对其他电设备的干扰，使电磁兼容指标达不到要求。射频信号至中频的隔离度指标在低中频系统中影响不大，但是在宽频带系统中是个重要因素。当微波信号和中频信号都有很宽的频带时，两个频带可能边沿靠近，甚至频带交叠，如果隔离度不好，会直接造成泄漏干扰。

(2) 工作频率。

混频器是多频率器件，除了应指明射频信号工作频带以外，还应该注明本振频率可用

范围及中频频率。例如，分支电桥式集成混频器工作频带主要受电桥频带限制，相对频带为 10%～30%，添加补偿措施的平衡电桥混频器可做到相对频带为 30%～40%。双平衡混频器则属于宽频带型，工作频带可达多倍频程。

(3) 本振功率。

混频器的本振功率是指最佳工作状态时所需的本振功率。

混频器通常要指定所用本振功率的范围，本振功率变化时将影响到混频器的多项指标。不同混频器工作状态所需本振功率不同。原则上本振功率越大，则混频器动态范围越大，线性度会改善，1dB 压缩点上升，三阶交调系数也会改善。本振功率过大时，混频管电流加大，噪声性能变坏。此外，混频管性能不同时所需的本振功率也不一样。截止频率高的混频管(即 Q 值高)所需功率小，砷化镓混频管比硅混频管需要更大的功率激励。

本振功率在厘米波低端一般为 2～5mW，在厘米波高端为 5～10mW，毫米波段则需 10～20mW。双平衡混频器和镜频抑制混频器用 4 只混频管，所用功率比氮平衡混频管还要大一倍。在某些线性度要求很高、动态范围很大的混频器中，本振功率要求高达近百毫瓦。

(4) 端口驻波比。

端口驻波比直接影响混频器在系统中的使用，它是一个随功率、频率变化的参数。在处理混频器端口匹配时，常受许多因素影响。在宽频带混频器中，不仅要求电路和混频管高度平衡，还要很好地进行端口隔离，因此很难达到高指标。例如，中频端口失配，其反射波再混成信号，可能使信号端口驻波比变坏，而本振功率漂动就会同时使 2 个端口驻波比变化。当本振功率变化在 4～5dB 时，混频管阻抗可能由 500 变到 1000，从而引起 2 个端口驻波比同时出现明显变化。所以混频器驻波比指标一般都在 2～2.5 量级。

16.2 单管 BJT 混频器设计

设计一个混频器，指标要求：本振频率 855 MHz，射频频率 900 MHz，中频输出 45 MHz。选择适当 BJT 元件，设计偏置电路、混频器总电路，测量混频器的变频增益、中频输出、噪声等特性。

设计步骤如下：

1. 创建新工程

创建新工程，选择保存路径，命名为 Ex16.emp。工程单位：MHz, nH, pF, mA, mW, dBm。工程频率：0.05～4GHz，步长 0.01GHz。

2. 测量元件特性

创建新原理图，命名为 DCIV。

导入元件：应用 Project→Add Netlist→Import Netlist，分别选择 MMBR941.net、XMBR941.net 文件的存放路径，依次导入；在元件浏览页的 Subcircuits 项下找到 MMBR941 元件，添加到电路图中，再将该元件属性的 Symbol 项设为 BJT 形式；再添加 IVCURVEI 元件，接地，电路如图 16-2 所示。

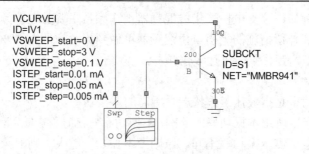

图 16-2　元件特性测量

添加一个矩形图，命名为 DC Load Line；测量项为 IVCurve，右侧依次设为 DCIV、Use for x-axis、Plot all traces。分析，结果如图 16-3 所示。

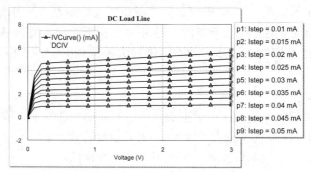

图 16-3　元件特性结果

3. 创建偏置电路

创建新原理图，命名为 Bias，电路如图 16-4 所示。注意：PORT 1 为扫描功率端口，变量 Pin 的扫描范围为 −45～−15 dBm，步长为 1 dBm，单位类型为 PowerLog。再应用 tune tool，将 DCVS 的电压值设为可调。

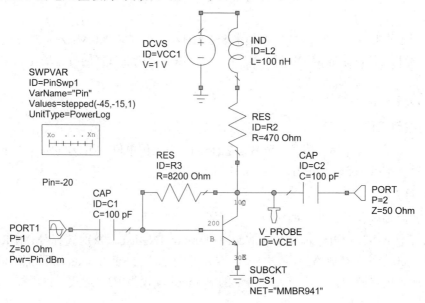

图 16-4　Bias 电路图

　　设置电路属性：在工程浏览页内的 Bias 项上点右键选择 Options，在弹出窗口的 Frequencies 标签页中将频率设为单频，数值设为 0.9 GHz。

　　测量动态负载线：在 DC Load Line 测量图中新添加一个测量项 IVDLL，其他项依次设置为 Bias、V_PROBE.VCE1、SUBCKT.S1@2、Plot all traces(FDOC)、Pin = −15 dBm。其中电流测量元件设置时需点击下拉框右侧的小图标，在弹出窗口的 testpoint 项内选择 SUBCKT.S1@2，即管子的 c 脚，如图 16-5(a)所示。测量结果如图 16-5(b)所示。

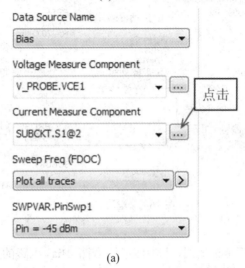

(a)

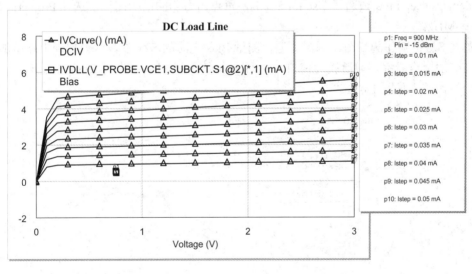

(b)

图 16-5　动态负载线测量

4. 标注电压、电流

　　标注电流：在工程浏览页内的 Bias 项上点右键，选择 Add Annotation，弹出新窗口，测量项选 DCIA，原理图选 Bias，SWPVAR 选 Pin=−15 dBm，其他默认。

　　标注电压：同样步骤，再添加一个注释，测量项选 DCVA_N，原理图选 Bias，SWPVAR 选 Pin=−15 dBm，其他默认。

分析，即得到所有元件的电流值和所有节点的电压值，如图 16-6 所示。

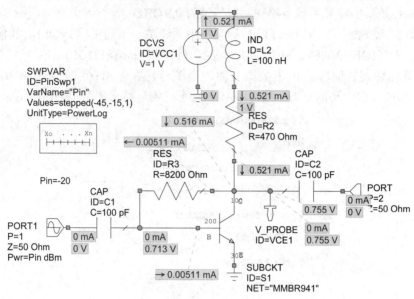

图 16-6　电流、电压标注

5. 测量 S 参数

测量 S11、S22：新建测量图，圆图类型，测量 Bias 电路的 S11、S22 参数，单位设为 Complex，Sweep Freq 项选择 Use for x-axis，再点击右侧的箭头图标，选择 Project：{50，60，…}MHz。

测量 S21：新建测量图，圆图类型，测量 Bias 电路的 S21 参数，设置同上；添加完成后，在该图上点右键，激活属性窗口，在 Grid 标签页将 Size 项设为 Compressed。

分析，结果见图 16-7。

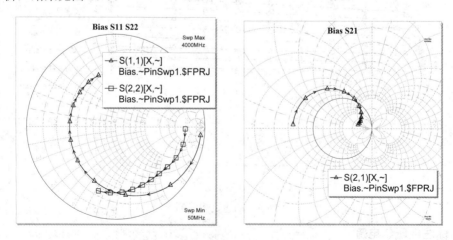

图 16-7　S 参数测量结果

6. 测量增益压缩

测量总功率：新建矩形测量图，测量类型为 Nonlinear→Power，测量项为 PT，单位为 dBm，右侧依次设置 Bias、PORT_2、Plot all traces(点击右侧箭头图标，选择 Document：

{900}MHz)、Use for x-axis。

测量基波功率：图中再添加测量项 Pcomp，单位选择 Mag、dBm，将 Harmonic Index 设为 1，其他同上。

分析，结果见图 16-8。应用 tune，手动调节 DCVS 的电压值，观察其对性能的影响并记录。

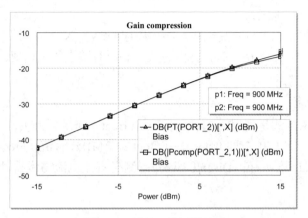

图 16-8　增益压缩测量结果

7. 创建混频器电路

创建新原理图，命名为 Mixer，电路如图 16-9 所示。其中，端口 1 为 PORT1 元件，为本振端口，本振功率为 Plo；端口 2 为 PORTF 元件，为射频端口，频率为 900 MHz(用于谐波平衡仿真计算的 tone2)，射频功率为 Prf；Plo 和 Prf 均为扫描变量，扫描数值见图中所设；负载电阻的阻值 RL 也为扫描变量，数值为 1500、4700；端口 3 为 PORT 元件，为中频输出端口。注意，三个端口的 ID 序号必须与图中完全一致，否则谐波平衡计算时会出错。

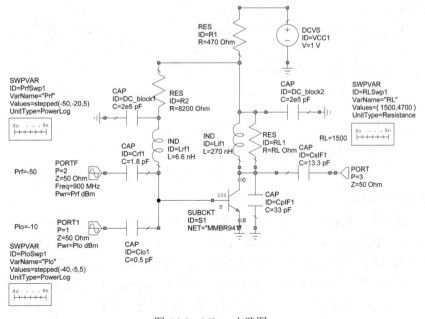

图 16-9　Mixer 电路图

　　设置电路属性：在工程浏览页内的 Mixer 项上点右键选择 Options，在弹出窗口的 Frequencies 标签页将频率设为单频，数值设为 855 MHz，即为本振频率(用于谐波平衡仿真计算的 tone1)。

　　标注电流：在工程浏览页内的 mixer 项上点右键，选择 Add Annotation，弹出新窗口，测量项选 DCIA，原理图选 Mixer，SWPVAR.PloSwp1 选 Plo=−10 dBm，PrfSwp1 和 RLSwp1 均选 Disable sweep，其他默认。

　　标注电压：同样步骤，再添加注释，测量项选 DCVA_N，其他同上。

　　分析，即得到 Mixer 电路所有元件的电流值和所有节点的电压值。记录电压、电流标注结果。

8. 测量偏置电流

　　新建矩形测量图，测量类型为 Nonlinear→Current，测量项为 Icomp，Mag，右侧依次设置 Mixer、DCVS.VCC1、0、0(即 0*tone1＋0*tone2＝0 MHz，直流)、Freq＝855 MHz(FDOC)、Use for x-axis、Disable sweep、Disable sweep；测量直流电流与本振功率的关系，结果见图 16-10。

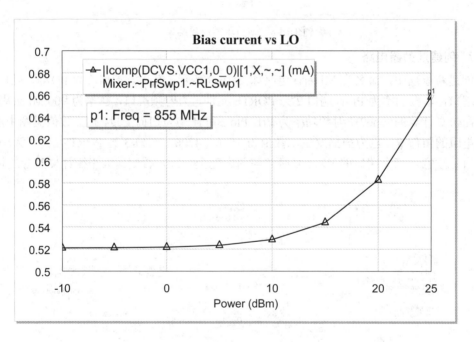

图 16-10　偏置电流测量结果

9. 测量变频增益

　　测量变频增益与本振功率：新建矩形测量图，测量类型为 Nonlinear→Power，测量项为 LSSnm、Mag、dB，右侧依次设置 Mixer、PORT_3、PORT_2、−1、1(即 −1*tone1＋1*tone2＝45 MHz，中频频率，也可点击最右侧的小图标，直接选择频率)、0、1(即 0*tone1＋1*tone2＝900 MHz，射频频率)、Freq＝855 MHz(FDOC)、Use for x-axis、Disable sweep、RL＝1500；再添加一个 LSSnm 测量项，设置同上，RL＝4700，即测量 Prf 一定、RL 分别为 1500 和 4700 欧姆时，变频增益与本振功率的关系，结果见图 16-11。

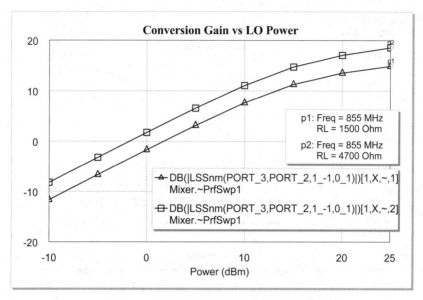

图 16-11　变频增益与本振功率测量结果

测量变频增益与射频功率：新建测量图，测量项为 LSSnm，右侧最后三项设为 Plot all traces、Use for x-axis、Select with tuner，其他设置同上，即扫描 Plo 变量时，测量变频增益与射频功率的关系，结果见图 16-12。应用 tune，改变 RL，观察并记录不同负载时变频增益的变化情况。

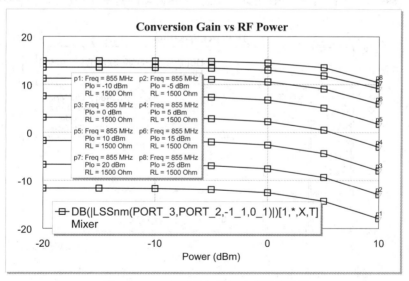

图 16-12　变频增益与射频功率测量结果

10. 测量中频输出功率

新建测量图，测量类型为 Nonlinear→Power，测量项为 Pcomp、Mag、dBm，右侧依次设置 Mixer、PORT_3、−1、1(即 −1*tone1 + 1*tone2 = 45 MHz，中频频率)、Plot all traces (FDOC)、Disable sweep、Use for x-axis、Select with tuner，即测量 Plo 一定时，中频输出功率与射频功率的关系，结果见图 16-13。应用 tune，调节 RL，观察并记录不同负载时中频

输出功率的变化情况。

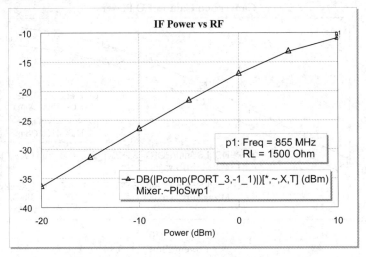

图 16-13　中频输出功率测量结果

11. 测量中频输出功率频谱

新建测量图，测量类型为 Nonlinear→Power，测量项为 Pharm、Mag、dBm，右侧依次设置 Mixer、PORT_3、Plot all traces(FDOC)，三个扫描变量均设为 Select with tuner，即测量中频输出功率的频谱，初始结果见图 16-14。注意：将纵坐标的属性改为 −150～0 dBm。应用 tune，分别调节 RL、Plo、Prf 变量，观察并记录频谱的变化情况。

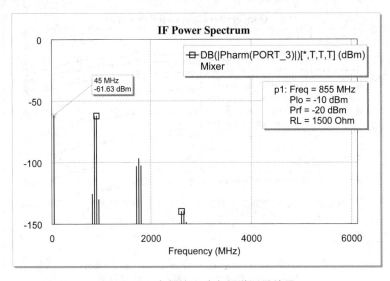

图 16-14　中频输出功率频谱测量结果

12. 创建噪声测量电路

复制 Mixer 原理图，命名为 Mixer_noise；将射频端口改为普通端口元件 PORT，再删掉 Prf 定义式及扫描器，以避免引入射频噪声；再将 Plo 扫描范围改为 stepped(−10，5，3)，即大信号本振输入，如图 16-15(a)所示；在原理图中添加噪声元件 NLNOISE，设置见图 16-15(b)，其中 PortTo 取中频输出端口，PortFrom 取噪声来源，此处取射频端口。在该原理图的属性窗口中，将频率也设为 855 MHz，即本振频率。

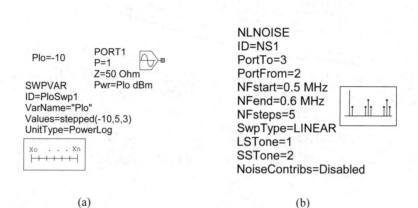

(a)　　　　　　　　　　　　　　　　　　　　　(b)

图 16-15　Mixer_noise 电路的参数设置

13. 测量噪声

测量噪声与本振功率：新建测量图，测量类型为 Nonlinear→Noise，测量项为 NF_SSB0、APLAC HB、Default、dB，右侧依次设置 Mixer_noise、0、Upper、1、Upper、0、Plot all traces(FDOC)、Use for x-axis、Select with tuner，即测量噪声与本振功率的关系，结果见图 16-16。应用 tune，调节 RL，观察并记录不同负载时噪声的变化情况。

测量噪声与中频频率：新建测量图，测量类型为 Nonlinear→Noise，测量项为 NF_SSB0_F、APLAC HB、Default、dB，右侧依次设置 Mixer_noise、0、Upper、1、Upper、Plot all traces(FDOC)、Plot all traces、Select with tuner，即测量噪声与中频频率的关系，结果见图 16-17。应用 tune，调节 RL，观察并记录不同负载时噪声的变化情况。

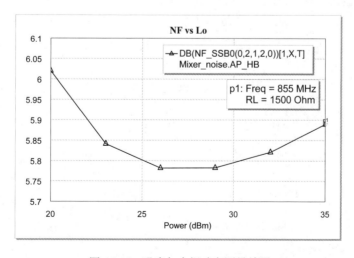

图 16-16　噪声与本振功率测量结果

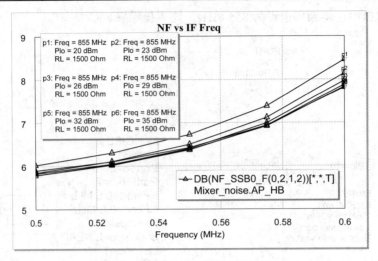

图 16-17　噪声与中频频率测量结果

第 17 章　MMIC 设计

　　本章介绍与 MMIC(微波单片集成电路)设计相关的主题。AWR 软件具有许多独特的功能，能够高效、准确地进行此类型的仿真设计，能够让设计者专注于完成设计任务而不是管理设计任务。

　　本章的 17.1～17.5 节以一个简单的 MMIC 低噪声放大器设计方案为例，重点介绍 MMIC 设计的特点，尤其是 MMIC 版图设计中的相关技术，基本不涉及电路性能的仿真。这是因为在进行 MMIC 设计时，版图设计具有更多的要求和更高的复杂性。与射频/微波 PCB 电路设计不同，MMIC 设计通常包含有多层线。在大部分的 MMIC 工艺中，基板之上至少要有两个金属层(用于传输信号)，这些金属层可用作电容的上下极板，或者将夹在中间的电介质蚀刻掉，形成一条具有两个金属层厚度的金属线，从而实现减少损耗、承受更多电流、增加结构之间的耦合等特性。适用于这些层的加工图通常在各层之间具有很小的偏移。各器件厂商针对 AWR 软件开发的制程工艺开发向导(PDK)具有本章所介绍的全部功能。

　　本章的 17.6 节是 MMIC 电路设计实练，是进行 MMIC 低噪声放大器的一些基本仿真分析，主要是基于电路性能的仿真。

17.1　设计示例概要

17.1.1　打开 MMIC 设计示例

　　本节介绍 AWR 软件内部集成的一个设计示例，工程名称为 MMIC_Getting_Started.emp。启动 AWR 软件后，选择 File→Open Example，则弹出 Open Example Project 对话框，在对话框底部的文本框中键入 getting started mmic，即可找到 MMIC_Getting_Started.emp 示例文件。

　　该示例工程是一个 MMIC 低噪声放大器，设计指标是工作频率为 10 GHz，噪声系数为 1 dB，增益大于 10 dB。示例工程的电路原理图如图 17-1 所示，2D 版图如图 17-2 所示，电气响应如图 17-3 所示。

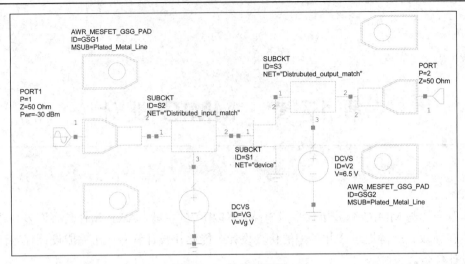

图 17-1　电路原理图

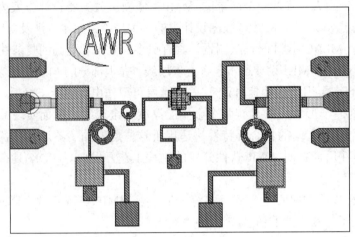

图 17-2　2D 版图

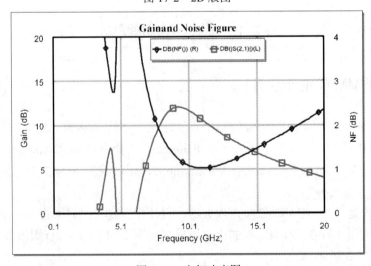

图 17-3　电气响应图

注意：本章所介绍的 AWR 设计流程和技术都是为了构建示例电路。电路元件虽然都具有真实值，但并不能据此制造出硬件电路。

17.1.2　用户文件夹分组

在大型设计中，一个很有用的做法是，在一个文件夹中组织原理图、EM 结构、测量图和其他工程项目，以便轻松查看哪些项目是相关的。本章的 MMIC 设计示例共分三个阶段完成，每个阶段的原理图和测量图均列在工程管理器的 User Folders 节点下，并通过用户文件夹为同一设计阶段的文件类型分组，如图 17-4 所示。在设计过程中，部分操作需要打开特定的图形和原理图，通过引用它们的用户文件夹，就可以简化此类参考过程。

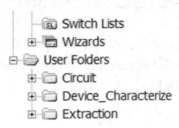

图 17-4　用户文件夹分组示意图

MMIC 设计示例的 3 个阶段分别对应 3 个用户文件夹分组，依次为：

(1) 从噪声和增益特性的角度描述器件的特征，在此设计阶段使用的文档位于 Device_Characterize 用户文件夹中。添加了源极反馈，以使最佳噪声匹配更接近器件的理想输入匹配。器件及其反馈的设计是在独立的原理图中完成的，以便分层次使用。在整个设计中仅使用一个模型实例，从而减少了更改设计时出错的可能性。另外，基于相同的原因，即器件的层次结构是独立完成的，利用 Global Definitions 文档中的变量来定义栅极和漏极的偏置电压，即令每个变量都有一个主值。为电路构建了多种不同的拓扑结构，包括集总式与分布式。与使用层次结构相比，使用全局变量更容易让偏置值在不同版本的设计中保持一致。

(2) 先使用集总元件设计输入和输出匹配网络，在此设计阶段使用的文档位于 Circuit 用户文件夹中。这两种匹配网络的设计在各自的原理图中完成，然后在总体电路设计中分层次使用。可以查看匹配网络的任意端口，同时轻松测量阻抗。对于 LNA 设计，必须这样才能确保器件阻抗接近最佳噪声匹配阻抗。再将设计从集总元件转换为分布式元件，这些元件保存为独立的顶层原理图，以便对比集总式和分布式的性能。

(3) 使用提取流程对设计中使用的金属进行电磁仿真，此设计阶段使用的文档位于 Extraction 用户文件夹中。创建层次结构的另一个级别，可以轻松对比具有和没有电磁仿真的最终结果。总体而言，在设计中采用测试台方法很有好处，可以在原理图层次结构的某个级别完成设计，在层次结构中更高一级的级别里得到不同测量方法的结果，因此也不会产生设计块的副本。

在 MMIC 设计中，常常使用层次结构来帮助整理和减少错误，可以通过不同的方式来浏览层次化设计，具体可查看 17.5.1 节"设计层次导览：原理图和版图"。另外，MMIC 设计通常需要在原理图和版图视图中进行工作，明确如何在视图之间正确地进行交叉选择也很必要，具体可查看 17.5.2 节"原理图和版图交叉选择"。

17.2　版 图 设 计

本节介绍 AWR 软件在 MMIC 版图设计中的各种技术和功能，继续使用 MMIC_Getting_Started.emp 示例工程。

17.2.1　指定线型

在使用线、T 形结和弯曲等元件的版图时，可以很容易地更改所用的金属化工艺。每个绘线的元件都具有 Line Type 设置。这些线型是为每个 PDK 配置的。更改线型也会更改线的电气特性，特别是金属厚度。如果正确设置 PDK，则更改线型也会更改用于该模型的基底。要做到这一点，线型名称与基底名称必须匹配。在如图 17-5 所示的工艺中有三个基底，它们的名称与可用线型的名称匹配，即 Plated_Metal_Line、Metal_1 和 Metal_2。

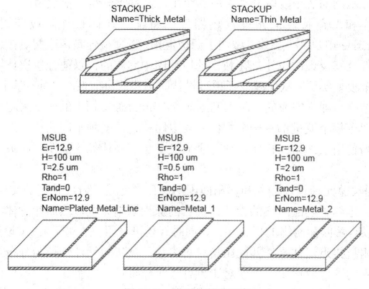

图 17-5　线型与基底匹配

更改元件线型的步骤如下：

(1) 在版图中选择元件。

(2) 右键点击并选择 Shape Properties。

(3) 在 Cell Options 对话框中，更改 Line Type。

例如，要更改 Distributed_input_match 电路图中 TL5 元件的线型，步骤如下：

(1) 打开原理图 Distributed_input_match 的 2D 和 3D 版图。选择 Window → Tile Vertical，使窗口垂直平铺以便于查看。

(2) 在 2D 版图中，选择 Draw→3D Clip Area，然后点击并拖动光标，以绘制一个包围左上方电容和线的方框，如图 17-6 所示。

绘制了此对象后，3D 版图视图仅显示该区域内的形状，如图 17-7 所示。在 2D 视图中放大同一个区域，以便更轻松地完成剩余部分。

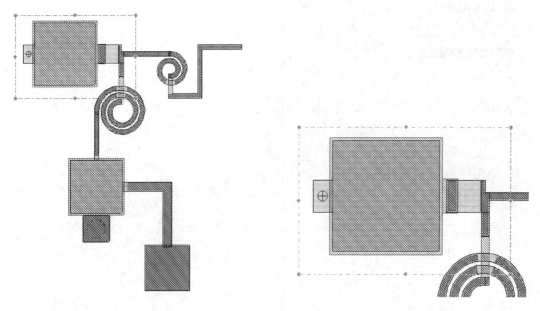

图 17-6　绘制方框示意图　　　　　　　　　　图 17-7　区域放大示意图

3D 版图如图 17-8 所示。

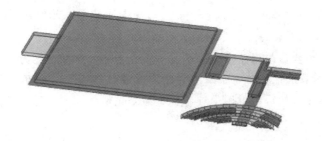

图 17-8　3D 版图

(3) 选择 TL5 元件，即紧邻电容右侧的微带线，如图 17-9 所示。注意 MSUB 参数值。

```
MLIN
ID=TL5
W=40 um
L=50 um
MSUB=Metal_2
```

图 17-9　TL5 元件

右键点击并选择 Shape Properties，以显示 Cell Options 对话框。将 Line Type 从 Metal_2 改为 Plated_Metal_Line，如图 17-10 所示，然后点击 OK。

更改后的 2D 版图如图 17-11 所示。

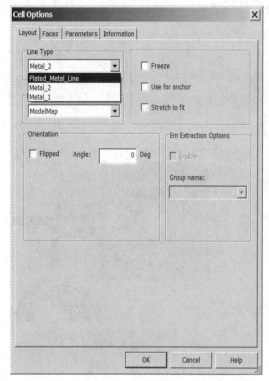

图 17-10　更改线型

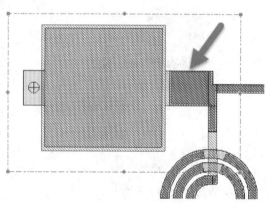

图 17-11　更改后的 2D 版图

3D 版图如图 17-12 所示。

注意： 原版图中的线使用了所有三个工艺层，而不是如前面图形所示仅使用一个工艺层。此时 MSUB 参数名已更改为正确的基底，如图 17-13 所示(也可以尝试将 MSUB 模型参数更改为另一条线，然后在版图中查看线型的变化)。

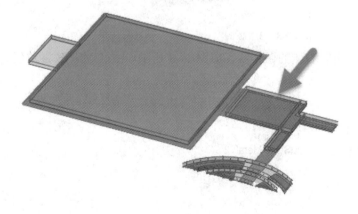

图 17-12　更改后的 3D 版图

```
MLIN
ID=TL5
W=40 um
L=50 um
MSUB=Plated_Metal_Line
```

图 17-13　更改后的 TL5 元件

17.2.2　使用自动互连

在工艺中使用不同 Line Types 的线之间连接时，或者在线与电容、电阻、电感和晶体管等器件之间连接时，使用多种线型会增加设计复杂性。例如，考虑在提供的示例中如何将线连接到电容：电容的上极板使用 Metal_2，而下极板使用 Metal_1。此工艺中有三种线型：Metal_1(仅 Metal_1 层)、Metal_2(仅 Metal_2 层)和 Plated_Metal_Line(Metal_1 层、Metal_2 层和电介质过孔层)。如果将 Metal_1 上的线连接到电容的 Metal_2 侧，必须绘制额外的形状以进行正确的连接，这在 NI AWR PDK 中是自动处理的。每个 PDK 都有自动互连功能(有时称为桥接码)，可以在线的末端绘制正确连接的形状，例如 MLIN、MTRACE2 或 MCTRACE 线。自动互连的目的是处理在 Line Type 的每种组合之间的连接和从每种 Line Type 到每个元件的连接，以便所有连接均符合设计规则。需注意，自动互连线是从上向下绘制的。例如，如果低层次级别的线连接到高级别的电容，系统就不会进行自动互连线，必须手动将线连接到高级别的电容。具体可查看 17.5.4 节中的"穿透层次"部分，以详细了解自动互连和层次。

下面延续上一小节的内容，从 2D 版图和 3D 版图开始，说明如何使用自动互连。

(1) 注意，电容左侧的线在 Metal_2 上绘制，它对于电容的上极板是相同的金属，因此不需要绘制特殊的形状。

(2) 将该线的 Line Type 改为 Metal_1，然后查看版图。更改前后的对比如图 17-14 所示。注意，在版图中的电容左侧的线发生了变化，图中绘制了一个过孔，以便从 Metal_2 正确过渡到 Metal_1。

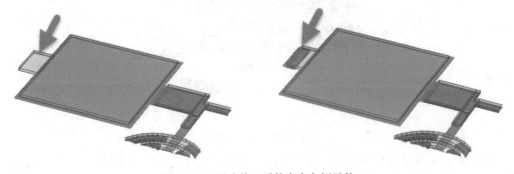

图 17-14　更改前、后的电容左侧元件

(3) 将电容右侧连线的 Line Type 改为 Metal_2 并查看它的版图，如图 17-15 所示。

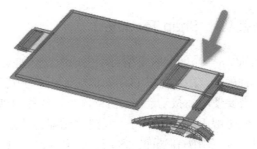

图 17-15　更改后的电容右侧元件

注意： 电容右侧的线发生了变化由 Metal_1 绘向 Metal_2。

(4) 打开 Distributed_input_match 原理图，放大端口 1。选择端口 1 和连接到端口 1 的 MLIN。按 Ctrl 键，并向左移动元件以断开布线和电容之间的连接，如图 17-16 所示。

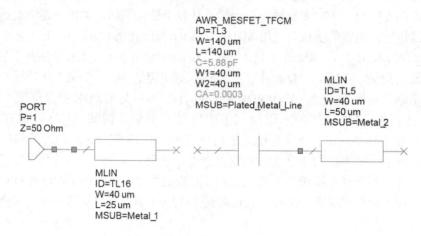

图 17-16　断开元件连接

由于电容和微带线之间没有电气上的连接，在 Metal_1 和 Metal_2 之间没有过渡结构，因此不自动绘制连接，如图 17-17 所示。

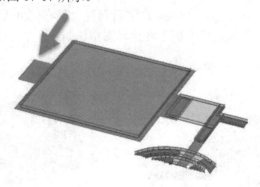

图 17-17　未自动连接

这证明了版图是否绘制正确，取决于在原理图中元件是如何连接的。

(5) 在进行下一步之前，将电容两侧的线的类型都重新改为 Metal_2，并重新连接端口和微带线。

17.2.3　版图自动衔接功能(Snap Together)

AWR 软件会为使用版图单元配置的模型自动生成版图。如果使用 PDK 进行 MMIC 设计，则应为每个元件配置版图。版图无法自动知道如何相对于其他版图单元来定位每个模型的版图单元，因此，需要使用衔接功能(Snap)将各个元件移动到一起并进行连接。

要了解衔接，需要先了解版图端面。每个版图单元都必须定义允许的连接位置。允许的连接位置有两种类型：区域引脚和端面。区域引脚允许在区域内的任何位置进行连接，但在 MMIC 设计中不常用。端面允许在端面上的不同位置进行连接，位置取决于每个端面的设置，连接到中心是最常见的设置。端面数与模型节点数对应，当模型的节点在原理图中连接在一起时，版图就会知道必须连接的端面。如果端面正确地重叠，版图中就不会出现飞线。如果端面没有正确地重叠，版图中将会出现飞线，必须指明将哪些元件端面衔接在一起，以便更正版图。

双击版图管理器中的 Layout Options 节点，在弹出窗口的 Layout 标签页中，将 Snap together 选项设置为 Manual snap for selected objects only(仅对选中的元件手动衔接)。使用版图单元衔接功能时，首先要选中一个元件，再应用菜单 Edit→Snap Together 或者点击工具栏上的 Snap Together 图标，版图单元将自动移动并使版图中的飞线尽量短。

在应用衔接功能时，要注意以下几点：

(1) 有几种不同的衔接模式，手动或者自动衔接，通常由版图的完整性决定。此处使用 Manual snap for selected objects only 选项。

(2) 在衔接过程中，对象的移动顺序取决于以下几点：

① 可以将任何版图对象指定为固定的对象，方法是：选择对象，右键点击并选择 Shape Properties，弹出 Cell Options 对话框，点击 Layout 选项卡，然后勾选 Use for anchor 项，如图 17-18 所示。

将某项固定时，将显示为带有一个穿过该项的红色十字圆圈，如图 17-19 所示。

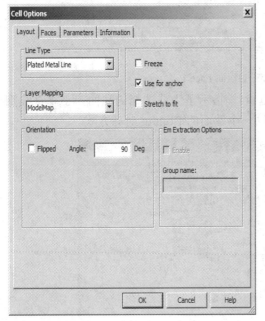

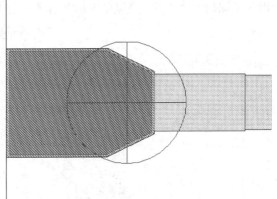

图 17-18　设置 Use for anchor　　　　　　　图 17-19　固定某项

衔接从任何固定的项开始。如果版图中只有一个固定项，则该项在衔接过程中将始终固定不动。

② 对于将衔接所有元件的任一种衔接模式(Auto snap on parameter changes 和 Manual snap for all objects)，固定项会保持固定，而所有其他项都可能会移动。如果没有固定项，则找到的第一项会被固定。在用于选定项的衔接模式(Manual snap for selected objects only)下，如果选定项中没有固定项，则选中的第一项会保持固定。

(3) 当端面衔接在一起时，默认情况下它们会衔接到每个端面的中心。每个端面的设置决定了端面衔接的位置，可以访问这些设置，方法是：选择一个版图对象，右键点击并选择 Shape Properties，以显示 Cell Options 对话框。点击 Faces 选项卡，从 Face 下拉菜单中选择要指定的端面，然后在 Face Justification 部分中更改端面的衔接位置。当改变端面时，移动对话框的位置，查看版图以了解不同设置的效果。例如，图 17-20 显示了 Center 对齐下的元件端面 Face 1。

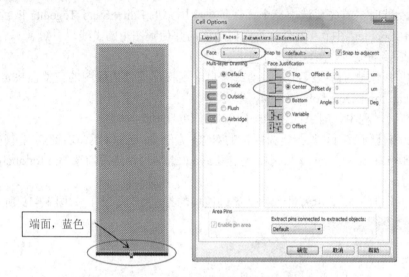

图 17-20　Center 对齐的端面 Face 1

版图中的蓝线(附带有位于端面中间的小垂直线)指示了当前选择的端面，小垂直线则指示了端口对齐方式。例如，图 17-21 显示了同一个端面的 Bottom 对齐方式。

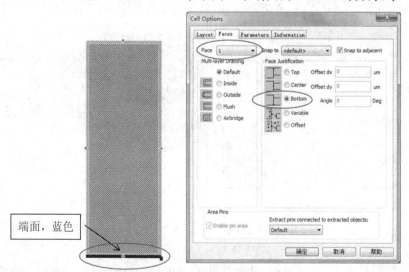

图 17-21　Bottom 对齐的同一端面

注意垂直线此时在端面的右侧出现。图 17-22 显示了另一端面 Face 2 的设置，蓝色线段绘制在版图单元的另一端。

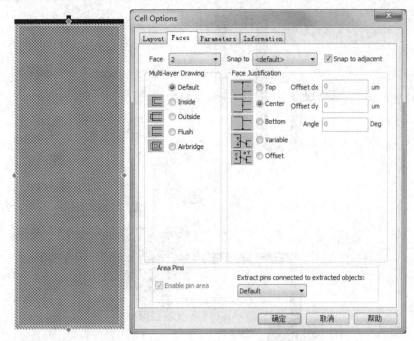

图 17-22　另一端面 Face 2 的设置

(4) 衔接功能也可以应用层次化功能，选择菜单 Edit→Snap All Hierarchy。此命令在当前版图的层次中从最低级别开始，将该级别的版图衔接在一起，然后在层次中逐级向上进行衔接。版图设置控制着是否在当前级别显示层次的较低级别中的飞线。要指定此设置，选择 Layout→Layout Mode Properties，以显示版图编辑器的 Mode Setting 对话框。在对话框的 Drawing options 部分中，选择 Draw all rat lines，如图 17-23 所示。

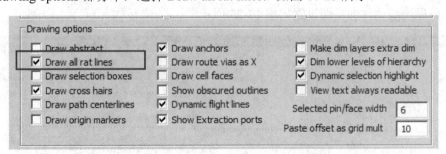

图 17-23　绘制飞线设置

(5) 在某些情况下，两个以上的元件会连接到一个节点。在这种情况下，衔接功能会将所有端面移动到相同的位置，但这通常并不是每个项的正确位置。此时，可以使用端面设置来控制衔接功能的工作方式，具体可查看 17.5.4 节中的"在某个节点进行两个以上的连接"。在本示例中，该技术用于偏置网络的电容，以连接分布式匹配输入和输出网络，也用于 device 原理图中，将两条线连接在晶体管的源极。以下通过设计示例说明衔接和端面的概念。

① 打开 Distributed_output_match 原理图的版图，在偏置路径中，电感的后面有一条细线连接到电容，如图 17-24 所示。

图 17-24　Distributed_output_match 版图

可以将布线连接到电容的左边，而不是使此线居于电容的中间。

② 选择电容和电感之间的连线，右键点击并选择 Shape Properties 以显示 Cell Options 对话框，然后点击 Faces 选项卡。

③ 确保连线元件的端面设置如图 17-25 所示。

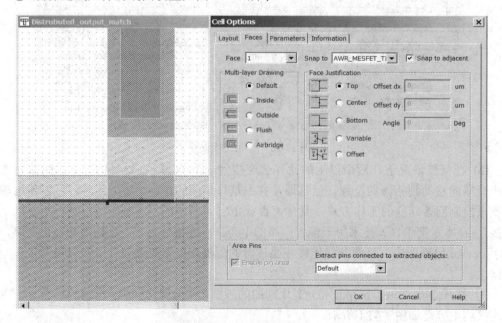

图 17-25　线元件的端面设置

注意： 指示端面对齐方式的垂直线出现在线的左侧，即 Top 对齐。

④ 点击 OK 确定。

⑤ 选择电容，右键点击并选择 Shape Properties，显示 Cell Options 对话框。

⑥ 点击 Faces 选项卡，确保电容的端面设置如图 17-26 所示。

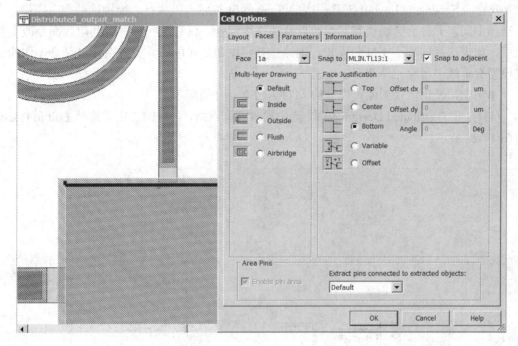

图 17-26　电容的端面设置

注意： 指示端面对齐方式的垂直线出现在线的左侧。

⑦ 点击 OK 确定。可以单独将该子电路进行衔接，此处选择在最高层电路将所有的电路一起衔接。

⑧ 打开 Distributed Design 原理图的版图，按下 Ctrl + A 键以选择所有版图项，再选择 Edit→Snap All Hierarchy，在移动电容的情况下将顶层版图衔接在一起。此时，Distributed_output_match 原理图的版图也被衔接在一起，而且微带线和电容元件沿着左边缘对齐，如图 17-27 所示。

说明： 此时可以不保存此工程就将其关闭，再重新打开，继续完成其余的示例。也可以保存当前设置，则后面的步骤仍然有效，但线和电容对齐方式的改变会造成某些版图的不同。

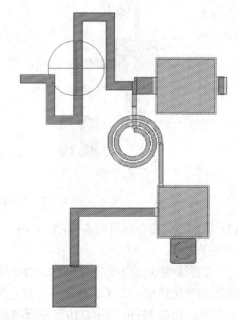

图 17-27　Distributed_output_match 重新对齐的版图

17.2.4　衔接以贴合(Snap to fit)

一般来讲，当在版图中出现飞线时，可以选择飞线两侧的元件，然后选择 Edit→Snap to fit，或点击 Schematic Layout 工具栏上的 Snap to fit 按钮，以执行"衔接以贴合"操作。在此操作期间，元件会尝试调整其参数以解决飞线问题。仅有某些元件可利用此命令改变其长度，如果选择的项不支持此模式，则该工具栏按钮是灰色的。支持衔接以贴合操作的常见模型有单线、示踪元件和 iNet 元件。

本例中，使用馈接到偏置焊盘的 MTRACE2 元件做演示。

(1) 打开 Distributed Design 版图，选中输入匹配网络，再右键点击并选择 Edit in Place，如图 17-28 所示。

图 17-28　Distributed Design 版图

(2) 将底部的接合焊盘向右拖动，如图 17-29 所示。注意：在 MTRACE2 和接合焊盘之间出现了飞线。

(3) 选择馈接到接合焊盘的 MTRACE2 线，然后点击工具栏上的 Snap to fit 按钮，注意观察版图的变化情况。为了填补线与焊盘之间的空间变化，此时 MTRACE2 元件的长度已经自动调整，如图 17-30 所示。仿真分析结果的变化也能反映此长度的变化。注意："衔接以贴合"操作无法改变 MTRACE2 元件的形状，仅能调整段长。

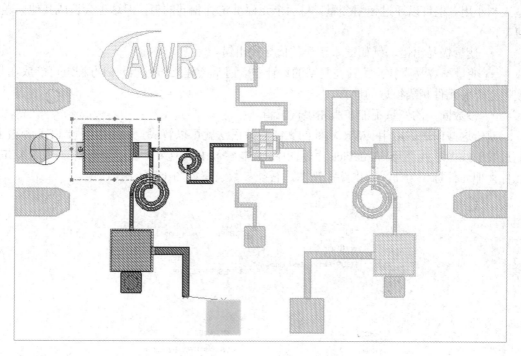

图 17-29　移动焊盘位置

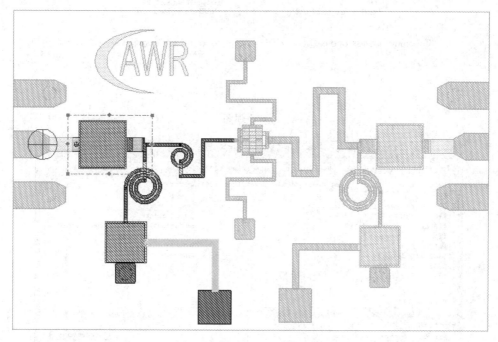

图 17-30　Snap to fit 后的版图

17.2.5　使用智能参数语法

在设计时，有时需要创建对称的版图，可以通过 AWR 软件的层次化设计实现，但有些大材小用。也可以通过使用变量，将两个元件绑定到相同的值，但这也会造成其他问题，包括：

· 变量极易出错，例如键入错误的值导致出错。

· 变量不容易查找，尤其在复杂的设计中，通常会建立方程组，但方程组可能放在与使用它们的元件相隔很远的地方。

· 参数固定的变量不能在版图中被编辑。

对于这些问题，应用 AWR 软件的智能参数语法就可以解决。本节以馈接 FET 源极上的过孔的线做示例说明。在 device 原理图中，智能参数语法应用于原理图右侧的 MTRACE2 元件，即元件标识为 TL1。电路原理图、智能参数设置如图 17-31 所示。

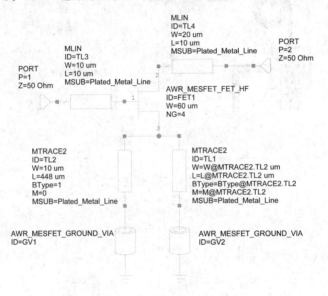

(a) 原理图

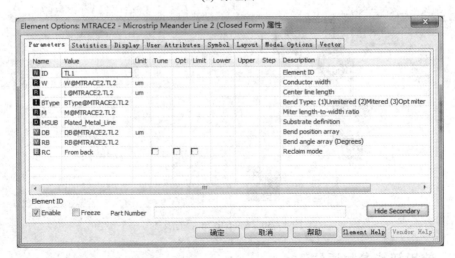

(b) 智能参数语法设置

图 17-31　TL1 元件的智能参数语法设置

注意： TL1 元件的次级参数 RB、DB 也必须使用智能参数语法。

设置后，MTRACE2 元件类型的 TL2 为主元件，TL1 为从元件。可以只编辑主元件 TL2 的形状，例如改变长度和弯曲，从元件 TL1 由于与主元件的参数匹配，将会自动与主元件的任何变化保持一致。

元件编辑操作步骤如下：

(1) 打开 device 版图，可知当前版图成上下对称结构。选中 MTRACE2 主元件，即版图中 FET 上方的弯曲线，双击，进入编辑模式，如图 17-32 所示。

(2) 编辑形状：点击主元件中间水平线中心的菱形标识，并向上拖动，如图 17-33 所示。

(3) 松开鼠标，则上面和下面的线都发生了变化，编辑后的版图仍保持对称结构，如图 17-34 所示。

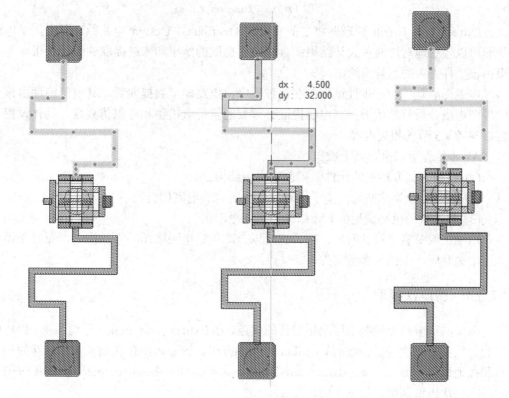

图 17-32　选中主元件　　　　　　图 17-33　编辑主元件形状　　　　　图 17-34　编辑后的版图

更多智能参数语法可以参考 17.5.3 节"智能参数语法"，以及 19.7 节"X 模型元件和智能元件 iCells"。

17.3　电磁提取和仿真

本节继续使用 MMIC_Getting_Started.emp 工程介绍电磁提取功能，以及适用于电磁分析的几何图形简化技术。首先选择 Windows→Close All 以关闭所有窗口，然后在工程管理器中的 User Folders 节点下，打开 Extraction 文件夹下的所有文档，如图 17-35 所示。

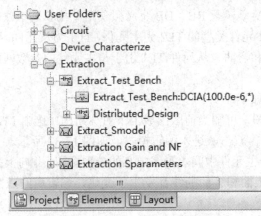

图 17-35　Extraction 文件夹

Extract_Test_Bench 原理图将之前完成的 Distributed_Design 电路原理图用作子电路，从而可以轻松地对比两种设计结果：具有电磁提取的结果和未经提取的设计结果。各个结果由该文件夹内的测量图给出。

电磁提取是一个常规性过程，在该过程中，电路模型被提取后，其电气特性由该元件的版图电磁分析特性所替换。电磁提取必须要配置提取模型和电磁仿真器，具体设置方法可以参考 4.5 节的相关内容。

AWR 软件可以执行以下操作：

(1) 根据为提取指定的元件版图创建电磁结构。

(2) 运行为获得这些元件基于电磁的性能所需的电磁仿真。

(3) 通过替换电路模型将 EM 结果发送回原理图。

电磁提取节省了设计时间，因为它可以自动创建电磁版图并添加端口，而且无需在原理图中关联所产生的 S 参数文件。

17.3.1　跨层次提取

前面的章节已经说明了层次化设计的优点。在 Extract_Test_Bench 原理图中，提取中使用的元件位于层次内低一级的 Distributed Design 中，该原理图包含输入和输出端的接地信号和接地焊盘，而 device、Distributed_input_match 和 Distributed_output_match 原理图中的元件在层次内低两级，如图 17-36 所示。

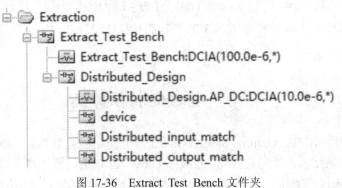

图 17-36　Extract_Test_Bench 文件夹

查看提取过程跨层次工作的操作步骤如下：

(1) 打开 Extract_Test_Bench 原理图，选择最右边的 EXTRACT 模块，右键点击并选择 Toggle Enable，激活提取模块，如图 17-37 所示。

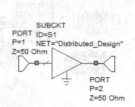

图 17-37　激活 EXTRACT 模块

(2) 在空白处点击，应用主菜单 View→View All，适中显示。再点击已启用的 EXTRACT 模块，则在电路图、版图中以红色高亮显示要进行电磁提取的模型，如图 17-38 所示。

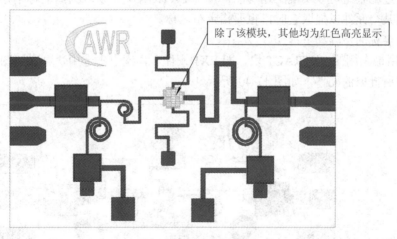

图 17-38　待提取模型

(3) 在运行提取仿真前，通常还需要直观地检查提取所创建的电磁结构，例如查看网格和端口属性等。右键点击已启用的 EXTRACT 模块，选择 Add Extraction，软件会创建一个名为 EX_All 的新电磁结构，以供检查，但不会自动对其进行仿真，如图 17-39 所示。

(4) 执行仿真，查看使用 AXIEM 3D 平面电磁仿真器所仿真分析的所有金属的效果。

注意： 不进行仿真也能继续完成本节内容。如果不进行仿真，需选择同一个 EXTRACT 模块，右键点击并选择 Toggle Enable，将其禁用。还要删除 EX_All 电磁文档，以避免在下次运行仿真时分析该结构。

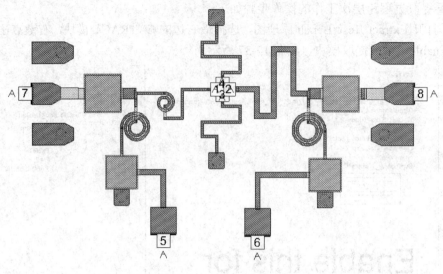

图 17-39　EX_All 电磁结构

17.3.2　配置组

对于本示例或者更复杂的结构，提取时可能想希望提取整个版图，也可能想将输入、输出匹配网络作为单独的电磁文档提取，或者只想提取某个匹配网络的某些部分。在 AWR 软件中，通过配置组可以实现上述功能，每个 EXTRACT 模块均为组名称指定了 Name 参数，在设置某个元件以提取它时，也要指定组名称。

查看组名称的步骤如下：

(1) 启用最左侧的 EXTRACT 块，即 EX1 元件。再次点击选中，则在版图中红色高亮显示此模块所提取的元件，如图 17-40 所示。

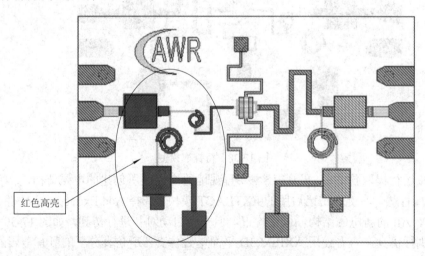

红色高亮

图 17-40　EX1 提取元件

(2) 打开 Distributed_input_match 原理图，双击最右端的电感，即 ID 为 MSP1 的元件，弹出 Element Options 对话框，点击 Model Options 选项卡，如图 17-41 所示。注意：已勾选

了 Enable 项，Group name 设置为 in_inds，也与已启用的 EX1 提取器的 Name 参数相匹配。

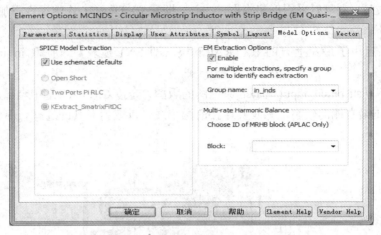

图 17-41　Model Options 选项卡设置

查看配置组的步骤如下：

(1) 重新激活 Extract_Test_Bench 原理图，可知图中配置了三个组，每个组均由方框包围，并通过文本描述了每个组在该原理图中的功能。

(2) 最左侧组中的三个 EXTRACT 块分别有三个组名称，每个 EXTRACT 块的 Name 参数就是该提取模型组的组名称，如图 17-42 所示。

(3) 中间组有两个 EXTRACT 块，可以分别对输入、输出匹配网络进行电磁提取。启用，以查看要提取的形状。此处的提取包含了输入、输出的 SMA 接头，即考虑了接头的电磁特性。对于这些模块，组名称就是 EXTRACT 模块中 Name 参数的向量，如图 17-43 所示。

```
EXTRACT
ID=EX1
EM_Doc="EX_Input_Inductors"
Name="in_inds"
Simulator=AXIEM
X_Cell_Size=5 um
Y_Cell_Size=5 um
STACKUP="Thick_Metal"
Override_Options=Yes
Hierarchy=Off
SweepVar_Names=""
```

```
EXTRACT
ID=EX8
EM_Doc="EX_output_All"
Name={"out_ind", "out_other", "out_line"}
Simulator=AXIEM
X_Cell_Size=5 um
Y_Cell_Size=5 um
STACKUP="Thick_Metal"
Override_Options=Yes
Hierarchy=Off
SweepVar_Names=""
```

图 17-42　Name 参数　　　　　　　　　图 17-43　多个 Name 参数

注意：Name 参数列出了几个名称，每个名称都加有引号，由逗号隔开并包含在花括号中。此语法在设置该 EXTRACT 块在提取时，要将组名称中列出的所有模型或块都包括在内。

17.3.3　使用增量提取

在 Extract_Test_Bench 原理图中，最左上方的 EXTRACT 块提取的是整个输入匹配电路，包括输入电容、两个电感和其他所有元件。假如想更深入地分析该电路，想确定发生耦合的具体位置，则可以采用增量提取的方法，即在 EXTRACT 块中逐步添加更多的元件。具体步骤如下：

(1) 确保启用了最左上方的 EXTRACT 块，即 EX1 模块，以提取 in_inds 组中的任何元件。

(2) 打开 Distributed_input_match 原理图的版图，先按 Ctrl+A，选中全部形状；再按住 Shift 键并点击最右侧的较小电感及其连接的两个线，以取消对其的选择。部分选中的版图如图 17-44 所示。

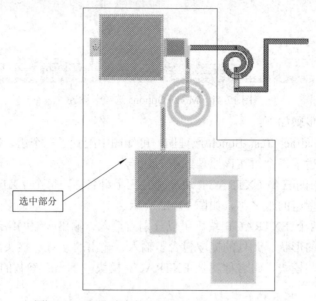

选中部分

图 17-44　部分选中的 Distributed_input_match 版图

(3) 右键点击任一被选中的形状，选择 Element Properties 以显示 Element Options 对话框；点击 Model Options 选项卡，去掉 Enable 项的选钩，即禁止提取这些元件。点击 OK。设置界面如图 17-45 所示。

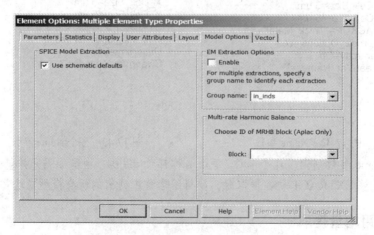

图 17-45　Model Options 选项卡设置

（4）返回 Extract_Test_Bench 原理图，右键点击当前已启用的 EX1 模块，选择 Add Extraction，则自动创建并打开一个名为 EX_Input_Inductors 的新电磁结构。注意查看并确保该电磁结构与图 17-46 所示一致，即此时 Extract_Test_Bench 原理图中只提取了一个电感和两个线进行电磁仿真。

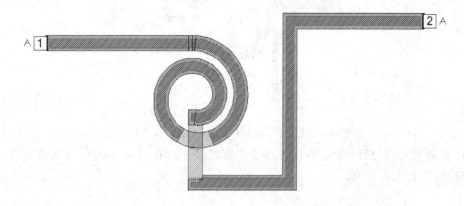

图 17-46　EX_Input_Inductors 电磁结构

（5）对工程进行仿真分析，对比 S 参数仿真结果，Extract_Test_Bench 电路是有电磁提取的，Distributed_Design 电路是无电磁提取的。经对比可知，此时对电路响应并没有太大的影响。

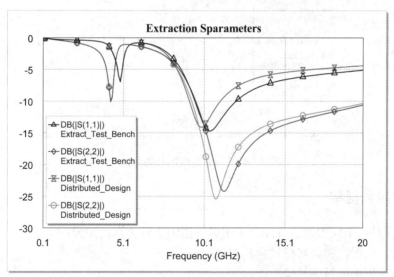

图 17-47　局部提取结果对比

（6）增量提取：返回 Distributed_input_match 版图，在版图左上角空白处点击左键，不要释放，向右下方拉开，框选中下方电容之上的全部形状，注意不包括下方电容(即 TL4 元件以及其下方的元件都不选择)；再右键点击任一被选中的形状，选择 Element Properties 以显示 Element Options 对话框，点击 Model Options 选项卡，勾选 Enable 项，即提取已选择的元件。

（7）再返回 Extract_Test_Bench 原理图，右键点击当前已启用的 EX1 模块，选择 Add

Extraction 以更新 EX_Input_Inductors 电磁结构。增量提取后的电磁结构如图 17-48 所示。

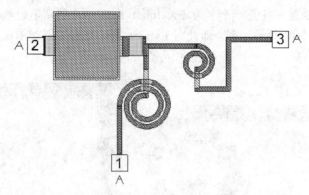

图 17-48　增量提取的 EX_Input_Inductors 电磁结构

(8) 重新对工程进行仿真。对比 S 参数仿真结果，如图 17-49 所示，可知增量提取后对电路响应仍没有太大影响。

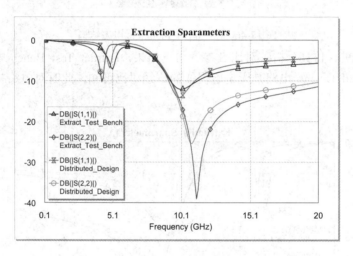

图 17-49　增量提取的结果对比

17.3.4　使用数据集

提取元件时，不同的配置可能会由于以下原因导致仿真的差异：

· 仿真器设置，例如网格设置和端口配置。

· 不同配置中的版图对象。

在这些情况下，可以使用包含了电磁仿真结果的数据集，以帮助对比不同的仿真结果。默认情况下，工程中会存储最近五次仿真的数据集。除非指定了其他数据集，否则该程序会始终使用最近一次的电磁仿真结果。指定其他数据集的过程称为"锁定"，右键点击数据集后，利用出现的菜单可以控制该过程。

本节继续使用上一节的示例工程，介绍应用数据集对比电磁结果。另外，在 Distributed_input_match 版图中，两个电感靠得很近，需要翻转较小的电感，将其移动到离另一个电感较远的位置。

具体步骤如下：

(1) 展开工程管理器的 Data Sets 节点，再展开 EX_Input_Inductors 项，数据集列表如图 17-50 所示。

图 17-50　数据集列表

注意：看到的数据集名称可能会不同，具体取决于实际完成的仿真次数。绿色的数据集为当前数据集，来自最近一次的仿真，其他数据集来自以前对此结构进行的仿真。数据集是默认名称，可以对其重命名，以便在不同的配置之间对比仿真结果。

如果对提取进行了一次仿真，并且具有一个数据集，则可以继续执行以下步骤。

(2) 右键点击绿色的数据集，选择 Rename Data Set，将数据集名称改为 inductor normal，然后点击 OK。更名后数据集如图 17-51 所示。

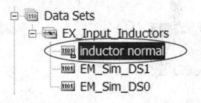

图 17-51　数据集更名

(3) 打开 Distributed_input_match 原理图的版图窗口，选择较小的电感和其右侧的微带线，如图 17-52 所示。

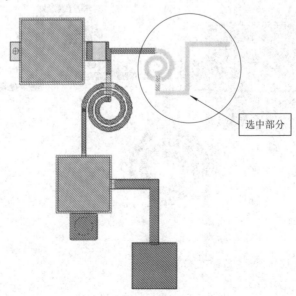

图 17-52　选择元件

(4) 右键点击选择的图形，在弹出菜单中，选择 Flip，从左至右拖动鼠标，使其左右翻转，如图 17-53 所示。

(5) 按下 Ctrl+A，选择所有的版图项，再点击工具栏上的 Snap Together 按钮，版图将自动衔接在一起，如图 17-54 所示。

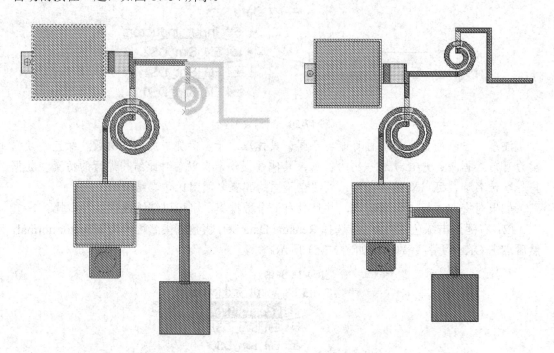

图 17-53　翻转元件   图 17-54　自动衔接元件

(6) 执行仿真，将会显示提取出的电磁文档，如图 17-55 所示。

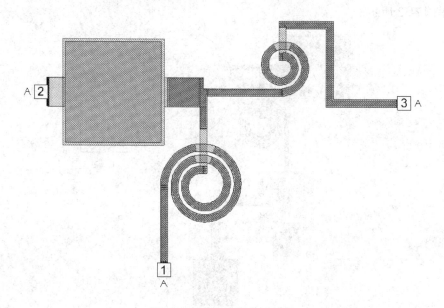

图 17-55　提取出的电磁结构

仿真结果表明对电路的响应仍然是合理的，如图 17-56 所示。

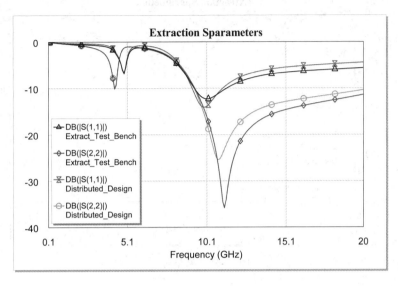

图 17-56 S 参数结果

响应虽然看起来合理，但无法与未翻转电感时进行比较。此时，就可以用到数据集功能。

(7) 先冻结当前数据，选择 Graph→Freeze Traces，则数据曲线变成阴影线。再重新命名数据集：右键点击当前的(绿色图标)数据集，选择 Rename Data Set，将名称改为 inductor flipped，然后点击 OK。

(8) 右键点击 inductor normal 数据集，然后选择 Pin 'Results to Document'，此时数据集列表如图 17-57 所示。绿色的点表示被锁定的数据集，当执行仿真时，电磁结构就将使用此数据集而不是最新的数据集。

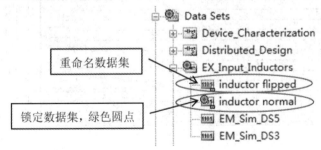

图 17-57 锁定的数据集列表

(9) 执行仿真，即按锁定的 inductor normal 数据集进行电磁提取分析(即未翻转电感)，仿真结果如图 17-58 所示，图中的阴影线为之前 inductor flipped 数据集的结果(即翻转了电感)。对比可知，结果的变化很少，只有 S(2, 2)在 11.2GHz 附近有一些微小差异，这表明电感的方向对仿真结果影响很小。

(10) 右键点击被锁定的数据集，然后选择 Unpin 'Results to Document' 以解除锁定。注意：要区分数据集，可以右键点击数据集并选择 View Geometry，查看用于创建数据集的几何图形。

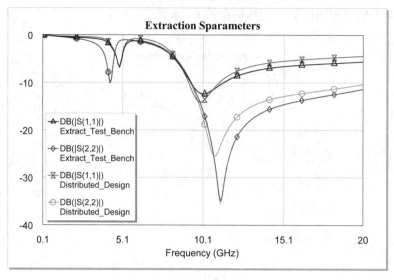

图 17-58　结果对比

17.3.5　简化几何图形

从电磁仿真的角度来看，典型的网格流程需要解决镀金线缩进问题，从而造成问题过于复杂，如圆形、弧形或者小过孔等几何边界会造成网格剖分效率过低。而实际上，镀金线缩进对电路性能并没有太大的影响。在 AWR 软件中，针对类似问题，可以采用自动化的方法来简化几何形状，然后再进行电磁仿真。

例如，图 17-59 展示了一段镀金线的横截面的网格剖分情况，此时几何图形还没有简化。

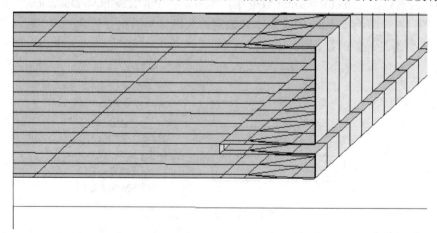

图 17-59　镀金线横截面的网格剖分

由图 17-59 可知，在缩进的部分需要大量的网格单元对该几何图形进行剖分。图 17-60 显示了几何图形经过简化的横截面网格。

注意：此时嵌入已被移除，图形简化后显著地提高了网格效率。对于此工艺中的一条简单布线，应用几何图形简化规则，在减少未知因素数量这方面，能够带来大约 3 倍的改进。

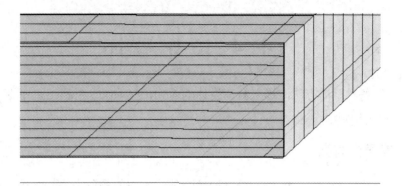

图 17-60　经过简化的横截面网格

当查看电磁结构的几何图形时，查看的是文档的版图视图(未经简化的几何图形)。例如，对于提取出的 EX_Input_Inductors 电磁结构，其原始版图如图 17-61 所示。

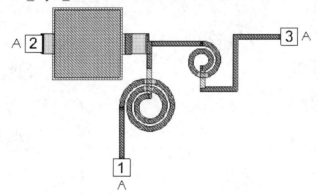

图 17-61　电磁结构的原始版图

在工程管理器树状图中，右键点击该电磁结构，并选择 Preview Geometry，则打开一个新窗口，可以查看经过简化的几何图形，如图 17-62 所示。由于自动端口的缘故，添加了参考平面延伸段。

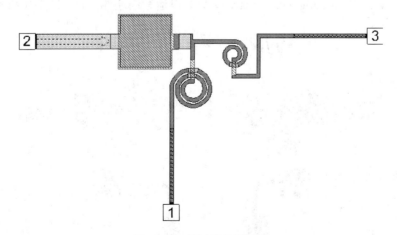

图 17-62　经过简化的版图

注意：适用于 AWR 软件的 PDK 已全部配置为可以进行几何图形简化。

17.4 设 计 验 证

本节介绍各种验证方法，用来验证设计的 MMIC_Getting_Started.emp 工程是否已达到实际硬件电路的制造要求。

17.4.1 连通性高亮

连通性高亮(Connectivity Highlighter)检查使用不同的颜色来显示版图，所有电连接的金属均显示为同一种颜色。应用此工具就能够直观地目视检查版图。注意：本例具有多个级别组成的层次结构，连通性检查将会贯穿所有这些级别。具体使用方法如下：

(1) 打开 Distributed Design 原理图的版图，如图 17-63 所示。

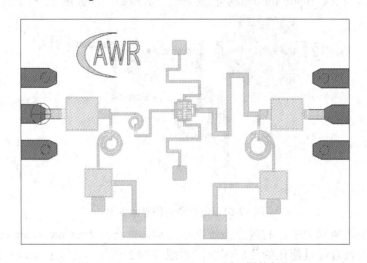

图 17-63 Distributed Design 原理图的版图

(2) 选择 Verify→Highlight Connectivity All，以运行连通性检查，结果如图 17-64 所示。

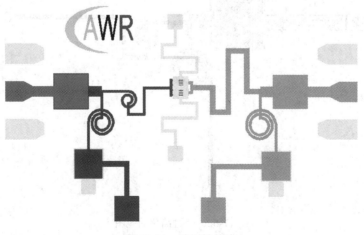

图 17-64 连通性检查

连通性检查是自动设定颜色的，每个电连接的形状组均显示为同一种颜色。如果相邻形状具有近似的颜色，可以重新运行此命令以更换颜色便于辨识。注意：显示结果可能与当前颜色不同，这是因为每次运行检查时颜色都是随机搭配的。例如，再次选择 Verify→Highlight Connectivity All，结果如图 17-65 所示，可见颜色已有变化。

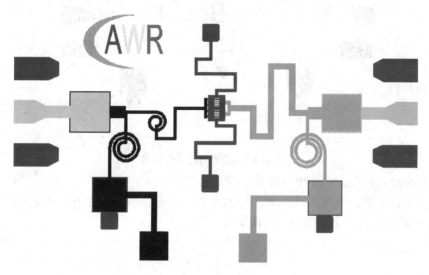

图 17-65　连通性重新检查

连通性显示也适用于 3D 版图视图，如图 17-66 所示。

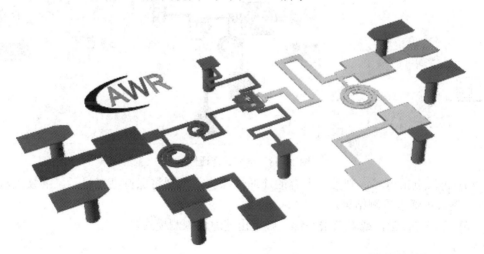

图 17-66　连通性 3D 检查

(3) 选择 Verify→Highlight Connectivity Off，关闭连通性显示。

有时候，可能只想高亮显示部分版图的连通性，例如对于 MMIC 设计，时常需要高亮显示所有连接到接地的金属，使用连通性探测(Connectivity Probe)检查可以实现此目的。具体步骤如下：

(1) 激活 Distributed Design 版图窗口，选择主菜单 Verify→Highlight Connectivity Probe。

(2) 点击任一过孔，则电路的所有接地都将高亮显示，如图 17-67 所示。

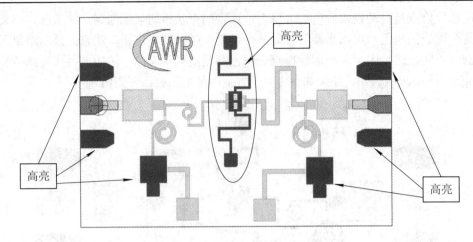

图 17-67　接地的连通性探测

(3) 再次点击过孔，则关闭高亮显示所有的接地。

(4) 点击最左侧的电容，则电容两端的连接线将高亮显示。注意：在进行连通性探测时，光标会附带显示一个小圆圈，如图 17-68 所示。

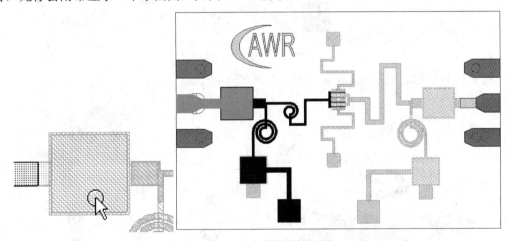

图 17-68　电容的连通性探测

(5) 再次点击电容，则关闭电容的连通性探测，否则将保持高亮显示。继续点击其他元件，观察连通性探测结果。

(6) 点击 Esc 键，或者双击左键，则退出连通性探测模式。

17.4.2　连通查看器

连通查看器(Connectivity Checker)能够检查版图连通性与原理图连通性之间的差异，因此比连通高亮检查更为强大。需要注意的是，Connectivity Checker 假设器件(例如晶体管、电容、电阻)的版图是正确的，因此 Connectivity Checker 并不能取代 LVS 来进行最终的验证。具体使用方法如下：

(1) 打开 Distributed_input_match 原理图的版图，选择最左侧输入电容左侧的连接线，如图 17-69 所示。

(2) 右键点击并选择 Shape Properties，以显示 Cell Options 对话框，然后点击 Layout 选项卡，将 Line Type 从 Metal_2 改为 Metal_1。更改线类型的界面如图 17-70 所示。

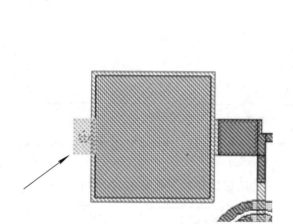

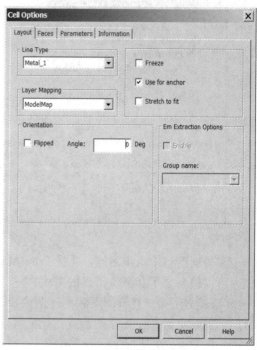

图 17-69　电容连接线　　　　　　　　　图 17-70　更改线类型

由于"桥代码"以独特的方式穿过层次结构，此更改将会在版图中造成连通性问题(可以查看 17.2.2 节"使用自动互连"和 17.5.4 节中的穿透层次，了解桥代码和层次结构的具体情况)。在 Distributed Design 版图中应用 Connectivity Highlighter 检查，能够显示该问题，如图 17-71 所示。

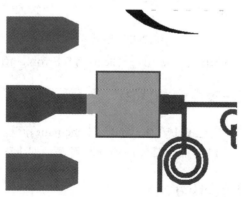

图 17-71　Connectivity Highlighter 检查

可以看出此时电容和连接线并没有连通。但是，仅靠目视检查并不能很好地、及时地发现复杂设计中的连通性问题，因此需要使用连通查看器进行检查。

(3) 应用菜单 Verify→Run Connectivity Check，对比检查版图和原理图之间的连接。当检查结束时，显示错误窗口，如图 17-72 所示。

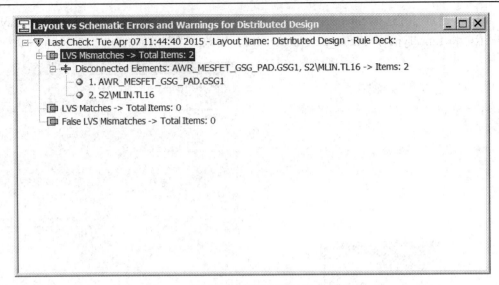

图 17-72　连通查看结果

在错误窗口中点击右键，选择 Error Marker Options，以打开 Error Marker Options 对话框，可以控制显示和浏览错误的方式。

(4) 点击错误，打开版图和原理图窗口，检查到的错误将会高亮显示，如图 17-73 所示。

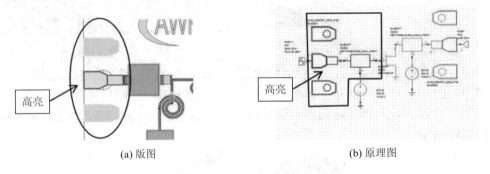

(a) 版图　　　　　　　　　　　　　　　　(b) 原理图

图 17-73　连通错误显示

(5) 查看到错误后，应用菜单 Verify→Clear LVS Errors，清除 LVS 错误。

17.4.3　版图原理图一致性检查(LVS)

每个代工厂都制定了自己的 LVS(Layout vs Schematic)流程，因此需要与代工厂联系，了解如何使用 LVS。许多 LVS 流程都使用错误查看器，即上一节介绍的连通查看器。

17.4.4　设计规则检查(DRC)

AWR 软件本身就是一个简单的 DRC 引擎，拥有可以运行代工厂指定的"验收"DRC引擎功能。许多 DRC 流程都使用 NI AWR DRC 引擎所使用的 DRC 错误查看器。本节主要介绍如何浏览和查找错误，而不是重点介绍特定的 DRC 引擎或者规则检查过程。具体过程如下：

(1) 打开 Distributed Design 原理图的版图，见前图 17-63。

(2) 选择 Verify→Design Rule Check，打开新窗口，规则列表如图 17-74 所示。

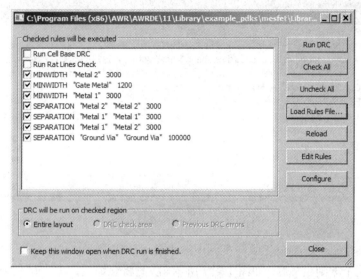

图 17-74　规则列表

注意：如果规则列表与图中不符，则需要加载适用于本例的规则组。首先应用菜单 Help→Show Files/Directories，查找本示例 PDK 所在的文件夹，窗口如图 17-75 所示。

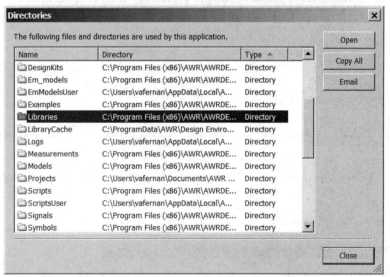

图 17-75　查找示例 PDK 所在的文件夹

在 Name 栏查找"Libraries"，并双击，以打开 Windows 资源管理器。导航到 …\example_pdks\mesfet\Library\ 目录，DRC 规则组是名为 drc_rules.txt 的文件，由此即可知其所在文件夹的路径。

返回 DRC 窗口，点击 Load Rules File 按钮，并浏览到包含 drc_rules.txt 文件的文件夹。双击文件，规则列表即与之前图中的列表相符。

(3) 选择要运行的规则，然后点击 Run DRC 按钮，运行 DRC 检查。当检查完成后，将会显示 Design rule violations 窗口。设计规则违规结果如图 17-76 所示。

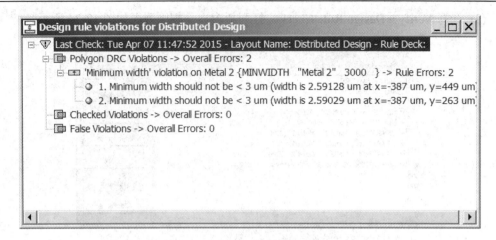

图 17-76　设计规则违规结果

(4) 点击某个错误，则会在版图视图中放大显示该错误。

(5) 双击某个规则组标题，如图 17-77 所示。版图将会缩放，以显示该组中的所有错误。

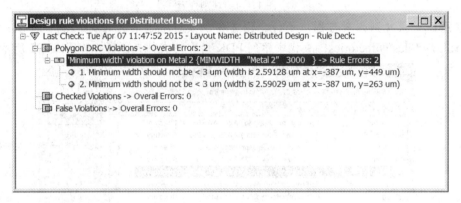

图 17-77　规则组标题

(6) 双击某个错误，版图将会缩放以显示该错误。例如，点击最上面一条错误，如图 17-78 所示。

版图将会缩放以显示该错误，如图 17-79 所示。

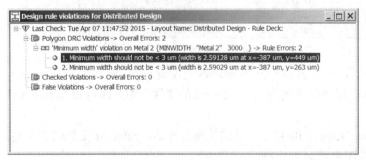

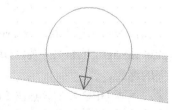

图 17-78　最上面一条错误　　　　　　　　图 17-79　显示该条错误

(7) 右键点击某条规则，并选择合适的选项，可以将错误移动到 Checked Errors 或者

False Errors 类别中，如图 17-80 所示。

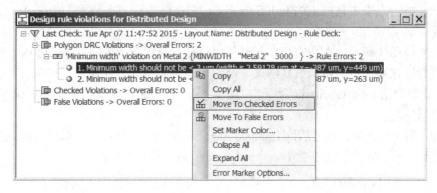

图 17-80　设置错误类别

注意：与 LVS 检查类似，在设计规则违规窗口中点击右键，选择 Error Marker Options…，打开 Error Marker Options 对话框，可以控制显示和浏览错误的方式。

可以查看 19.10 节中的内容，了解更多 DRC 相关内容。

17.5　扩展内容：高阶应用

本节介绍更多关于 MMIC 设计的 AWR 软件高阶技术及应用。

17.5.1　设计层次导览：原理图和版图

在应用层次化设计时，需要明确几个有用的概念。可以通过不同的方式查看不同层次的原理图，包括：

• 在工程管理器中，可以查看设计层次；在不同的原理图节点上双击，就可以查看原理图。例如，Distributed Design 原理图包含三个子电路，如图 17-81 所示。

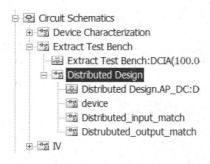

图 17-81　Distributed Design 的设计层次

• 可以在子电路自己的窗口中打开：先打开 Distributed Design 原理图，在图中选择子电路，右键点击并选择 View Referenced Doc，就会另外打开该子电路窗口。

• 也可以从当前的原理图向下探查子电路：在 Distributed Design 原理图中选择子电路，右键点击并选择 Edit Subcircuit，或者点击工具栏上的 Edit Subcircuit 按钮 ⬇，则在原窗口中出现子电路原理图，取代了之前的 Distributed Design 原理图。

· 要返回到上一层电路：不用选定任何内容，在子电路原理图中右键点击并选择 Exit Subcircuit，或者点击工具栏上的 Exit Subcircuit 按钮 ⬆，则重新回到 Distributed Design 原理图界面。

对于原理图注释项，在新窗口中打开子电路与向下探查子电路有着重要的差别。原理图注释是直接在原理图上显示仿真结果，例如 DC 偏置值。要在较低层中查看顶层的原理图注释，就要使用 Edit Subcircuit 命令。在此模式下，子电路能确定被哪个顶层原理图引用，才可以显示注释。

例如，图 17-82 为仿真之后的 Lumped Element Design 原理图，注意图中已经标出直流电流的注释。下面按不同方式打开 lumped_output_match 子电路。

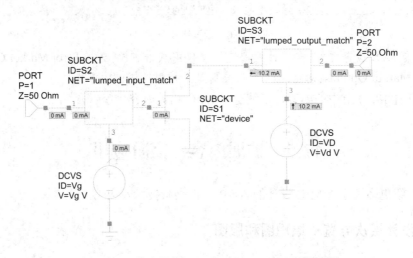

图 17-82　带注释的 Lumped Element Design 原理图

· 在新窗口中打开子电路：在 Lumped Element Design 原理图中选中 lumped_output_match 子电路，右键点击并选择 View Referenced Doc，则在新窗口打开该子电路的原理图，如图 17-83 左侧图所示，可知子电路中并未显示注释。

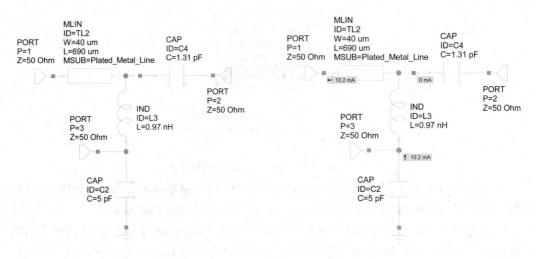

图 17-83　不同方式打开的子电路对比

　　• 向下探查子电路：在 Lumped Element Design 原理图中选中 lumped_output_match 子电路，右键点击并选择 Edit Subcircuit，则在原窗口中出现子电路，如图 17-83 右侧图所示，注意注释已显示在子电路中。

　　子电路不同的打开方式，其原理图的标题栏名称显示也不相同。新打开窗口的子电路标题栏仅显示原理图的名字，如图 17-84 所示。

lumped_output_match

图 17-84　新打开窗口的子电路标题栏

当以向下探查方式打开子电路时，标题栏将显示层次路径，如图 17-85 所示。

Lumped_Element_Design (top)\lumped_output_match (S3)

图 17-85　向下探查打开的子电路标题栏

与以上的方式相似，也可以查看不同层次的原理图的版图，包括：

　　• 在工程管理器中，可以查看设计的层次。右键点击原理图，在弹出菜单中选择 View Layout，在新窗口中查看原理图的版图。

　　• 在版图中双击子电路，可以在子电路版图自己的窗口中打开它。

　　• 可以从当前电路版图中向下探查子电路版图，即允许一边查看整个版图一边编辑子电路版图。方法是：在总版图中选择子电路，右键点击并选择 Edit in Place，或者点击工具栏上的 Edit in Place 按钮，即打开子电路版图。

　　• 要返回到上一层，不要选定任何内容，在子电路版图中右键点击并选择 Ascend In Place Edit，或者点击工具栏上的 Ascend In Place Edit 按钮，即返回总版图。

　　例如，打开 Distributed Design 原理图版图，具体见 17.4.1 节的图 17-63。下面进行就地编辑：

　　在版图窗口中，先选中 distributed_input_match 子电路，再点击右键，在弹出菜单中选择 Edit in Place，就地编辑状态如图 17-86 所示。

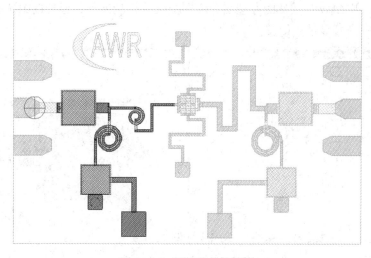

图 17-86　子电路就地编辑

输入匹配子电路的版图显示为正常的颜色，可以编辑这些形状，版图的其余部分则变灰并且不可编辑。

注意：可以使用版图模式来更改子电路版图在顶层版图中的显示方式。选择 Layout→Layout Mode Properties，以显示 Layout Editor Mode Settings 对话框，如图 17-87 所示，各选项会影响层次化版图的显示。

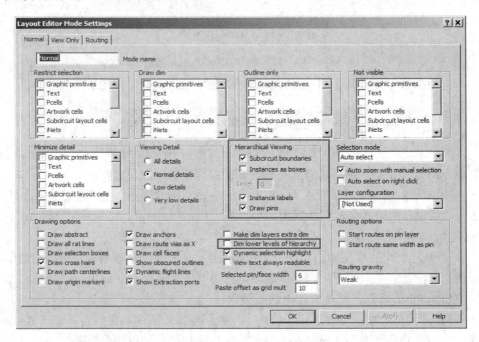

图 17-87　Layout Editor Mode Settings 对话框

17.5.2　原理图和版图交叉选择

在进行设计时，可能希望从版图中访问电气元件属性，或者想从原理图中访问版图属性，此时可以应用 AWR 软件的原理图和版图交叉选择功能。在原理图中选择某一项时，该项会在版图中高亮显示，如图 17-88 所示。

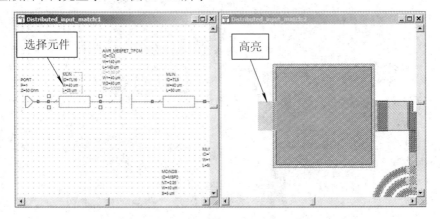

图 17-88　首选原理图元件

同样地，在版图中选择某一项时，该项在原理图中显示时将带有交叉图案，如图 17-89 所示。

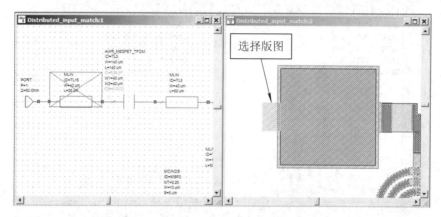

图 17-89　首选版图项

如果需要修改属性，就要用到不同的命令。在版图中，选择任一个元件，右键点击，在弹出菜单中选择 Element Properties，显示 Element Options 对话框；也可以通过双击原理图中的元件来打开此对话框。

从原理图中访问版图选项情况较复杂，必须要有 AWR 软件的许可密匙。从原理图中访问版图选项的步骤如下：

(1) 在原理图中选择任一元件。

(2) 右键点击，在弹出菜单中选择 Select in Layout。

(4) 选择 View→View Selected，以放大所选的元件。

(4) 右键点击所选的形状，选择 Shape Properties 以显示形状属性。

可以使用一个附加命令，将原理图中选定的元件放在版图中，步骤如下：

(1) 在原理图中选择所要的项。

(2) 点击右键，在弹出菜单中选择 Place in Layout。

(3) 此时版图将会自动打开，而且已选中该项的版图，可以移动光标并点击，以将该项放在所要的位置。

17.5.3　智能参数语法

利用智能参数语法可让某模型从其他模型的参数中获取自身的参数值。与使用变量将两个或更多个参数绑定到同一个值相比，使用智能参数语法要灵活和轻松得多。该语法有两种变化形式：

第一种智能参数语法格式是将元件的值设置为与其特定节点所连接元件的参数值保持一致。这是智能语法的最简单形式，适用于智能不连续模型(即名称末尾是$符号的模型)。语法形式是 P@N，即查看连接到本模型的 N 节点的模型，并使用其参数 P。

例如：MTEE$ 模型参数列表如图 17-90 所示，注意需点击 Show Secondary 按钮。其三个节点(即元件端口)的宽度数值将自动与各自所连接的模型的宽度数值相匹配，不需要再手工设定。

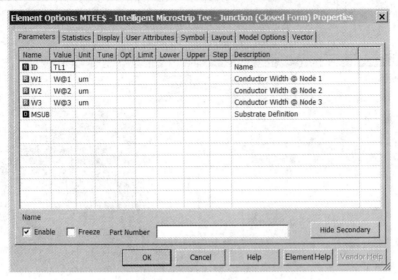

图 17-90　　MTEE$模型参数

这种智能语法在多数时候都是有效的，因为线路始终应连接到不连续模型。但是在某些特殊情况下，如果节点的连接模型没有 W 参数，或者有多个 W 参数，这种智能模型就会出现错误。

例如：一个耦合元件 M2CLIN，线宽由变量定义，分别是 W1=60、W2=10，将其 1 端口连接到 MTEE$元件的 2 端口。一个微带元件 MLIN，宽度、长度均由变量定义，W3=100、L3=100，将其 2 端口连接到 MTEE$元件的 1 端口。另一个微带元件 MLIN 的宽度、长度均为数值。电路图、版图如图 17-91 所示。

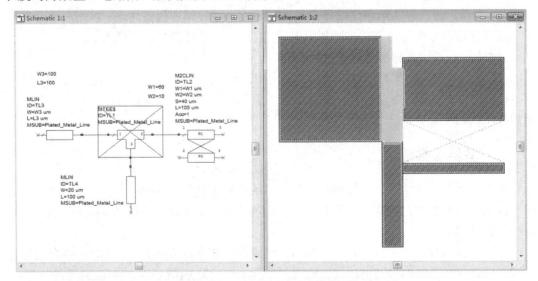

图 17-91　　MTEE$模型出错示例

由版图可知，智能参数元件 MTEE$的 1、3 端口宽度正常，与所连接的元件宽度保持一致，但是 2 端口的宽度出错，与连接元件 M2CLIN 的线宽(W1=60)不符。错误原因是 M2CLIN 模型具有两个宽度变量，导致智能参数语法无法识别。而 MTEE$元件 1 端口连接的 MLIN 元件，其虽然也具有两个变量，但只有一个是宽度变量，因此智能语法就可以正常识别。

通过重设 MTEE$ 元件的宽度参数，将 W2 项的数值更改为 W1@2，就可以轻松地修复此错误。具体如图 17-92 所示。

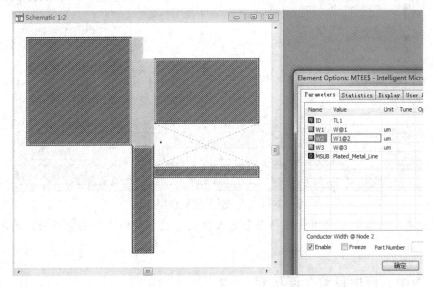

图 17-92　重设 MTEE$ 模型参数

第二种智能参数语法格式用于分配一个参数，使其与另一个模型的参数值相同。具体语法为 P@EL.ID，其中 P 为参数名，EL 为元件名，ID 为该元件的 ID 标识。此语法常用于使一个模型与另一个模型精确匹配，因此通常称为主从语法。AWR 软件中的 TRACE 元件经常使用此语法，以便能自动编辑主元件和从元件的形状，从而构建始终对称的系统。这方面的一个经典应用就是 Wilkinson 功分器，因其版图始终要保持对称结构。

本语法具体应用可以参见 17.2.5 小节的详细介绍，其主、从元件示例见图 17-93。注意：TL2 为主元件，TL1 为从元件。该电路中保持两条路径相同很重要。

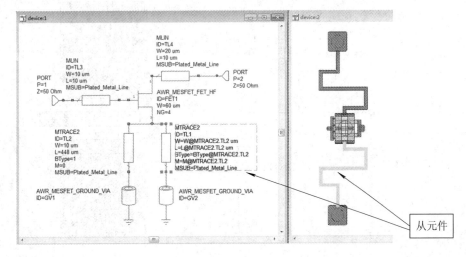

图 17-93　主、从元件示例

图 17-94 展示了从元件的完整模型参数。

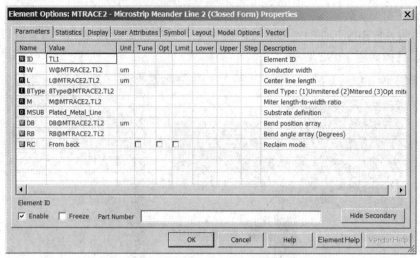

图 17-94　从元件的完整模型参数

　　注意：不能将智能语法用于任何基底定义参数。更多智能元件的介绍可以参考 19.7 节
中的相关内容。

17.5.4　版图：应用自动互连功能

　　自动互连(也称为桥接码)是 AWR PDK 的一部分，它可以在连接到其他元件(例如电容
和晶体管)时改变绘线方式，能非常有效地确保版图符合 DRC 规则。不过，在创建设计时
还需要注意以下几个方面。

1. 在某个节点进行两个以上元件的连接

某些情况下的 MMIC 设计，需要在某个节点上连接多于两个的元件。例如：

· 应用带有三个节点的晶体管模型时，过孔需要放置在晶体管的两侧，如图 17-95 所示。

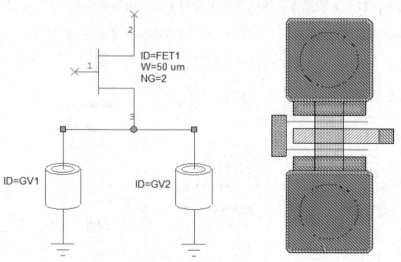

图 17-95　过孔放置

•　应用偏置线时，偏置电流流经电容的上极板，原理图如图 17-96 所示。

图 17-97 为三维版图。由图中左侧可知，过孔连接到了电容的下极板。由图中右侧可知，其他两条线 TL2、TL3 也已经正确地连接到了电容的上极板。

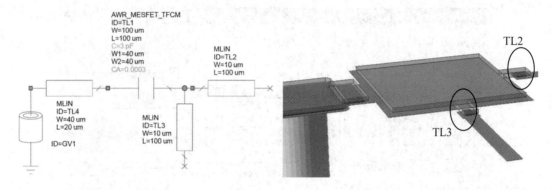

图 17-96　电容放置　　　　　　　　　　　　　图 17-97　三维电容版图

自动互连功能在应用中尽可能地绘制出正确连接，但对于较复杂的结构，比如在本示例中，一条线被连接到另一条线和某个电容上，就必须确定使用哪条连接来绘制自动互连线。AWR 软件系统内部提供了设计规则，以确定某些元件类型的优先级。

在此类情况下，AWR 软件强烈建议手动配置版图，以指定要进行的版图连接。可以利用版图中的特定设置，来强制连接各元件的端面。配置这些端面的附加好处是，还确定了在衔接时要使用的正确端面，如图 17-97 所示。

下面以版图右下角的线(即原理图中 TL3 元件)为例，说明配置端面连接的步骤：

(1) 先选择版图中右下角的线，右键点击并选择 Shape Properties，以显示 Cell Options 对话框。

(2) 点击 Faces 选项卡。

(3) 调整对话框在屏幕上的位置，以便在操作时可以同时查看版图情况。

(4) 选择正确的 Face，可以通过查看版图确定哪个端面是正确的，所选的端面将以蓝色绘制。图 17-98 为对话框和选中了端面 2 的版图。

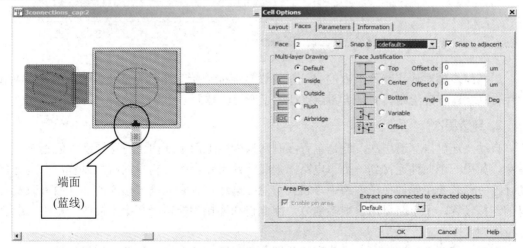

图 17-98　端面设置

　　(5) 在图 17-98 的 Snap to 项中，通过下拉菜单选择要衔接的合适端面，可以同时查看版图，以确定哪个端面是正确的，所选的端面将以红色绘制。在此例中，共有五个可能的 Snap to 位置(见图 17-99)，因为有另一条线和一个电容连接到该节点。

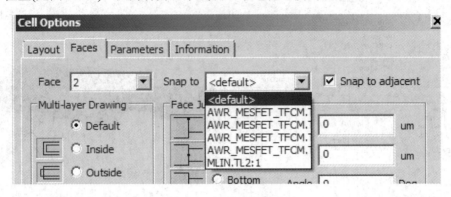

图 17-99　Snap to 选项

　　用相同步骤设置电容的端面连接。电容模型共有四个可能的连接位置，在电容的每侧各有一个，如图 17-100 所示。可以尝试不同端面，直至找到正确的位置(红线与蓝线重合)。

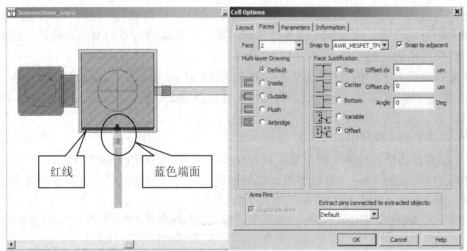

图 17-100　电容端面选择

　　用相同步骤对连接到此节点的另一条线设置端面连接。全部完成后就可以确保 AWR 软件自动互连正确绘图，而且版图衔接使用了所要的端面。

2. 穿透层次

　　自动互连可以穿透层次，但是也有限制，只能自上而下地向下看穿层次，但不能向上看穿。如果一个元件连接到一个子电路，则此元件可能会改变自身的端面设置，以进行自动互连。但若一个元件在子电路中，它就不能根据连接到它的高一层次的元件而去改变自身的连接设置。子电路可用于很多地方，因此自动连接功能对于每个不同的子电路可能会有所不同。

　　例如，有两条线连接到一个电容的两端，自动连接就会改变这两个连线的端面设置，以保证模型的正确连接。图 17-101 展示了与电容正确连接的连线，注意观察两个端面连接的不同。

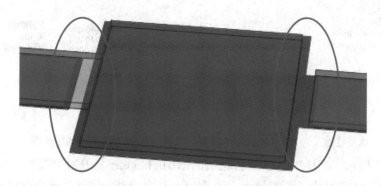

图 17-101　与电容正确连接的连线

对该结构使用层次设计时，自动互连会出现以下不同的情况：

第一种情况是将电容放置于较低级的层次中，如图 17-102 所示。然后在较高级的层次中加入连线，将电容作为子电路调用，如图 17-103 所示。

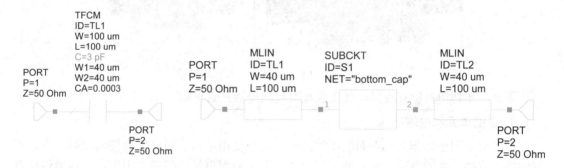

图 17-102　底层电容　　　　　　　　　　　　　　　　图 17-103　电容作为子电路

图 17-104 展示了高层次电路在 Connectivity Highlighter 打开时的版图。左侧为局部 3D 窗口，每个模型形状均显示为不同的颜色。右侧为 2D 窗口，显示了几个模型的连接状态。可知，此时连线与电容已经正确地自动互连。

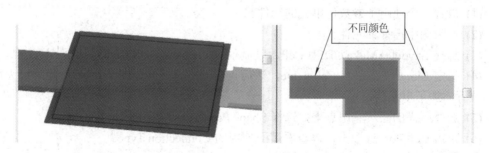

图 17-104　自动互连正确

第二种情况是将线放置于较低级的层次中，如图 17-105 所示。然后在较高级的层次中连接电容，如图 17-106 所示。

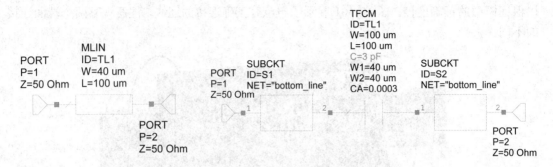

图 17-105　底层连线　　　　　　　图 17-106　连线作为子电路

图 17-107 展示了高层次电路在 Connectivity Highlighter 打开时的版图。左侧为局部 3D 窗口，模型显示为两种颜色。右侧为 2D 窗口，几个模型的连接呈现短路状态。可知此时连线与电容的自动互连出错。

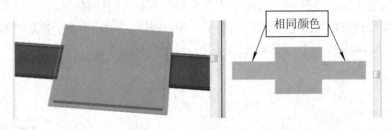

图 17-107　自动互连出错

因此，在使用自动互连时，要注意观察端面连接是否正确。

3. 原图单元和电磁结构

在使用原图单元作为元件的版图单元时，或在使用电磁子电路作为构造块时，可以配置连接到这些元件的自动互连线的工作方式。对于原图单元，将创建用于定义连通性位置的单元端口。对于电磁结构，将添加用于仿真的端口。设置时，首先选中端口，右键点击并选择 Shape Properties 以显示 Properties 对话框，然后点击 Cell Port 或 Cell Pin 选项卡。

正确的设置可能不是显而易见的，因为难以确定 PDK 中内置的参数化单元的连接类型。确定给定单元的连接类型的步骤如下：

(1) 放置一个使用了参数化单元的元件。

(2) 在版图中选择该元件。

(3) 选择 Layout→Make GDSII Cell，以显示 Make New GDS Cell 对话框。

(4) 指定 Library name 和 Cell name，然后点击 OK 以打开原图单元窗口(此时已为每个端面位置添加了单元端口)。

(5) 选择所需的面，右键点击，选择 Shape Properties，出现属性对话框。

(6) 点击 Cell Port 选项卡，以查看端面使用的 Connection Type。

4. 无连接线的不连续模型

在微波设计中，不连续模型不能直接互相连接。从电学上看，这些不连续模型会产生在不连续模型的不远处衰减的凋落模。仅在连接到不连续模型的线足够长(通常为两个基底厚度)时，这些模型才会说明凋落模。

　　另外，当不连续模型挂接在一起时，自动互连将不能正常工作。下面的示例说明了此问题。某个有连接线的电路，其原理图如图 17-108 所示。

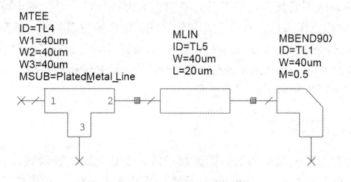

图 17-108　有连接线的电路

　　此原理图的版图如图 17-109 所示。注意，此时所有的连线都是正确的，中间的连线正确连接到了最右侧的拐角。

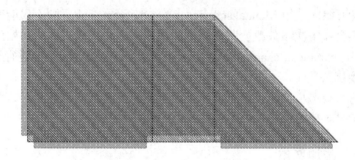

图 17-109　有连接线的版图

　　如果将此线移除，则新的原理图如图 17-110 所示，此时原理图的版图如图 17-111 所示。

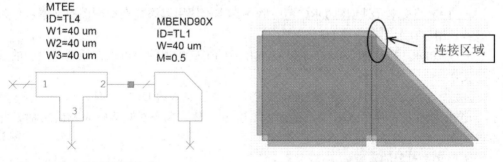

图 17-110　无连接线的电路　　　　　　　　图 17-111　无连接线的版图

　　注意查看拐角的连接区域，左侧 MTEE 偏移的层已经将拐角的层推出。此时可能会出现 DRC 错误。

　　除了不正确的版图之外，使用这些电路模型的电学结果也是错误的，因为不连续模型之间没有连接线。如果必须对此几何形状进行仿真，应用 AXIEM 或 Analyst 等 EM 仿真器，可以正确地建立其模型。

17.5.5　版图：改变背景颜色

默认情况下，版图背景为白色，并带有黑色的网格标记。设计者也可能更喜欢黑色背景，某些 PDK 的填充模式是针对黑色背景优化的。要切换背景颜色，最简单的方法是选择 Scripts→Layout→Toggle_Background_Color，以切换背景颜色和网格颜色。如果想手动更改这些颜色，则选择 Options→Environment Options 以显示 Environment Options 对话框，点击 Colors 选项卡，然后选择所需的显示颜色。

17.5.6　版图：衔接策略

AWR 软件有两种截然不同的版图衔接模式。要访问这两种模式，可选择 Options→ Layout Options 以显示 Layout Options 对话框，然后在 Layout 选项卡中选择 Snap together 选项。在更改参数时，或者在调整或优化期间，使用 Auto snap on parameter changes 会衔接该版图的对象。仅在将衔接命令用于整个版图或仅用于选定的对象时，手动衔接设置 (Manual snap for selected objects only 和 Manual snap for all objects)才会衔接在一起。

如果在设计开始时使用 Manual snap for selected objects only，则不仅能完成版图的初始布置，而且还不会在每次参数改变时都遇到版图错误。在完成元件的初始放置后，可以切换到 Auto snap on parameter changes。通过使用此方法，在更改参数或进行调整或优化时，版图会保持连接状态。

注意：无论衔接选项 Snap together 如何设置，在应用提取和优化时，版图需要一直衔接在一起，保证对正确的图形进行电磁仿真。

17.5.7　版图：添加文本

在版图中创建 DRC 文本可能会造成问题，需要询问代工厂添加版图文本的方法。对已有问题，解决的方法如下：

· 特定的文本元件创建 DRC 清除版图。本模块用以添加在原理图中文本被作为元件的参数，用以在版图中应用 DRC。

· 在 PDK 中的字母和数字是以 GDSII 库的形式出现的，可以在原理图对应的版图中创建文本。

注意：在版图设计中，某些 PDK 工艺并不关注文本的 DRC 规则。

AWR 软件推荐使用 Arial Rounded MT Bold 字体，在查看制造好的 MMIC 时，此字体不仅美观，而且在显微镜下清晰易读。

添加文本对象的步骤如下：

(1) 点击版图窗口，使之处于激活状态。

(2) 点击 Layout 选项卡，打开版图管理器。在 Drawing Layers 窗格中，选择正确的层。

(3) 选择 Draw→Text，或按下 Ctrl+T 键以添加文本对象。

(4) 在版图中点击以放置文本对象的起点。

(5) 键入文本，完成时按下 Enter 键或点击文本框外侧。

修改已有的文本的步骤如下：

(1) 选择文本对象，右键点击，选择 Shape Properties，出现 Properties 对话框。

(2) 点击 Layout 选项卡，更改用于文本的 Draw Layers。

(3) 点击 Font 选项卡，更改 Font 类型、字体的 Height 和其他属性，以及 Draw as polygons 设置。此选项决定是将文本绘制为给定层上的多边形(在制造过程中会将此形状包括在该层上)，还是让文本继续作为文本对象(在版图上可见，但在制造过程中不包括在任何层上)。

(4) 要编辑文本本身，可双击该文本以进入编辑模式，然后进行更改。

17.6　实练：MMIC 电路性能分析

本节设计一个 MMIC 低噪声放大器，主要进行电路性能方面的仿真分析。设计指标：工作频率 10 GHz，噪声系数 1 dB，增益大于 10 dB。

17.6.1　应用 PDK 打开新工程

选择 File→New With Library→Browse…，再选择到 AWR 软件的安装路径 Library\ example pdks\mesfet，在该文件夹内选择 AWR_Mesfet.ini 文件，打开，则完成 pdk 初始化，如图 17-112、图 17-113 所示。

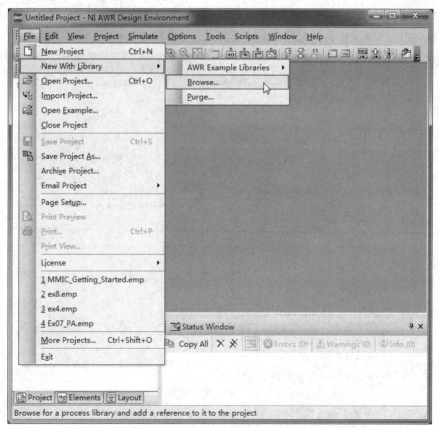

图 17-112　主菜单界面

图 17-113　选择到 AWR 软件的安装路径

添加完成后,在工程管理器的 Global Definitions 节点下就新增加了 AWR_MESFET 项。双击该项,则在右侧工作窗口显示全局参数定义,如图 17-114 所示。

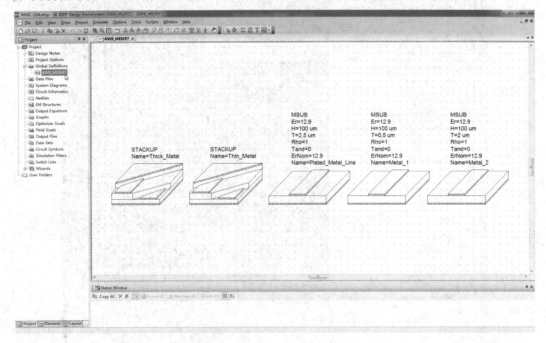

图 17-114　显示全局参数定义

切换到元件管理器,展开元件库节点 Libraries→*AWR_MESFET→Devices,在下方可以看到具体元件,如图 17-115 所示。

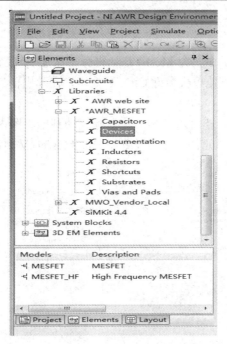

图 17-115　元件管理器

17.6.2　工程参数设置

命名并保存：应用主菜单 File→Save Project As，将新工程命名为 MMIC LNA.emp，选择适当路径保存该工程文件。

设置单位：Options→Project Options，选择 Global Units 标签页，将单位设置为 GHz、pF、nH、μm。

设置仿真频率：Options→Project Options，选择 Frequencies 标签页，设 Start 为 6，Stop 为 10，Step 为 0.1，单位为 GHz，选择 Replace，点击 Apply 按钮，再点确定。设置界面如图 17-116 所示。

图 17-116　工程参数设置

17.6.3　器件 IV 分析

新建一个电路原理图，命名为 Mesfet IV，再分别添加 IVCURVE 元件、MESFET 元件、gnd 元件。添加元件时可以使用快捷键 Ctrl+L 搜索，在弹出窗口下方的文本框中输入元件的名称，如图 17-117 所示。

再选中搜索到的元件，点 OK，然后将鼠标移动到电路图内，就会自动出现该元件的符号，点击左键放置。编辑元件参数，设置完成的 Mesfet IV 电路如图 17-118 所示。

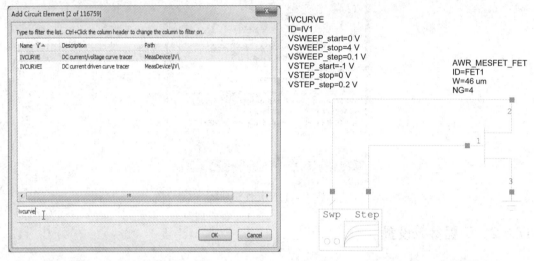

图 17-117　添加元件　　　　　　　　图 17-118　设置完成的 Mesfet IV 电路

新建一个矩形测量图，命名为 IV_Curve。添加一个测量项 IVCurve。过程如图 17-119、图 17-120、图 17-121 所示。

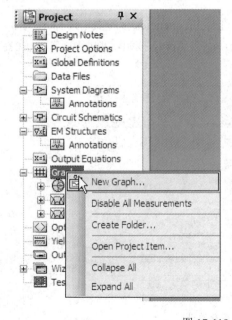
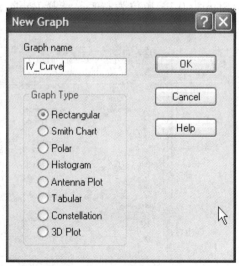

图 17-119　新建测量图

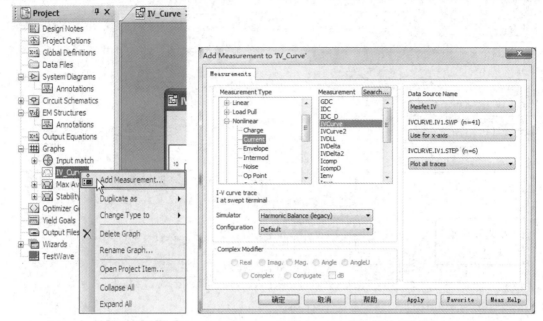

图 17-120　添加测量项　　　　　　　　图 17-121　添加测量项参数

按下 F8 键，或点击工具栏图标 $\mathcal{F}$，分析电路，结果如图 17-122 所示。

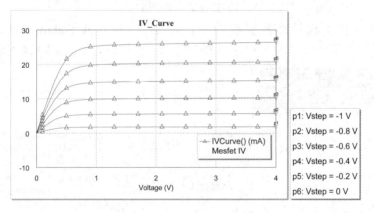

图 17-122　电路分析结果

17.6.4　理想稳态电路分析

创建新的电路图，命名为 Ideal Stability，电路如图 17-123 所示。可利用快捷键 Ctrl+L，输入元件名称，搜索、添加各个元件。图中的 SWPFRQ 模块用来定义不同的扫频范围，其第一个模块数值设为 stepped(7e9, 9e9, 1e9)，表示扫描的起始频率为 7e9，终止频率为 9e9，步长为 1e9，即总共扫描 3 个频率点 7e9、8e9、9e9。第二个模块数值设为 stepped(.1e9, 30e9, .1e9)，表示扫描的起始频率为 0.1e9，终止频率为 30e9，步长为 0.1e9。MTRACE2 元件的 W、L 值为变量，利用快捷键 Ctrl+E，分别输入变量定义式：Ws=40，Ls=12。

按下 F10 键，或点击工具栏的图标 ，激活调节工具，将电路图中 L1、R4、R5、TL1 的参数设为可调节的。可调的元件数值均以蓝色显示，见图 17-123 中圈注。

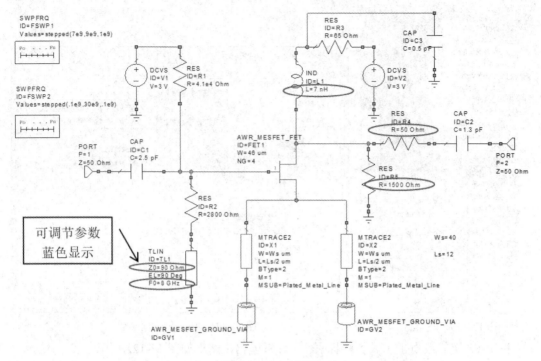

图 17-123   电路图

添加注释：在工程管理器树状图中，右键点击 Ideal Stability 项，选择"Add Annotation…"，添加一个节点电压注释 DCVA_N。具体设置如图 17-124 所示。

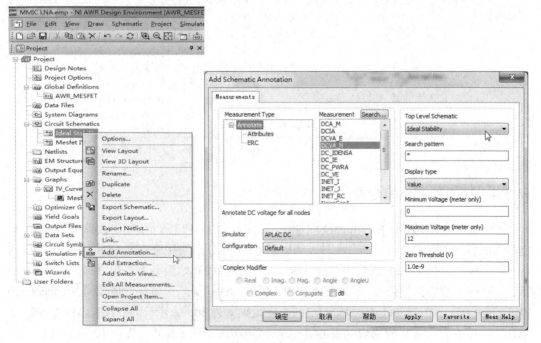

图 17-124   添加电压注释

同样步骤，再添加一个电流注释 DCIA。重新分析电路，结果如图 17-125 所示。

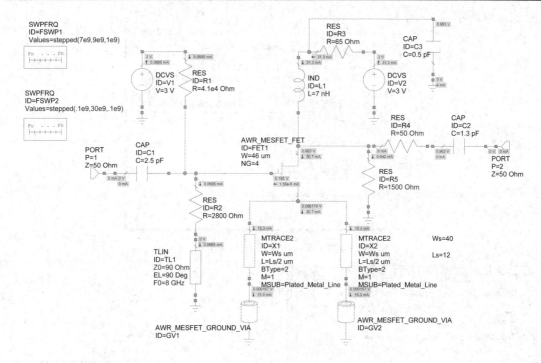

图 17-125　添加电流注释

新建一个矩形测量图，命名为 Stability。首先给 Ideal Stability 电路图添加测量项 B1，Sweep Freq 项设置时点击下拉栏右侧的小箭头，选择 FSWP2 项，设置完成后点击 Apply 按钮，先不要点确定。具体设置如图 17-126 所示。

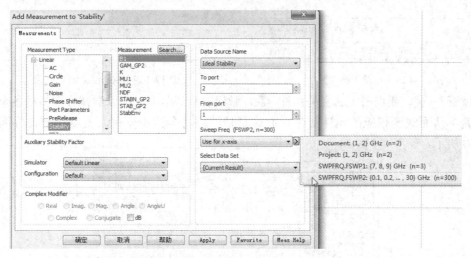

图 17-126　新建测量图 Stability

同样方法，再添加测量项 K，扫描频率也设为 FSWP2，点击确定。

按下 F8 键，重新分析电路。分析完成后，对测量结果重设坐标：在 Stability 结果图中点击右键，选择 Options…项，在弹出新窗口的 Axes 标签页，将 Choose axis 项设为 Left1，去掉 Auto limits 项的对钩，将 Min 设为 0，Max 设为 4。具体设置及测量结果如图 17-127～

图 17-129 所示。

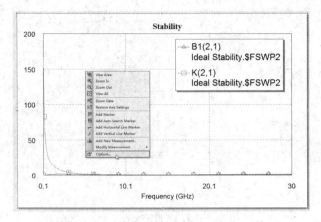

图 17-127　点击右键，选择 Options…项

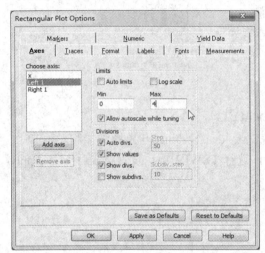

图 17-128　重设坐标

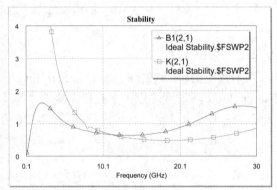

图 17-129　Stability 测量结果

按下 F9 键，或点击工具栏的图标 ，激活变量调节器。可以尝试分别拖动各个滑条的位置，从而改变相应的元件数值，此时测量结果将会同步变化。变量调节器界面如图17-130 所示。

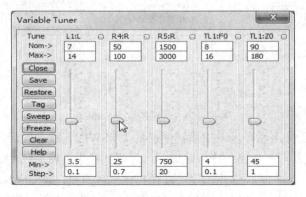

图 17-130　变量调节器界面

　　新建一个矩形图，命名为 Max available Gain，给 Ideal Stability 电路图添加测量项 GMax，扫描频率设为 Document，勾选 dB。按下 F8 键分析。设置及测量结果如图 17-131、图 17-132 所示。

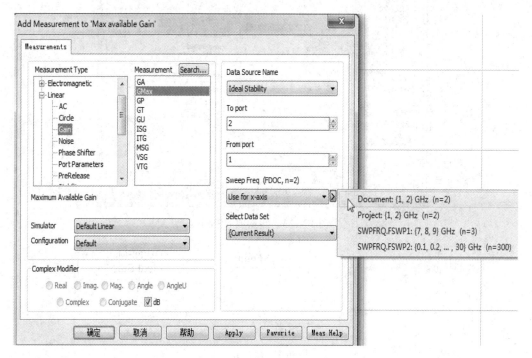

图 17-131　添加测量项 GMax

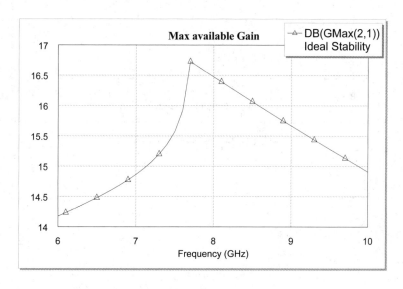

图 17-132　GMax 测量结果

　　新建一个矩形图，命名为 NFmin，给 Ideal Stability 电路图添加测量项 NFMin，扫描频率设为 Document，勾选 dB。按下 F8 键分析。设置及测量结果如图 17-133 和图 17-134 所示。

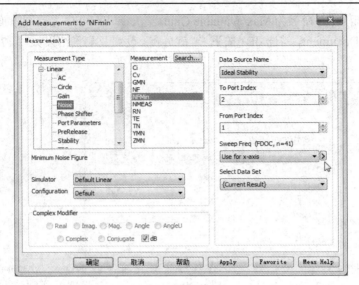

图 17-133　测量项 NFMin

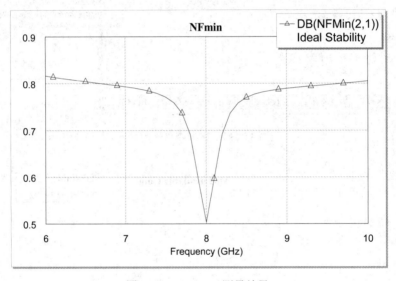

图 17-134　NFmin 测量结果

第五部分

通信系统仿真

第 18 章　VSS 通信系统仿真

VSS 即 AWR 软件的虚拟系统仿真套件(Visual System Simulator)，主要用于无线通信系统的仿真设计。本章 18.1 小节介绍了通信系统的基本理论，18.2～18.4 小节分别介绍了 VSS 通信系统仿真的几个设计实例，应用了 VSS 套件的多个关键特性。

18.1　通信系统基本理论

VSS 是一个应用固定时间步长采样的时域仿真器。默认系统设置选项可为工程中所有的系统框图设置同样的时间步长，也可单独为系统框图中的某个元件(通常为源)设置时间步长，步长可被后续的模块所继承。本节概述了与 VSS 相关的通信系统基本理论，包括数据类型、复包络信号表示法的概念、中心频率和采样频率及其重要性，以及参数传播的概念等。

18.1.1　数据类型

所有 VSS 块都具有输入和输出节点，这些节点处理和操作的数据属于以下四种基本数据类型之一：Digital(数字)、Real(实)、Complex or Complex Envelope(复或复包络)、Unset(未设置)。每个 VSS 块节点的颜色均对应其数据类型：绿色表示 Digital，黄色表示 Real，红色表示 Complex or Complex Envelope (CE)，白色表示 Unset 数据类型。Unset 节点表示块支持两种或更多种数据类型，可以双击 Unset 节点，将其重新定义为特定的节点类型。例如，作为 n 输入加法器的 ADD(在元件管理器中位于 Math Tools 类别中的 System Blocks 下)默认情况下具有 Unset 节点，这表示它会将进入其节点的数据相加，并在其输出节点提供和值，而不管数据类型是什么。另一个示例是行为放大器 AMP_B(在元件管理器中位于 RF Blocks→Amplifiers 中的 System Blocks 下)，它的端口同样未被设置。此放大器块支持实信号和复信号，但不支持数字信号。

Digital 数据类型由包含突变的数字数据流组成(例如由信号源产生的用于对数字通信系统执行蒙特-卡罗仿真的伪随机位序列)。Real 数据是指在通信系统中观察到的任何实际波形，例如正弦波或实际通带噪声，也可能是锯齿波形。可以使用这两种数据类型来表示在常规的系统设计中遇到的任何波形。Complex 数据更值得关注，因为利用它可以简洁地表示复基带数据(频率成分集中在 DC，这是现代通信系统的要求)以及实际通带波形(通过

CE 信号表示法)。

VSS 中所应用的参数包括了以下几种数据类型：Integer(整数)，Real(实信号)，Complex(复信号)，Data Model(数据模型)，Name Element(名称)，String(字符串)，Enumeration(枚举)和 Vector(矢量)。

18.1.2　复包络信号(CE)

作为时域系统仿真器，VSS 最基本的概念是采样频率。测试仪器在进行数据处理之前，首先要将数据以特定的速率进行采样，这个概念就是采样频率。自然界中的信号和波形都是模拟的，在时间上是连续的，因此在自然界中并不存在采样频率这个概念，但它在当今的测试仪器中应用越来越广泛。

一般来讲，只有在采样频率超过模拟信号的最高频率成分的两倍时，通过采样将模拟信号转换为离散的时间表示形式才会是信息无损的操作。在此种情况下，通过理想的低通滤波器通常可以完美地从原始模拟波形的采样流中恢复该波形；否则，会出现被称为混叠的现象，而且无法根据采样流重建原始的模拟波形。

此概念为任何时域系统仿真器带来了极重的负担，因为在仿真的发射器/接收器链路中，它强制整体采样频率至少两倍于系统内任何地方的最高频率组件的频率。这造成了某种浪费，因为上变频或下变频链路通常包含载波调制的通带信号，这些信号具有相对低频但集中在极高频载波周围的成分(带宽)。原则上，关注的信号是调制信号而非载波，而且假设关注的是围绕着中心频率的窄带频率，那么此调制信号可由其复包络(CE)更高效地表示(假设总是过滤出距载波非常远的频率)。以 GSM 信号为例，其带宽只有几百 kHz，但它被调制到 1.9 GHz 的载波上。原则上，采样频率为 5 MHz(更准确地说，是 5 Ms/s)，足以通过 CE 形式来描述信号，但为了能轻松对载波进行采样，采样频率必须至少为 3.8 GHz(5 GHz 或者 5 Gs/s 会更轻松)。可以明显看出，两种不同的方法导致仿真速度相差三个数量级。

VSS 尽可能地利用信号的 CE 表示形式，在不损害仿真精度的同时获得此处讨论的巨大的仿真速度优势。具体来说，实际通带信号 $x(t)$(表示围绕着频率为 f_c 的高频正弦载波进行的窄带调制)的数学表达式为

$$x(t) = x_c(t) \cdot \cos 2\pi f_c t - x_s(t) \cdot \sin 2\pi f_c t \tag{18-1}$$

其中 $x_c(t)$ 和 $x_s(t)$ 是实际的低通信号，其带宽远小于载波频率 f_c，而且被称为实际通带信号 $x(t)$ 的同相和正交分量。信号可由其复包络(CE)形式 $c(t)$ 来表示，其中：

$$x(t) = \mathrm{Re}\left\{c(t) \cdot \mathrm{e}^{\mathrm{j}2\pi f_c t}\right\} \tag{18-2}$$

因此，它认为 CE 低通信号为

$$c(t) = x_c(t) + \mathrm{j} \cdot x_s(t) \tag{18-3}$$

VSS 尽可能地利用 CE 低通等效信号 $c(t)$，使窄带仿真速度出现数量级的提升。为此，在仿真中任何点处的每个信号都具有采样频率，以及与其关联的中心频率标记。例如，要

轻松生成频率为 2 GHz 的纯音调(对其而言,实际通带信号为 $x(t) = \cos 2\pi f_c t$),可以使用 SINE 块(位于 Sources→Waveforms 类别中的 System Blocks 下),而且将其输出节点设置为复信号并以 CE 形式表示。为此:

- 使中心频率(CTRFRQ)保持为空,并将频率(FRQ)设置为 2 GHz, 从而导致 $c(t) = 1.0 + j0.0$ 并具有值为 2 GHz 的中心频率标记。

- 或者设置中心频率(CTRFRQ)的值(例如 1 GHz),并将频率(FRQ)设置为 5 GHz, 在此情况下, $c(t) = \exp(j2\pi \cdot (\text{FRQ} - \text{CTRFRQ})t)$ 并具有值为 1 GHz 的中心频率标记。

- 或者将中心频率(CTRFRQ)设置为 0, 并将 FRQ 设置为 2 GHz, 在此情况下, $c(t) = \exp(j2\pi \cdot 2e9 \cdot t)$ 并具有值为 0 的中心频率标记。

在使用 RF 音调时, TONE 块(位于 RF Blocks→Sources 类别中的 System Blocks 下)是首选的块, 因为所有频率均被指定为绝对频率, 而功率被指定为 dB/dBm。

虽然 VSS 产生的时域波形在内部不同, 但所有这些 CE 形式都显示了相同的频谱图(与实际通带信号 $x(t) = \cos 2\pi f_c t$ 对应的 2 GHz 音调)。中心频率标记是一个隐式传播的参数, 但在内部该信号作为 CE 低通等效形式建模。

另一个示例是, 前面讨论的 GSM 信号在 VSS 中也将以 CE 低通等效形式表示; 它是采样频率为 5 MHz 的复数序列, 并且仅具有值为 1.9 GHz 的中心频率标记, 而不是采样率为 5 Gs/s 的实际样本序列。当然, 如果需要使用后面这种更麻烦的方法, VSS 也提供了相应的功能, 可通过 CE-to-Real(CE2R)块(位于 Converters→Complex Envelope 类别中的 System Blocks 下)将任何信号切换到实际通带表示形式。

注意, VSS 将根据复信号的背景、其中心频率和执行处理操作的块来处理复信号。例如, 在 Math Tools→Math Functions 类别中的 System Blocks 下找到的块仅对其输入复信号执行标准的复数运算, 并将这些信号视为普通的复数。Modulation 类别中的调制映射器和检测块将复数样本系列视为基带 I/Q 符号。设计为操作 RF 信号的块(例如 Filters 或 RF Blocks 类别中的那些块)将具有非零中心频率的复信号视为围绕着中心频率载波的实信号的 CE 表示形式。当中心频率为 0 时, 默认情况下 RF 放大器、RF 混频器和电路滤波器块均将复信号视为表示独立的 I 和 Q 信道的一对实信号。

18.1.3　中心频率和采样频率

需要注意的是, 信号的 CE 表示形式能极大地减少仿真时间, 但需要仔细选择采样频率, 以便在仿真中包括所关注的频率。任何仿真的 CE 信号仅为具有以下间隔的频率存在:

$$\left[f_c - \frac{f_s}{2}, \quad f_c + \frac{f_s}{2} \right] \tag{18-4}$$

其中 f_c 是信号的中心频率, 而 f_s 是采样频率。

因此, 要查看前面的 GSM 信号(其频率偏离 1.9 GHz 载波(即信号的中心频率标记)的幅度 30 MHz)的频率成分(例如相邻信道功率比或 ACPR), 必须确保采样频率 $f_s \geqslant 60$ MHz, 以便信号在 1.87 GHz 与 1.93 GHz 或 $[f_c - f_s/2, f_c + f_s/2]$ 之间存在。

由于 VSS 专为数字通信应用而设计, 因此它的许多块和整个系统图都具有与之关联的数据速率和过采样。

数据速率是指每秒的数字通信符号数。在 VSS 系统图中，默认的数据速率表示为 _DRATE。符号可能具有不同的意义，具体取决于调制的细节。如，对于前面提及的 GSM 信号，符号速度或数据速率设置为标准的 270.833 ks/s，每个符号为 1 bit，它也可以被表示为 270.833 kb/s。仿真一个应用正交相位键控(QPSK)调制的卫星链路时，传输 100 Mb/s，可以将 QPSK 源模块的符号速率(或数据速率)设置为 50 Ms/s(因为 QPSK 符号对应 2 bit)。QPSK_SRC 模块位于 Modulation→QPSK 类别的 System Blocks 下。

这些符号可以由任意多个采样点(过采样)所表示。在 VSS 系统框图中，默认的每个符号的采样点数由 _SMPSYM 设置。对于 QPSK 信号，可以为每个符号设置 10 个采样点，因此总的采样频率为

$$f_s = (\text{DataRate}) \cdot (\text{Oversampling}) = 500 \text{ MHz} \tag{18-5}$$

如前所述，如果 QPSK 中心频率为 5GHz (从 4.75GHz 到 5.25 GHz)，信号将存在于 5 GHz 的前后 250 MHz 内。

对于数字通信，数据速率和过采样的值以及每个信号的中心频率标记都很重要。可以在 System Simulator Options 对话框的 Basic 选项卡上设置这些值，或者在仿真的源块(通常位于仿真链的开始处)中这样做，之后它们将会沿着任何已建立的仿真链传播。在系统图中的任何点处，都可以使用 System Tools 测量项或注释来检查所传播的参数。

在大多数具有 DRATE 或 SMPFRQ 参数的块中，这些参数的默认值都为空。当值为空时，这些块将自动确定其数据速率或者采样频率。如果下游块以某种方式指定了采样频率(直接指定或者因连接到它的其他块而指定)，则可以使用该值，否则将通过系统图的 Options 对话框中的默认设置来确定速率。

18.1.4　参数传播

VSS 为了提高易用性而提供的一项重要功能就是参数传播。在前面讨论所有 VSS 块将采样频率和中心频率传播给位于仿真链下游的其他块时，简单介绍了该功能。此参数的传播过程是双向的，而且也会从仿真链的末尾传播到开始处。在 VSS 中，前向和后向的参数传播会发生在各种参数上，而中心频率、采样频率、过采样、信号和噪声电平以及延迟和相位失真只是其中的一小部分参数。

例如，可以在系统图中放置一个 QPSK 发射器，根据特定传输方案的特性(数据速率、脉冲成形、功率等)配置它，而且无需在接收器块中重复相应的设置。仿真器在每次仿真的启动阶段通过参数传播自动完成此过程。特别的是，在仿真链中发射器与接收器之间的某个地方，可以放置放大器块和(或)滤波器，然后，无需调整抵达接收器的信号，即可适应滤波器引起的延迟和相位旋转或者放大器引起的增益。仿真器自动将这些参数向前传播，从而允许接收器块调整接收到的信号以适应这些参数，因此可以在几分钟内设置并运行相对复杂的发射器/接收器链路的 BER 仿真(即使是第一次这样做)。

有关每个块的参数传播的详细信息，可以查看块的帮助。例如，放大器不会更改到达其输入节点的中心频率标记的传播值，但会按照其增益(可能还会按照噪声系数)更改传播

的信号和噪声电平。对于混频器块，如果到达其输入节点的中心频率为 $f_{m,c}$，而到达其 LO 节点的中心频率为 $f_{LO,c}$，则它传播的中心频率是两者之和：

$$f_{m,c} + f_{LO,c} \quad \text{(如果它处于上变频模式)} \tag{18-6}$$

或两者之差，

$$|f_{m,c} - f_{LO,c}| \quad \text{(如果它处于下变频模式)} \tag{18-7}$$

滤波器块会将它自己引入信号中的延迟量加上传播到其输入节点的延迟量，从而增大在其输出节点传播出去的延迟值。

18.2　幅度调制仿真

本节介绍应用 AWR 软件的 VSS 套件，进行幅度调制仿真，将频率为 2 GHz 的正弦数据信号调制到 40 GHz 的正弦载波上。

幅度调制(AM)的描述见下式：

$$X_{AM}(t) = C \cdot \left[A + m(t)\right] \cos \omega_c t \tag{18-8}$$

式中 $m(t)$ 为消息数据信号，即频率为 2 GHz 的正弦信号，由以下方程指定：

$$m(t) = B \cos \omega t \tag{18-9}$$

A 表示消息信号的 DC 电平，而 B 和 C 分别表示载波和消息信号的幅度。

本示例的操作步骤如下：

- 创建工程；
- 设置默认的系统设置；
- 创建系统框图；
- 在系统框图中添加模块；
- 设定系统仿真器选项；
- 添加图表和测试量；
- 运行仿真和分析结果。

18.2.1　创建工程

创建和仿真设计的第一步是创建工程。通过创建并使用工程，可以在树状目录结构中组织和管理相关的设计以及与设计关联的任何项。本节创建的完整仿真为 Ex18_AM.emp 工程文件。

要创建工程的步骤如下：

(1) 首先启动 VSS，在桌面上点击 Start，选择 All Programs→AWRDE 13→AWR Design Environment 13，或者在桌面上双击相应的快捷方式。

(2) 选择 File→New Project。

(3) 选择 File→Save Project As。此时将显示 Save As 对话框。

(4) 选择要保存工程的文件夹，键入 Ex18_AM 作为工程名，然后点击 Save。工程名将显示在标题栏上。

18.2.2　默认工程设置选项

在仿真之前，需要设置工程默认选项。

设置默认工程单位的步骤如下：

(1) 点击菜单 Options→Project Options。出现 Project Options 对话框。

(2) 点击 Global Units 选项卡，确保设置与图 18-1 所示一样。可通过点击向下的箭头更改单位设置。

(3) 点击 OK，保存设置。

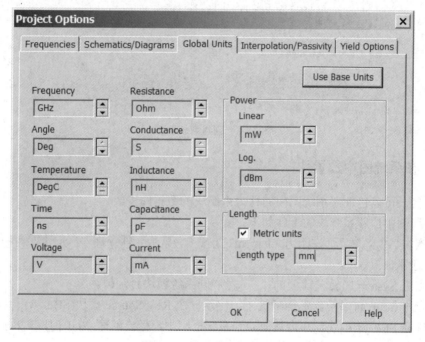

图 18-1　设置默认工程单位

18.2.3　创建系统框图

在系统框图里，可以应用 VSS 的行为级模块创建端到端的通信系统或者以图形形式开发算法，VSS 工程可包含多个系统图、线性和非线性原理图以及网表。

要创建系统图的步骤如下：

(1) 选择 Project→Add System Diagram→New System Diagram，此时将显示 New System Diagram 对话框。

(2) 键入 AM，然后点击 Create。此时工作区中将显示一个系统图窗口，而且，在工程管理器中的 System Diagrams 下会显示 AM 系统图，如图 18-2 所示。

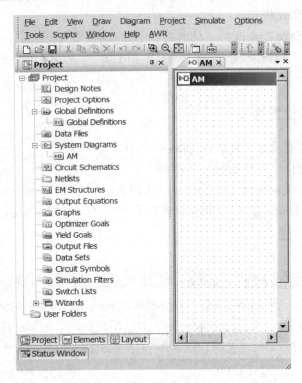

图 18-2　创建系统框图

18.2.4　在系统图中放置块

元件目录可以包含在系统图中的行为系统块的数据库中。

在系统图中放置系统块的步骤如下：

(1) 点击 AWR 主界面左下方 Elements 选项卡，显示元件管理器。元件管理器窗口将替代工程管理器窗口。

(2) 点击 System Blocks 前面的"+"号展开系统模块目录树。

(3) 点击 Sources 节点，在面板的下方出现一个 Real Source 模块(SRC_R)。

(4) 选择 SRC_R 模块，并将其拖动到系统框图中，释放鼠标，如图 18-3 所示，点击放置元件。此元件功能是生成信息信号的 DC 值。

注意：在将系统块拖到系统图之前，通过将鼠标移到块上或右键点击它并选择 Details，即可在元件管理器中查看其全名。

(5) 展开 Sources 类别，然后点击 Waveforms 组，选择 SINE 块并按图 18-3 所示放置它。注意：在点击以将块定位之前，可以通过右键点击块来旋转它(旋转角度以 90°递增)。

(6) 展开 Math Tools 类别，然后选择 ADD 块并放置它。

(7) 展开 Modulation 类别，然后点击 Analog 组。选择 AM_MOD 块并放置它。

(8) 选择系统图中的 SINE 块。选择 Edit→Copy，然后选择 Edit→Paste，放置复制的块。注意：选择 View→Zoom In 以放大系统图。所有块的放置位置如图 18-4 所示。

(9) 要保存文件，选择 File→Save Project。

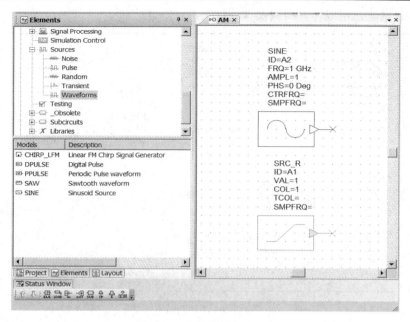

图 18-3　在系统图中放置块

18.2.5　连接块并添加测试点

要连接系统块并添加测试点的步骤如下：

(1) 将光标放在 SRC_R 块的节点上。光标将显示为线圈符号。

(2) 点击显示的连线并将其拖到 ADD 块的输入节点 2，然后点击以放置连线。

(3) 重复步骤(1)和步骤(2)，如图 18-4 所示，完成连接。

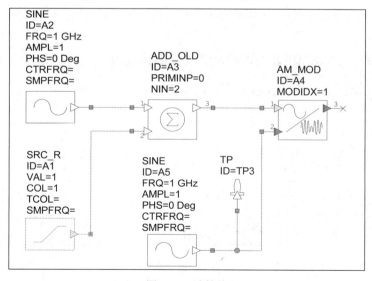

图 18-4　连接块

(4) 在元件管理器中，点击 Meters 节点，选择 Test Points(TP)模块，并按图 18-5 所示进行放置，也可以点击工具栏上的 Test Point 图标。在放置测试点模块时，可以按需要点击右键对其进行放置，可以在这些测试点处显示仿真结果。

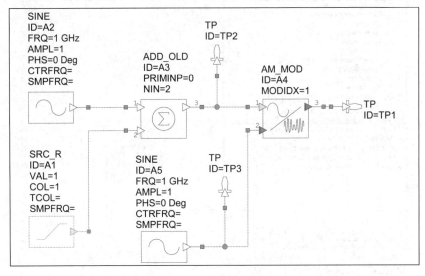

图 18-5　添加测试点

注意：也可以通过移动块以使其节点衔接在一起来连接块。当正确连接时，会出现一个绿色的小正方形。若移动任一模块，连接线将会拉伸。如果未看到绿色的正方形，拖动某一模块，并再次放置。

18.2.6　修改模块参数

编辑块参数的步骤如下：

(1) 在系统图中，双击连接到 ADD 块的 SINE 块。此时将显示 Element Options 对话框。

(2) 点击 Show Secondary 以显示次级参数，按照图 18-6 所示的值编辑参数，然后点击 OK。

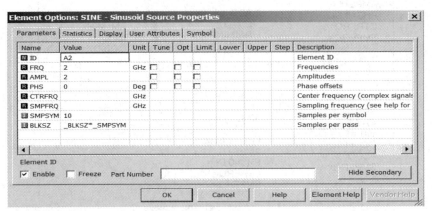

图 18-6　编辑参数

(3) 双击连接到 AM_MOD 块的 SINE 块。如果次级参数未显示，点击 Show Secondary。将 FRQ 参数的值更改 40，将 AMPL 参数更改为 3，将 CTRFRQ 参数更改为 0，将 SMPSYM 参数更改为 10，然后点击 OK。

(4) 双击 SRC_R 块，将 SMPSYM 参数更改为 10，然后点击 OK。

(5) 双击 AM_MOD 块，将 MODIDX 参数更改为 2，然后点击 OK。

注意：可以双击系统框图中显示的参数值，直接对参数值进行修改。

18.2.7　指定系统仿真器选项

设置系统仿真采样点的步骤如下：

(1) 应用菜单 Options→Default System Options，出现 System Simulator Options 对话框，如图 18-7 所示。

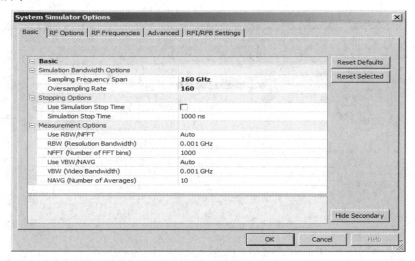

图 18-7　System Simulator Options 对话框

(2) 点击 Basic 选项卡，在 Sampling Frequency Span 选项后键入 160 GHz，并在 Oversampling Rate 选项后键入 160，然后点击 OK。

18.2.8　创建图形以查看结果

VSS 允许通过各种图形来查看仿真结果。在执行仿真之前，必须创建一个图形，然后指定要绘制的数据或测量项。

创建图形的步骤如下：

(1) 点击 Project 选项卡，显示工程管理器。

(2) 右键点击 Graphs 并选择 New Graph，也可以点击工具栏上的 Add New Graph 按钮，此时将显示 New Graph 对话框。

(3) 在 Graph Name 中键入 Amplitude Mod，选择 Rectangular 作为 Graph Type，然后点击 Create，图形显示在工作区的窗口中，并且在工程管理器中显示为 Graphs 下的节点，如图 18-8 所示。

图 18-8　创建图形

18.2.9　添加测量项

在图表中添加测量项的步骤如下：

(1) 右键点击工程管理器下的 Amplitude Mod 图表，选择 Add Measurement，出现 Add Measurement 对话框，如图 18-9 所示，也可以点击工具栏上的 Add New Measurement 按钮。

(2) 对于测量类型，选择 Measurement Type 下的 System，然后选择 Measurement 下的 WVFM。

(3) 将 Time Span 设置为 2，Units 设置为 ns，Complex Modifier 设置为 Real，如图 18-9 所示。

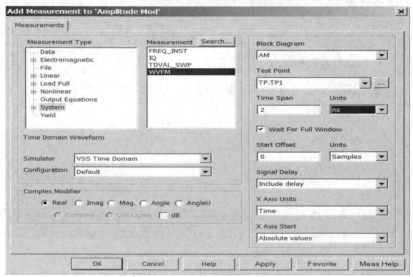

图 18-9　Add Measurement 对话框

(4) 将 Test Point 设置为 TP.TP1，点击 Apply 按钮。在 Amplitude Mod 图表下，将会出现 AM: Re(WVFM(TP.TP1, 2, 5, 1, 0, 0, 0, 0, 0))测试量，如图 18-10 所示。

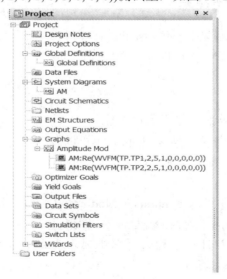

图 18-10　添加测量项

(5) 将 Test Point 设置为 TP.TP2，点击 Apply 按钮。

(6) 在 Test Point 中选择 TP.TP3，然后点击 OK。

注意： 可以通过双击测试点的 ID 号，自定义测试点的名称。

18.2.10　运行仿真并分析结果

运行仿真的步骤如下：

(1) 选择 Simulate→Run/Stop System Simulators，让仿真运行 5 秒，然后再次选择 Simulate→Run/Stop System Simulators 以停止仿真，也可以点击工具栏上的 Run/Stop System Simulators 按钮。此时应显示图 18-11 所示的仿真响应。

(2) 保存并关闭工程。

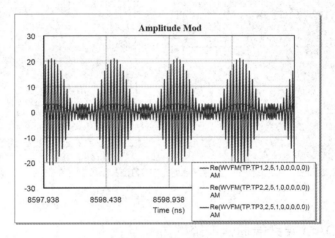

图 18-11　仿真响应

18.3　端到端通信系统仿真

本节介绍端到端通信链路系统中信号和噪声功率的关系。端到端链路的分析通常是测量误码率(BER)，有时处理符号(在信号中编码的一个位或一组位)是更好的选择。在本示例中，将评估基本 QAM 传输的链路错误率，还将分析误码率或符号错误率(SER)，以及信噪比(SNR)对 BER 和 SER 的影响。

本示例的操作步骤如下：

· 创建 QAM 工程和系统框图；

· 创建图表并分析 BER 和 SER；

· 对系统参数进行调谐。

18.3.1　创建 QAM 工程

本节创建的完整仿真为 Ex18_QAM.emp 工程文件。创建工程的步骤如下：

(1) 选择 File→New Project。

(2) 选择 File→Save Project As，此时将显示 Save As 对话框。

(3) 导航到要保存工程的目录，键入 Ex18_QAM 作为工程名，然后点击 Save。

(4) 选择 Options→Project Options。

(5) 点击 Global Units 选项卡，设置如图 18-12 所示。

(6) 点击 OK，保存设置。

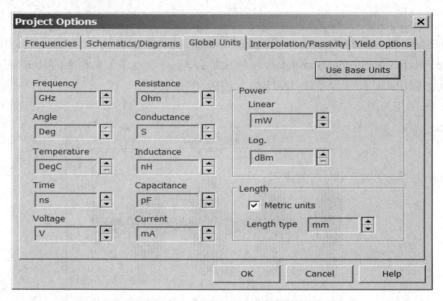

图 18-12　Project Options 设置

18.3.2　创建 QAM 端到端通信系统框图

创建 QAM 端到端通信系统框图的步骤如下：

(1) 选择 Project→Add System Diagram→New System Diagram，此时将显示 New System Diagram 对话框。

(2) 键入 QAM 作为图名称，然后点击 Create。

(3) 点击 Elements 选项卡，显示元件管理器。

(4) 展开 Sources 类别，点击 Random 组，选择 RND_D 块，将其放在系统框图中。

(5) 展开 Modulation 类别，再点击 QAM 节点，选择 QAM_TX 模块，将其放置在系统框图中。

(6) 点击 Channels 节点，选择 AWGN 模块，将其放置在系统框图中。

(7) 在 Modulation 类别中，点击 General Receivers 节点，选择 RCVR 模块，将其置于系统框图中。注意，所有模块的放置位置如图 18-13 所示。

(8) 在 Meters 类别中，选择测试点(TP)，或者点击工具栏上的 Test Point 按钮，然后在 QAM_TX 和 AWGN 模块之间添加测试点(TP)，在 RCVR 模块的输出端添加另一个测试点(TP)。

(9) 按照图 18-13 所示，连接各模块和测试点(注：当前元件参数为默认值，待编辑)。

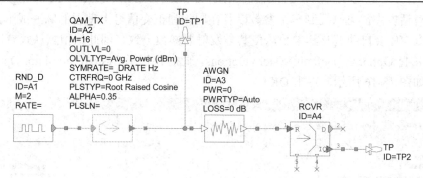

图 18-13　创建 QAM 端到端通信系统框图

(10) 双击系统框图中的 RND_D 模块，将 M 参数设置为 2；由于 M=2，默认情况下 RND_D 设置为产生在 0 和 1 之间变化的数字信号，让所有其他次级参数保留默认设置，如 图 18-14 所示。

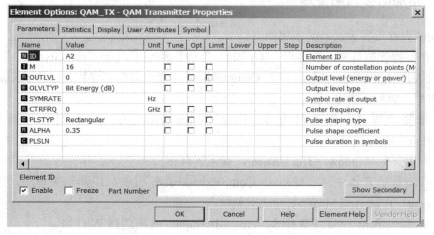

图 18-14　RND_D 模块参数设置

(11) 双击 QAM_TX 块，如图 18-15 所示更改参数。

图 18-15　QAM_TX 模块参数设置

在此对话框中，可以控制多个参数以及在同相和正交信号上使用的脉冲成形滤波器。

(12) RCVR 会自动调整其参数，使其与发射器参数一致，因此保留默认设置即可。

(13) 选择 Options→Default System Options，此时将显示 System Simulator Options 对话框，设置如图 18-16 所示，点击 OK。

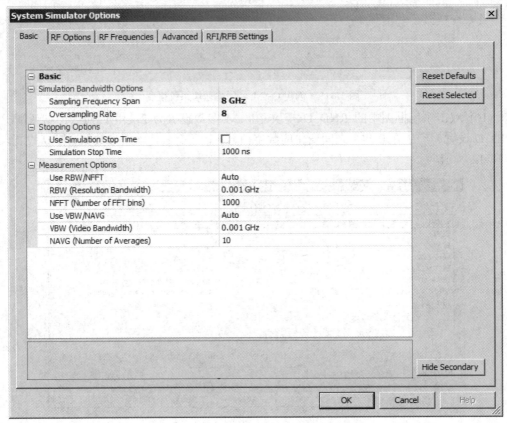

图 18-16　System Simulator Options 对话框

18.3.3　添加图表和测量项

添加图表并设置测试量的步骤如下：

(1) 在工程管理器中，右键点击 Graphs，在弹出菜单中选择 New Graph，或者点击工具栏上的 Add New Graph 按钮，键入 Complexbaseband 作为图形名称，选择 Rectangular 作为图形类型，然后点击 Create。

(2) 重复步骤 1，创建名为 Receiver Constellation 的另一个图形。图表类型为 Constellation，点击 Create。

(3) 应用菜单 Window→Tile Vertical，显示所有窗口。

(4) 在工程管理器中，右键点击 Complexbaseband 图表，在弹出菜单中，选择 Add Measurement，出现 Add Measurement 对话框。

(5) Measurement Type 项选择 System，Measurement 项选择 WVFM。

(6) 在 Test Point 项选择 TP.TP1，并确保 Time Span 为 10，Units 为 Symbols，然后

点击 OK。

(7) 在工程管理器中，右键点击 Receiver Constellation 并选择 Add Measurement。

(8) 使用图 18-17 中的设置创建一个 IQ 测量项，然后点击 OK。

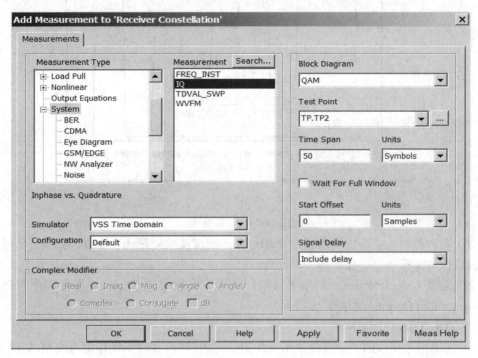

图 18-17　创建一个 IQ 测量项

18.3.4　运行仿真分析

运行仿真并配置结果的显示的步骤如下：

(1) 应用菜单 Simulate→Run/Stop System Simulators，仿真进行几秒后再次应用菜单 Simulate→Run/Stop System Simulators 以停止仿真，仿真响应如图 18-18 所示。

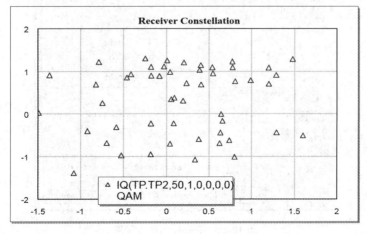

(a)

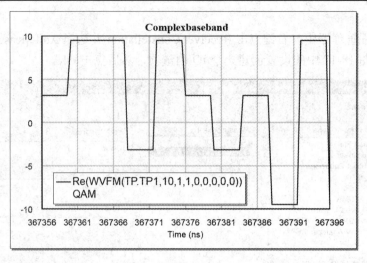

(b)

图 18-18 仿真响应

由于噪声源的功率谱密度设置为 0 dB，并未出现接收星座图。注意：复基带信号的波形并没有在每个符号上，显示 8 个采样点。

(2) 选择 Complexbaseband 图表窗口，点击工具栏上的 Options 图标，此时将显示 Rectangular Plot Options 对话框。

(3) 点击 Traces 选项卡。

(4) 使用符号和线的下拉选择器将三角形指定为符号，并将实线指定为线型，如图 18-19 所示(线将会显示在 Complexbaseband 波形上)。

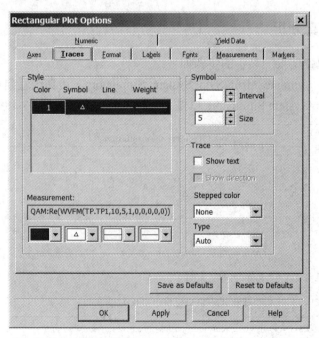

图 18-19 Traces 选项卡设置

(5) 在 Symbol 下，确保 Interval 已设置为 1，然后点击 OK。

(6) 在系统图中，双击 AWGN 块，将 PWR 参数改为 −30 dB，然后点击 OK。

(7) 开始运行仿真，运行大约 10 秒后，停止仿真。**注意观察散点图如何改变。**

此时应显示如图 18-20 所示的仿真响应。三角形的符号显示在 Complexbaseband 图表上，现在显示 8 个采样点/符号。可以应用菜单 Options→Default System Options 对话框，并改变 Default System Options→Sampling Frequencies/Data Rates 的值，查看不同的仿真结果。

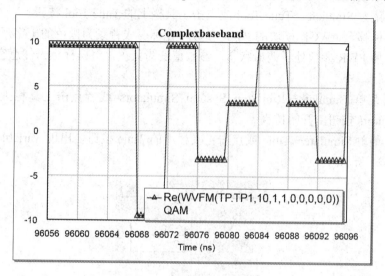

(a)

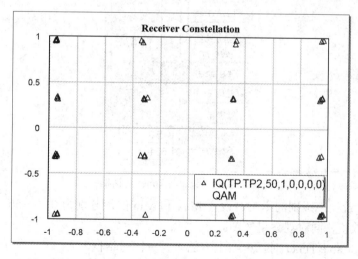

(b)

图 18-20　新的仿真响应

右击图表进行缩放，或者选择 Options 修改任意图表的外观，也可以点击工具栏上的 Options 按钮。

(8) 选择 File→Save Project 以保存工程。

18.3.5 调谐系统参数

VSS 架构使用面向对象技术，可以快速高效地进行仿真，实时调谐器可以在调谐参数的同时查看仿真结果。

调谐系统参数的步骤如下：

(1) 点击系统图窗口以使其处于活动状态。

(2) 应用菜单 Simulate→Tune Tool 或点击工具栏上的 Tune Tool 按钮。

(3) 将鼠标移至 AWGN 模块的 PWR 参数，光标变成背景为黑色的十字形的光标。

(4) 点击使 PWR 参数处于调谐状态，参数值变为蓝色，将鼠标点击任意空白区域，释放调谐工具。

(5) 应用菜单 Simulate→Run/Stop System Simulators 或者点击工具栏上的 Run/Stop System Simulators 按钮，开始仿真。

(6) 应用菜单 Simulate→Tune 或点击工具栏上的 Tune 按钮，出现 Variable Tuner 对话框，如图 18-21 所示。

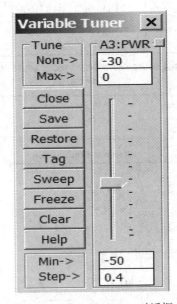

图 18-21　Variable Tuner 对话框

(7) 为了查看噪声级别的影响，设置 Max 和 Min 的值分别为 0 和 −50。点击调谐工具滑块，并调整数值，同时观察星座图。

(8) 点击 Variable Tuner 对话框右上方的×，关闭对话框。

(9) 选择 Simulate→Run/Stop System Simulators，或点击工具栏上的 Run/Stop System Simulators 按钮，以停止仿真。

(10) 要取消调整 AWGN 块的 PWR 参数，请选择 Simulate→Tune Tool，或点击工具栏上的 Tune Tool 按钮，然后再次点击 PWR 参数值，参数值显示为彩色。要退出调谐工具，请点击设计区域的任意地方。

(11) 双击 PWR 参数，将它的值改为 0。

18.3.6　创建 BER 和 SER 仿真

系统工程师经常希望进行误码率(BER)仿真，对于一些调制方案，以分析的方式计算误符号率(SER)要比计算 BER 更容易。本例展示了如何生成 BER 和 SER。要生成 BER 曲线，必须用一种方法改变信噪比(SNR)。为了达到此目的，在本例中建立了一个步进式变量 Eb_NO，以扫描从 0 到 10 的值范围(增量为 1)。此步进式变量用作发射器输出功率参数的值，因此，信号电平会随着此变量值的步进而提高。在本例中，AWGN 功率参数设置为 0dB，并且设置仿真以增加发射器功率。

要创建 BER 仿真的步骤如下：

(1) 点击系统框图，使之处于活动状态。

(2) 应用菜单 Draw→Add Equation，将光标移动至系统框图窗口中。在窗口中，显示一个编辑框。

(3) 点击，放置编辑框。

(4) 在编辑框中输入 Eb_NO = sweep (stepped(0,10, 1))，在输入框之外点击鼠标，并按下 Enter 键。

(5) 双击 QAM_TX 模块，并将 OUTLVL 参数设置为 Eb_NO，并将 OLVLTYP 参数设置为 Bit Energy (dB)，并点击 OK。

(6) 在元件管理器中的 System Blocks 下，展开 Meters 类别，然后点击 BER 组。选择 BER 块(内部参考源)，然后将其放在系统图中 RCVR 块的右侧。

(7) 将 BER 块连接到 RCVR 块的 D 节点。

(8) 双击 BER 块。点击 Show Secondary 以查看次级参数。按照图 18-22 所示的值编辑参数，然后点击 OK。

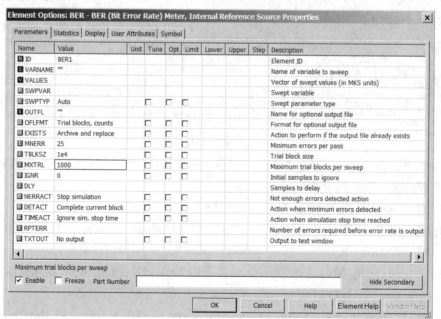

图 18-22　编辑参数

BER 块现在设置为测试 1e7 (MXTRL * TBLKSZ)个位，在为 Eb_NO 的每个值生成 BER 计算之前，该块将登记最少 25 个错误。BER 块在内部生成原始数据源，并将收到的位与传输的位进行比较。BER 曲线上的最后一点(即 Eb_NO 的第 11 个值)耗费的绘图时间最长。

(9) 要向工程添加 BER 图，需添加一个名为 BER 的矩形图形。

(10) 在工程管理器中，右键点击 BER，然后选择 Add Measurement。

(11) 使用图 18-23 中的设置创建 BER 测量项，然后点击 Apply 按钮以保存该测量项。

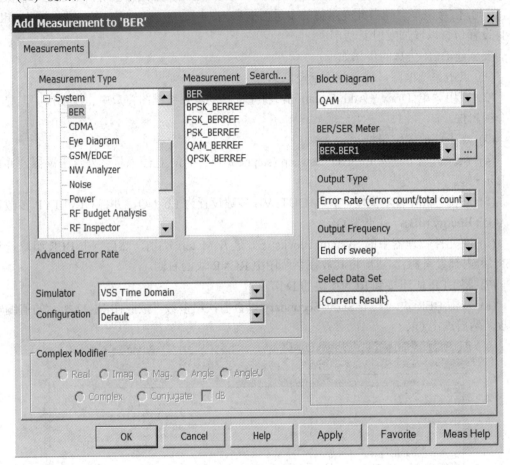

图 18-23　设置 BER 测量项

(12) 要利用理论结果来验证所得到的结果，请使用图 18-24 中的设置在 BER 图形中添加另一个测量项，然后点击 OK。

(13) 确认 AWGN 块的 PWR 参数值为 0 dB。

(14) 选择 BER 图形窗口，然后右键点击并选择 Options，或者点击工具栏上的 Options 按钮。

(15) 点击 Axes 选项卡，选择 Choose Axis 下的 Left1，选中 Log Scale 复选框，以将 Left1 设置为 Log scale，然后点击 OK。

(16) 选择 Simulate→Run/Stop System Simulators 或点击工具栏上的 Run/Stop System Simulators 按钮，以开始仿真。在仿真进行时，会生成 BER 曲线。

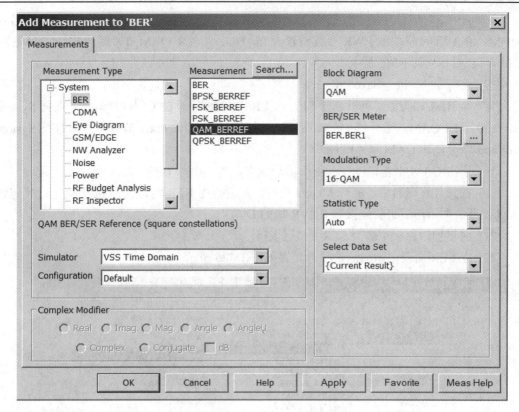

图 18-24　设置另一个 BER 测量项

注意：在功率增加时或在从 0 dB 到 10 dB 扫描 Eb_NO 时，接收的星座图的大小会变得更清晰。在 Eb_NO = 10 dB 时，仿真会在错误达到 25 个时停止，此时应显示如图 18-25 所示的仿真响应。

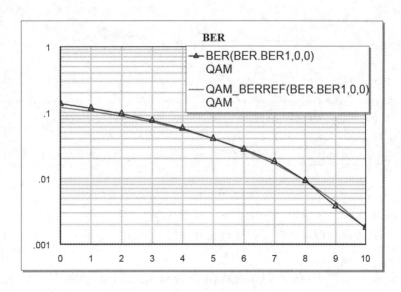

图 18-25　BER 仿真响应

在本例中，对信号功率进行扫描以绘出 BER 图形，也可以扫描噪声功率，保持信号功率恒定。将 AWGN 模块的 PWR 参数设置为 Eb_NO，并改变 QAM_TX 模块的 OUTLVL 值为 0，可获得相同的 BER 曲线。

(17) 选择菜单 File→Save Project。

(18) 与 BER 相类似，可以创建 SER 与 EB/N0 的图表，在工程管理器中，选择 System Diagrams 下的 QAM，然后将 QAM 图标拖放到 System Diagrams 节点上。此时在 System Diagrams 下会创建 QAM_1 系统图。

(19) 点击 QAM_1 窗口以使其处于活动状态，然后删除 BER 块。

(20) 在元件管理器中，展开 Meters 类别，然后点击 BER 组，选择 SER 块，将其拖到 QAM_1 系统图，然后将其连接到 RCVR 块的 D 节点。

(21) 向工程添加一个名为 SER 的矩形图形。

(22) 在 SER 图表中添加测量项，设置如图 18-26 所示。

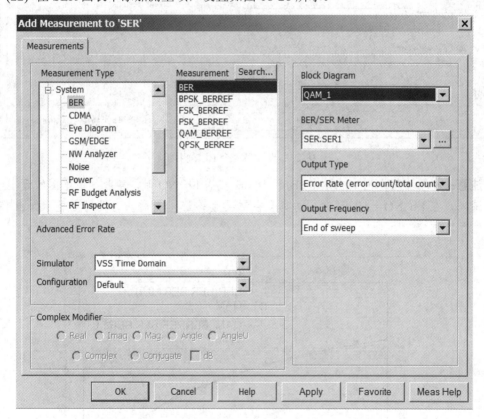

图 18-26　添加测量项

(23) 在 SER 图表中添加另一个测试量，设置如图 18-27 所示。

(24) 选择 BER 图表窗口，然后右键点击并选择 Options，或者点击工具栏上的 Options 按钮。

(25) 点击 Axes 选项卡，选择 Choose Axis 下的 Left1，选中 Log Scale 复选框，以将 Left1 设置为 Log scale，然后点击 OK。

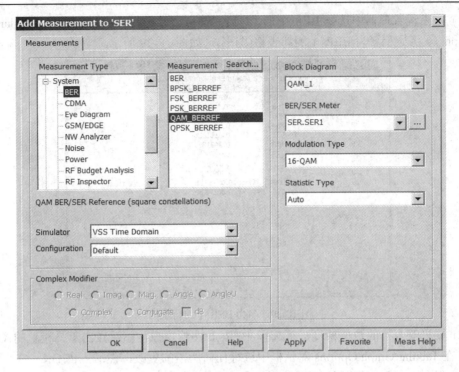

图 18-27　添加另一个测量项

(26) 选择 Simulate→Run/Stop System Simulators 或点击工具栏上的 Run/Stop System Simulators 按钮，开始仿真。在仿真进行时，会生成 SER 曲线，此时应显示如图 18-28 所示的仿真响应。

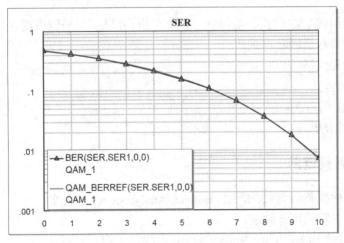

图 18-28　SER 仿真响应

也可以将 BER 和 SER 模块的 SWPTYP 参数设置为 Es/N0，用以绘制 BER 和 SER 曲线与 Es/N0 的关系。

18.3.7　将 BER 曲线结果转换为表格

将 BER 曲线结果转换为表格：

(1) 在工程管理器中选择 BER 图形，然后右键点击并选择 Duplicate As→Tabular。此时在 Graphs 下将显示名为 BER_1 的新表格(图形)，如图 18-29 所示。

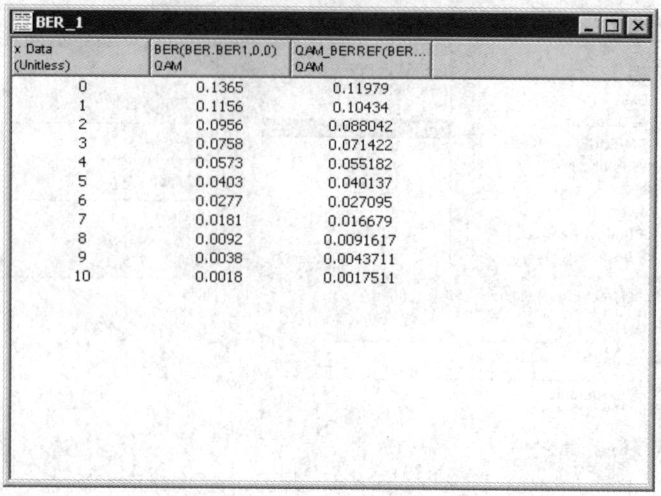

x Data (Unitless)	BER(BER.BER1,0,0) QAM	QAM_BERREF(BER... QAM
0	0.1365	0.11979
1	0.1156	0.10434
2	0.0956	0.088042
3	0.0758	0.071422
4	0.0573	0.055182
5	0.0403	0.040137
6	0.0277	0.027095
7	0.0181	0.016679
8	0.0092	0.0091617
9	0.0038	0.0043711
10	0.0018	0.0017511

图 18-29　名为 BER_1 的新表格

(2) 要更改表格的数值精度，请选择 BER_1 图形窗口，然后点击工具栏上的 Options 按钮。在 Tabular Graph Options 对话框中进行任何所需的更改，然后点击 OK。

(3) 保存并关闭工程。

18.4　射频链路预算分析

本节介绍如何在 VSS 中执行射频链路预算分析，并以一个示例说明射频链路仿真过程，分析级联操作增益和级联噪声系数。

本示例的步骤包括：

- 创建射频链路；
- 设置测量项；
- 进行收益分析。

18.4.1　创建射频链路

此示例最终的完整版为 Ex18_RF_Budget_Analysis.emp 工程文件。

要创建射频链路的步骤如下：

(1) 创建一个名为 Ex18_RF Budget Analysis 的新工程。

(2) 创建一个名为 RF Chain 的系统图。

(3) 如图 18-30 所示，完成系统图并设置参数，端口位于 Ports 类别的 RF Ports 组中。

对于两个 PORT_SRC 元件，将 SpecType 参数改为 Specify freq，将 Freq 参数改为 1GHz，将连接到 AMP_B 的端口的 Pwr 参数改为 −10 dBm，并将连接到 MIXER_B 的端口的 Pwr 参数改为 10 dBm。

其他系统块位于 RF Blocks 类别下的组中。AMP_B 位于 Amplifiers 组下，将其 NOISE

参数改为 RF Budget only，并让其他参数保留如图 18-30 中所示的值。RFATTEN 位于 Passive →Attenuators 组下，将其 NOISE 参数改为 RF Budget only，并让其他参数保留如图 18-30 中所示的值。MIXER_B 位于 Mixers 组下，将其 NOISE 参数改为 RF Budget only，将 NF 参数改为 6dB，并让其他参数保留图 18-30 中所示的值。

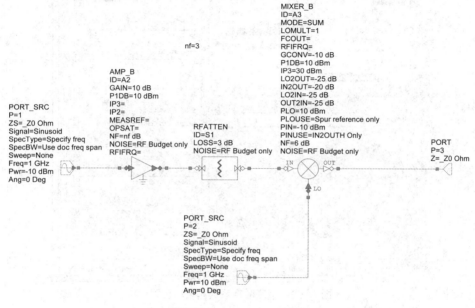

图 18-30　RF Chain 系统图

(4) 在系统图中添加等式 nf = 3。

(5) 将 AMP_B 块的 NF 参数设置为 nf。

(6) 要更改 AMP_B 的数据类型，请将光标移到此块上，如图 18-31 所示。在节点附近出现一个圆形时双击，此时将显示 System Node Settings 窗口。

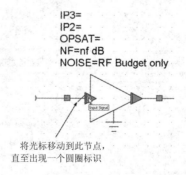

图 18-31　将光标移到 AMP_B 块上

(7) 将 Complex or Complex Envelope 设置为 Node data type，点击 OK。

18.4.2　添加测量项

添加测量项的步骤如下：

(1) 添加一个名为 RF Budget Analysis 的矩形图形。

(2) 使用图 18-32 所示的设置，添加一个级联噪声系数测量项。

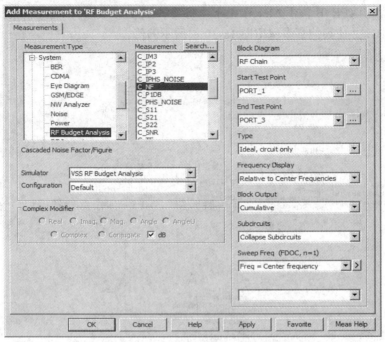

图 18-32　级联噪声系数测量项设置

(3) 使用图 18-33 所示的设置，添加一个级联操作点增益测量项。

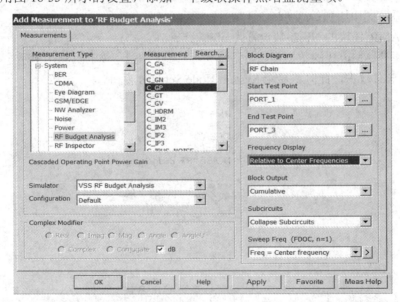

图 18-33　级联操作点增益测量项设置

(4) 在 RF Budget Analysis 图形选项中，点击 Measurements 选项卡，设置 C_GP 测量项，使其显示在右侧坐标轴上。

(5) 选择 Options→Default System Options，以显示 System Simulator Options 对话框，

点击 RF Options 选项卡，然后选中 Impedance Mismatch Modeling 复选框。

(6) 选择 Simulate→Analyze，或点击工具栏上的 Analyze 图标，此时应显示如图 18-34 所示的仿真响应。

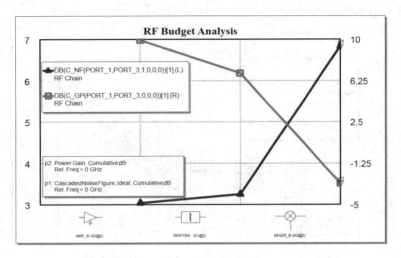

图 18-34　噪声和增益仿真响应

18.4.3　成品率分析

进行成品率分析的步骤如下：

(1) 点击工具栏上的 Variable Browser 按钮，或选择 View→Variable Browser，在 Variables 对话框中，对于 nf 参数，选中 Use Statistics 复选框，将 Tolerance 设置为 1，并将 Distribution 设置为 Uniform，如图 18-35 所示。如果成品率列不可见，请点击 Variable Browser 工具栏上的 Show or hide yield-related columns 按钮。

Document	Element	ID	Parameter	Value	Tune	Optimize	Constrained	Lower	Upper	Use Statistics	Yield Optimize	Tolerance	Distribution	Tolerance2	Step Size	Tag
RF Chain	AMP_B	A2	P1DB	10									Normal			
RF Chain	AMP_B	A2	IP2	3									Normal			
RF Chain	AMP_B	A2	IP3	10									Normal			
RF Chain	AMP_B	A2	MEASREF	10									Normal			
RF Chain	AMP_B	A2	OPSAT	10									Normal			
RF Chain	AMP_B	A2	RFIFRQ	10									Normal			
RF Chain	AMP_B	A2	GAIN	10									Normal			
RF Chain	EQN	A2	nf					0	0	✓		1	Uniform			
RF Chain	MIXER_B	A3	FCOUT	3									Normal			
RF Chain	MIXER_B	A3	RFIFRQ	3									Normal			
RF Chain	MIXER_B	A3	GCONV	-10									Normal			
RF Chain	MIXER_B	A3	P1DB	10									Normal			
RF Chain	MIXER_B	A3	IP3	30									Normal			
RF Chain	MIXER_B	A3	LO2OUT	-25									Normal			
RF Chain	MIXER_B	A3	IN2OUT	-20									Normal			
RF Chain	MIXER_B	A3	NF	3									Normal			
RF Chain	MIXER_B	A3	PIN	-10									Normal			
RF Chain	MIXER_B	A3	OUT2IN	-25									Normal			
RF Chain	MIXER_B	A3	LO2IN	-25									Normal			
RF Chain	MIXER_B	A3	PLO	10									Normal			
RF Chain	RFATTEN	S1	LOSS	3									Normal			
RF Chain	TONE	A4	FRQ	1									Normal			
RF Chain	TONE	A4	PHS	0									Normal			
RF Chain	TONE	A4	PWR	10									Normal			
RF Chain	TONE	A4	CTRFRQ	10									Normal			
RF Chain	TONE	A4	SMPFRQ	10									Normal			
RF Chain	TONE	A4	PNMASK	0									Normal			
RF Chain	TONE	A1	FRQ	1									Normal			
RF Chain	TONE	A1	PWR	-10									Normal			
RF Chain	TONE	A1	PHS	0									Normal			
RF Chain	TONE	A1	SMPFRQ	0									Normal			
RF Chain	TONE	A1	CTRFRQ	0									Normal			
RF Chain	TONE	A1	PNMASK	0									Normal			

图 18-35　Variables 对话框

(2) 选择 Simulate→Yield Analysis，此时将显示 Yield Analysis 对话框，确保 Analysis Method 为 Yield Analysis。

(3) 点击 Start 以开始进行收益分析，此时应显示如图 18-36 中所示的响应，若想停止仿真，点击 Stop 即可。

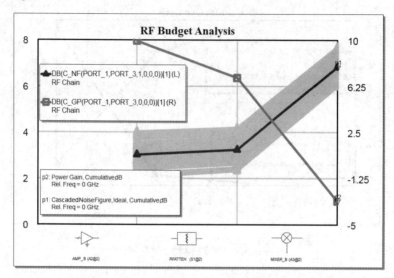

图 18-36　成品率仿真响应

(4) 要更改成品率数据的显示方式，右键点击图形窗口并选择 Options，以打开图形选项对话框，然后点击 Yield Data 选项卡以指定设置。

第六部分

AWR 软件高阶技术

第 19 章　　AWR 高阶技术及应用

19.1　智能滤波器综合

　　智能滤波器综合模块(iFilter Filter Synthesis，以下简称 iFilter)是为了综合集总元件和分布式滤波器而专门设计的。iFilter 将非常有用的滤波器综合技术集成于 AWR 软件设计环境之内，作为设计向导(Wizards)出现。

　　iFilter 模块的直观界面使设计者能快速设计滤波器，将它们直接和电路元件连接，权衡影响以得到最佳设计。当滤波器的设计和性能满足要求后，AWR 软件能够依据 iFilter 设计结果自动生成电路原理图、调试参数元件、优化目标，从而实现设计。

　　iFilter 能为分布式滤波器自动生成物理电路版图，能够使用大量的制造商元件库(电感、电容等)实现集总滤波器。将滤波器智能设计结果导出到 AWR 软件环境之前，设计者还可以查看滤波器的各种表达式，可以从带标注的电路原理图切换到物理视图或带有参数信息的网表，从而能够更好地了解滤波器的阻抗特性和谐振特性。iFilter 还可以提供对一般特性阻抗的高阶模式和线宽的反馈信息，并在滤波器所期望的性能超出其布局结构能力时向用户提出警告。

　　iFilter 还可以通过使用电磁仿真器(如 AWR 的 AXIEM 三维电磁仿真器)进行电磁验证，来进行准确的智能合成，这点在设计分布式滤波器时非常重要。

　　iFilter 支持的滤波器类型有：
- ➢ 集总元件滤波器：
- · 切比雪夫滤波器；
- · 最大平坦/巴特沃斯滤波器；
- · 贝塞尔滤波器；
- · 线性噪声滤波器；
- · 高斯滤波器；
- · 过渡高斯滤波器；
- · 勒让德滤波器。
- ➢ 分布式滤波器：
- · 并联枝节带通滤波器；
- · 阶跃阻抗谐振滤波器；
- · 边缘耦合带通滤波器；

- 交指带通滤波器；
- 发夹型带通滤波器；
- 梳状线带通滤波器。

新建滤波器设计：运行 AWR 软件，选择工程管理器，在树状图中找到 Wizards 节点，点击前面的"+"号展开，找到 iFilter Filter Synthesis 项，双击以启动 iFilter 模块，在右侧区域出现模块选择界面，如图 19-1 所示。

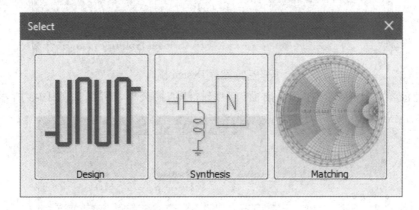

图 19-1　iFilter 模块选择界面

其中：

- Design：滤波器设计模式，为标准 iFilter 模块。
- Synthsis：滤波器综合模式，为高阶 iFilter 模块。
- Matching：阻抗匹配网络设计模式，为调用 iMatch 模块。

选择相应的模式，即可进行智能化设计。具体使用方法见后续小节介绍。

打开已有的滤波器设计：展开 Wizards 节点，再展开 iFilter Filter Synthesis 项，在已有的滤波器设计上点右键，选择 Edit，重新编辑各个选项，iFilter 会自动计算并更新结果。

关闭 iFilter 模块：

- 点击 Generate Design，将在 AWR 主设计环境内自动生成电路原理图、测量图以及其他设计项，在树状图的 iFilter Filter Synthesis 项下也将添加一个滤波器设计项。

- 点击 OK，则只在 iFilter Filter Synthesis 项下添加一个滤波器设计项，不生成电路图、测量图或其他项。

- 点击 Cancel，则关闭 iFilter 对话框，不保存设计。

说明：新的设计在创建过程中，各项参数值默认保持为前一次设计时的设置，这样可以方便设计者简化操作，在选取不同电路形式时不用再次输入一些通用参数。

19.1.1　滤波器设计

滤波器设计(Design)模式是标准 iFilter 模块，可以根据给定参数设计各种类型滤波器，以集总元件或者分布式元件实现。

在工程管理器树状图中，展开 Wizards 节点，双击 iFilter Filter Synthesis 项，弹出模块选择界面，选择 Design 模块，如图 19-2 所示。

智能滤波器设计

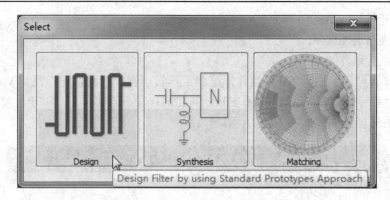

图 19-2　选择 Design 模块

进入滤波器设计模式。在新弹出窗口中选择滤波器类型,界面如图 19-3 所示。

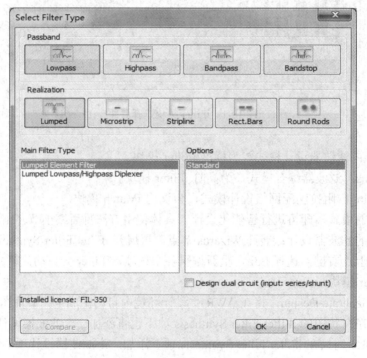

图 19-3　选择滤波器类型界面

选择滤波器类型主要包括:

· Passband:滤波器类型,包括 Lowpass(低通)、Highpass(高通)、Bandpass(带通)、Bandstop(带阻)。

· Realization:实现形式,包括 Lumped(集总)、Microstrip(微带线)、Stripline(带状线)、Rect.Bars(矩形杆)、Round Rods(圆棒)。

· Main Filter Type:主要滤波器类型,种类很多,具体滤波器类型由之前的 Passband、Realization 的设置决定。

· Options:选项,具体选项内容由前面的设置决定。

· Design dual circuit(input:series/shunt):双模电路输入形式,不勾选是串联形式,勾

选则是并联形式。

各项设置完成后，点击 OK，则进入 iFilter 设计主界面。界面如图 19-4 所示。

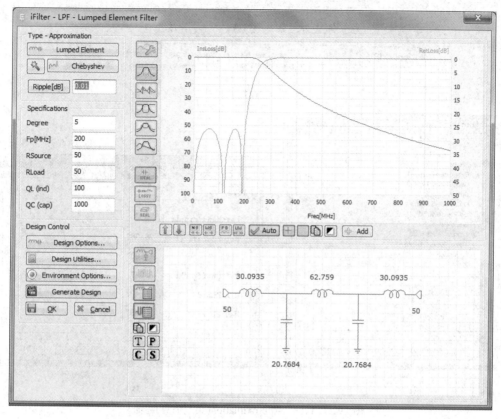

图 19-4　iFilter 设计主界面

iFilter 设计主界面左上角区域是 Type – Approximation(类型估算)，具体包括：

• 第一项按钮可以改变滤波类型，点击后会重新回到选择滤波器类型界面。该按钮显示的符号、名称即为当前所选类型，如图 19-5(a)所示。

• 　是选择设计模式，点击后会重新回到 iFilter 模式选择界面，如图 19-5(b)所示。

• Chebyshev 按钮可以改变响应估算类型，点击后会弹出估算功能窗口，如图 19-5(c)、(d)所示。通常选择 Chebyshev(切比雪夫式)或 Maximally Flat(最大平滑式)进行设计。

• Ripple 是通带波纹，默认单位为 dB，可以直接输入波纹数值。也可以点击 Ripple 按钮，则弹出改变通带波纹窗口，如图 19-5(e)所示，设置各参数值。

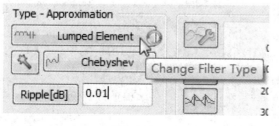

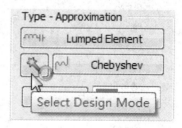

(a)　　　　　　　　　　　　　　　　(b)

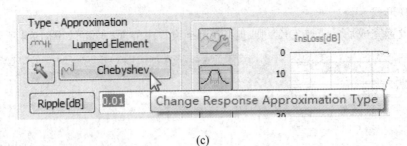

(c)

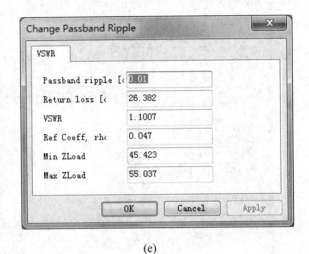

(d)　　　　　　　　　　　　　　　　(e)

图 19-5　Type – Approximation(类型估算)界面

iFilter 设计主界面左侧中间列是 Specifications(参数定义)，不同类型滤波器需要定义的参数也不相同，如图 19-6 所示，具体参数包括：

- Degree：滤波器阶数或者谐振器数目。
- Fp：通带截止频率。
- Fo：中心频率。
- BW：带宽。

图 19-6　Specifications(参数定义)不同界面示例

- Stopband IL：阻带频率。
- Lshunt：并联电感。
- Low Zo, High Zo：最低阻抗、最高阻抗，用于分布式低通滤波器。
- Reson Zo, Line Zo：均为内部阻抗，用于微波滤波器。
- RSource：源终端阻抗。
- RLoad：负载终端阻抗。
- QL, QC：均为寄生因子。
- TLatt：损耗因子。

iFilter 设计主界面左下角是 Design Control(设计控制)，如图 19-7(a)所示，包括：

- Design Options…：设计选项，点击后弹出集总模型选项窗口，设置电感、电容，如图 19-7(b)所示。
- Design Utilities：设计公参，点击后弹出窗口如图 19-7(c)所示，设置驻波比等参数。
- Environment Options：环境选项，点击后弹出窗口如图 19-7(d)所示，设置所有的单位。
- Generate Design：生成设计，可以将 iFilter 的设计自动生成到 AWR 设计环境中。

点击后弹出窗口如图 19-7(e)所示，可以设置设计名称，设置电路原理图、测量图、分析、调节、优化等条件。设置完成后，点击 OK，即自动在 AWR 设计环境中生成相关内容。

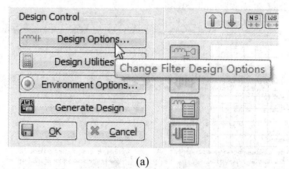

(a)

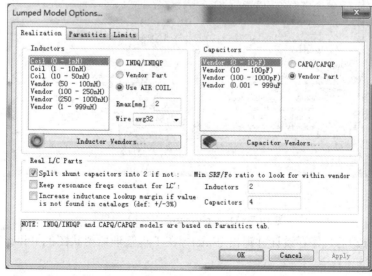

(b)

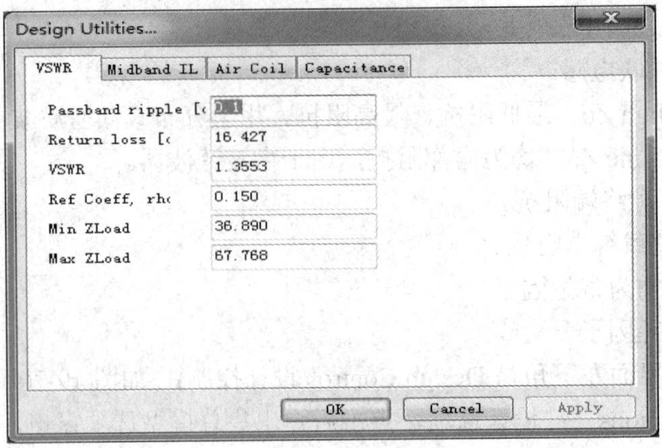

(c)

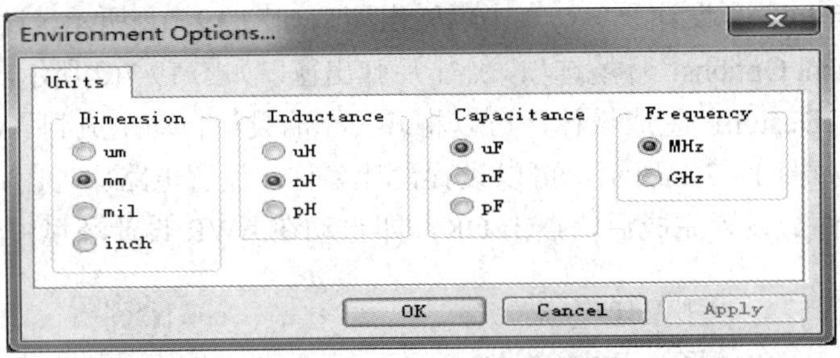

(d)

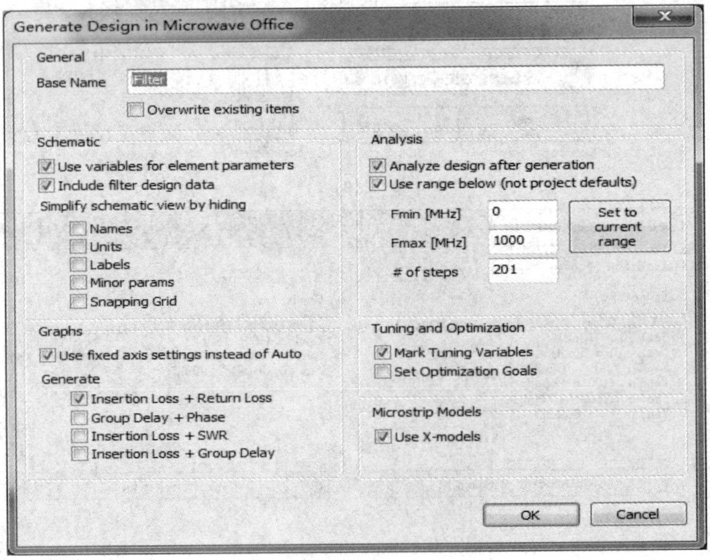

(e)

图 19-7　Design Control(设计控制)界面

· OK：点击后，保存设计并退出 iFilter，在工程管理器树状图的 iFilter 节点下生成本次设计项。

· Cancel：点击后，取消设计并退出 iFilter，即不保存设计。

iFilter 设计主界面右上方是波形界面，如图 19-8 所示。

- 左侧的竖列按钮可以选择测量不同的特性。
- 下方的横排按钮可以设置各种显示比例、颜色等，Add 是添加标签 marker。

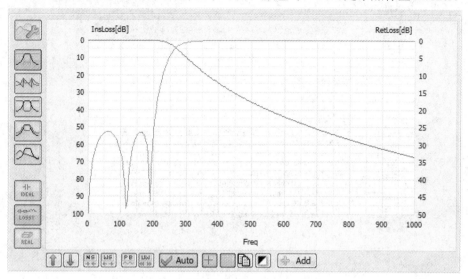

图 19-8　波形界面

iFilter 设计主界面右下方是电路界面，如图 19-9 所示。

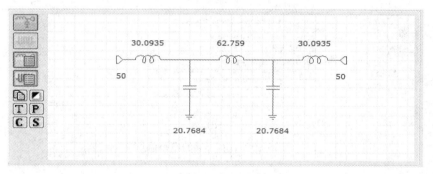

图 19-9　电路界面

左侧的竖列按钮可以查看不同的电路信息，从上到下四个按钮依次是：查看电路图、查看版图、查看电路信息和查看物理尺寸。四个按钮对应显示各自的电路信息，查看具体结果示意图如图 19-10 所示。

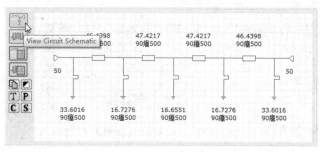

(a)

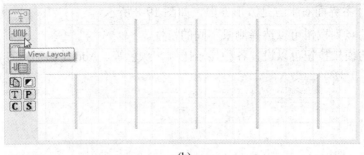

(b)

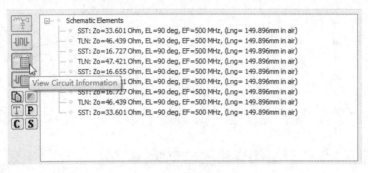

(c)

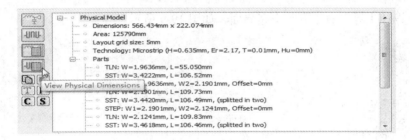

(d)

图 19-10　查看不同的电路信息

19.1.2　滤波器综合

滤波器综合(Synthesis)是 iFilter 的高阶模块。

在工程管理器树状图中，展开 Wizards 节点，双击 iFilter Filter Synthesis 项，弹出选择界面。选择 Synthesis 模块，如图 19-11 所示。

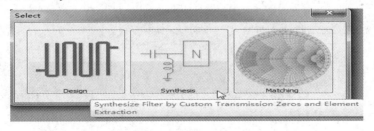

智能滤波器综合

图 19-11　选择 Synthesis 模块

点击后进入滤波器综合模式。在新弹出窗口中选择滤波器类型，依次选择 Bandpass、Lumped、Syn.Lumped Coupled Resonator Filter，界面如图 19-12 所示。

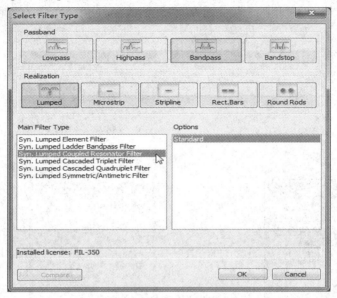

图 19-12　设置滤波器类型

设置完成后，点击 OK，即进入 iFilter 主界面，如图 19-13 所示。

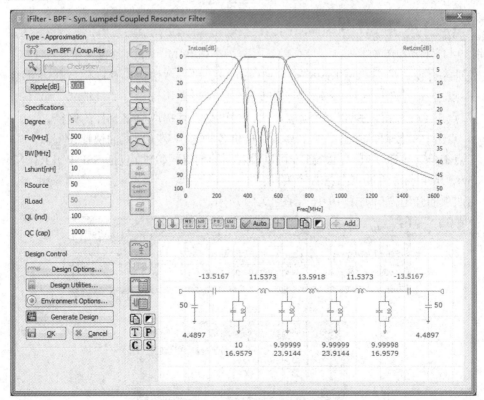

图 19-13　iFilter 主界面

同时还有一个附加小窗口，即 Auto Synthesis(自动综合)窗口，如图 19-14 所示。

在进行自动模式的综合时，Auto Synthesis(自动综合)可以提供简单控制。

在手动或者半自动使用综合模式时，会弹出 Advanced Synthesis(先进综合)对话框，如图 19-15 所示。

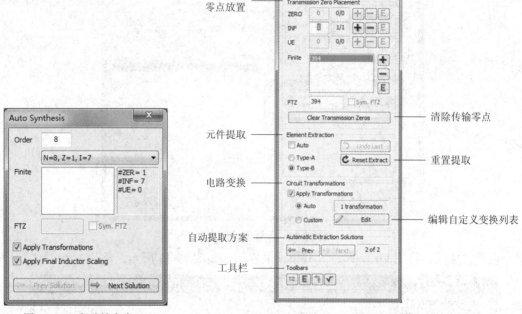

图 19-14　自动综合窗口　　　　　　　　　　　图 19-15　先进综合窗口

先进综合窗口最底部的 Toolbars(工具栏)可以提供一些快捷设置操作，具体包括：

- 点击 TZ 按钮，弹出传输零点模板窗口，可以调用预设好的模板。
- 点击 E 按钮，弹出元件提取窗口，提供另一种提取电路元件的途径。
- 点击 按钮，弹出变换工具条，提供各种通用变换形式的快捷设置。
- 点击 √ 按钮，弹出寻根窗口，可以设置不同的寻根算法，包括 SSP-POLRT、Newton、Bairstow、Jnekins。通过点击左右箭头设置。

这四项的弹出窗口如图 19-16 至图 19-19 所示。

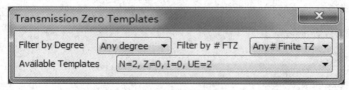

图 19-16　传输零点模板窗口

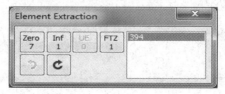

图 19-17　元件提取窗口

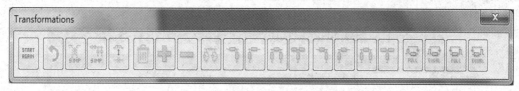

图 19-18　变换工具条

图 19-19　寻根窗口

点击 Advanced Synthesis 窗口的 Edit 按钮，会弹出 Circuit Transformations(电路变换)窗口，可以设置电路变换的各种形式。界面如图 19-20 所示。

图 19-20　电路变换窗口

19.1.3　阻抗匹配

阻抗匹配(Matching)是调用 iFilter 的 Matching 模式，进行阻抗匹配网络设计，可以迅速、高效地设计出所需要的阻抗匹配电路。阻抗匹配(Matching)模式的启动、界面、使用方法和滤波器设计(Design)模式基本相同。

智能匹配电路设计

在工程管理器树状图中，展开 Wizards 节点，双击 iFilter Filter Synthesis 项，弹出选择界面，如图 19-1 所示。选择 Matching，则进入阻抗匹配模式,弹出终端匹配窗口,界面如图 19-21 所示。

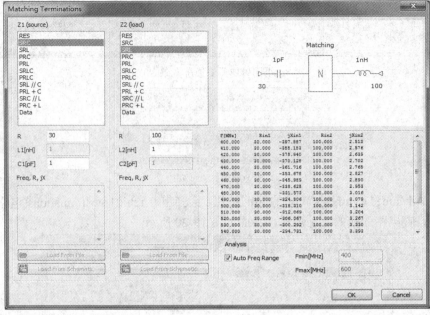

图 19-21　终端匹配窗口

　　设置源端、负载端的阻抗形式及数值,也可以选择 Data 模式,自行输入参数值,点击 OK,即进入 Matching 主界面,如图 19-22 所示。可以看出,阻抗匹配界面和滤波器设计界面非常相似。

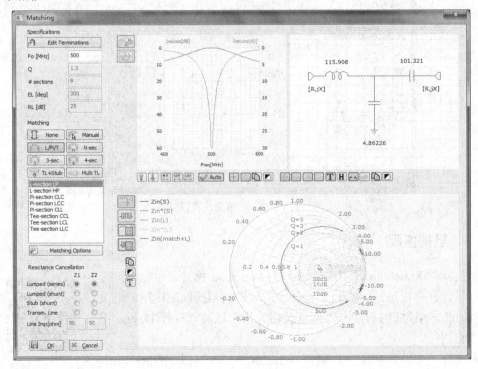

图 19-22　Matching 主界面

19.2　智能连接线

智能连接线(iNet)是一种实时快速的互连线布线技术。利用 iNet 可以进行复杂的多层布线及自动添加过孔等。由 iNet 画出的布线也可以再用 ACE(自动电路提取)或者 EM 仿真来进行电磁建模分析。

iNet 介绍

在电路原理图中，iNet 可以连接两个或多个元件，直观来看，iNet 就是若干条连接在一起的连接线，其节点可以由连线、命名的连接点(NCONN 元件)或者在直接连接元件时生成。在布线图中，iNet 是绘制完成的走线和形状的集合。布线图中的 iNet 完善后，可以把电路图中的连接线的所有节点连接在一起，是对电路的物理性完善。如果 iNet 版图未完善，这些连接线在版图中就显示为红色的短路线。在版图设计中，iNet 走线过程就是通过画出布线线路以完善所有的连接线，并减少版图中红色短路线的过程。iNet 结构示意图如图 19-23 所示。

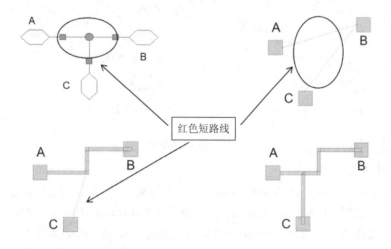

图 19-23　iNet 结构示意

在图 19-23 中，左上方是电路原理图，图中 A、B、C 3 个元件连接在一起，iNet 连接线以红色显示。右上方是未完善的版图，此时 A、B、C 元件间的 iNet 连接线以红色短路线显示。左下方版图中，只完成了一条连接 A、B 元件的 iNet 走线，共包含 3 小段。右下方是已完善的 iNet 版图，用两条走线完成了 A、B、C 元件间连接线的布线设置。

1. iNet 走线方法

直接双击版图中的红色短路线，或者选中一条短路线，点右键，选择 Draw Route，此时光标变成走线符号，iNet 所连接的全部连接面或者引脚都将高亮显示，如图 19-24(a) 所示。

点击鼠标左键可以输入走线的拐弯点(或者按 Tab 键，然后手动输入坐标)。按住 Ctrl + Shift 键，使用鼠标滚轮可以改变金属类型。点击鼠标右键，可以撤销之前的拐角。双击左键，可以结束一个小段的走线。如图 19-24(b)所示。

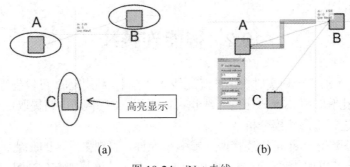

图 19-24   iNet 走线

2. 移动线段、拐角、终点

先在走线上双击左键，进入编辑状态。点击并拖动中间的菱形标识，就可以移动该段。点击并拖动拐角处的菱形标识，可以移动拐角位置。点击并拖动走线末端的菱形标识，可改变终点位置，如图 19-25 所示。

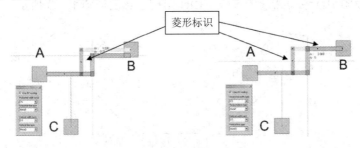

图 19-25   菱形标识

3. 编辑过孔

在过孔区上双击左键，进入编辑状态。点击并拖动菱形标识，改变过孔大小。在过孔区上点击右键，选择 Route Via Properties，打开 Via Properties 对话框，可以改变顶层和底层的金属层、过孔大小，勾选 Auto Size 项则会关闭过孔绘制。界面如图 19-26 所示。

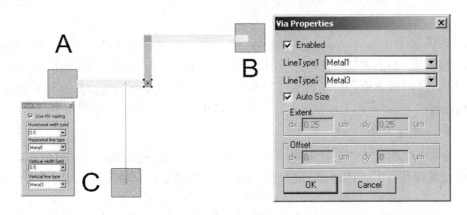

图 19-26   编辑过孔

4. 重画模式

选择一条走线，点击鼠标右键，选择 Redraw Route，则可以通过点击左键来添加更多拐角，也可以通过点击右键来移除当前拐角。走线终端的添加或移除取决于进入重画模式时更靠近哪一个终端。

5. Snap 功能

选中一条未完成的走线，选择主菜单 Edit→Snap to Fit，或者从工具栏中选择 Snap to Fit 按钮，则走线末端将会自动延伸并黏连到终端元件。如图 19-27 中的圆圈标注所示。

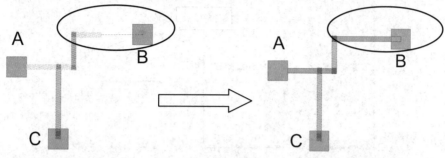

图 19-27　Snap 功能

6. iNet 短路检查

由 iNet Short Detector 实现，包含在 DRC(设计规则检查)进程中，选择 Layout→Design Rule Check，设置界面如图 19-28 所示。如果有错误，会在版图中高亮提示。

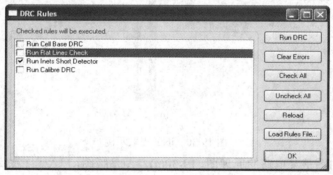

图 19-28　iNet 短路检查

iNet 走线完成后，可以在 AWR 中通过提取处理进行仿真分析，这意味着 iNet 几何模型可以作为电路的一部分，用于物理仿真分析。

对于硅设计，典型的应用是 RLCK 寄生提取，如图 19-29 所示。

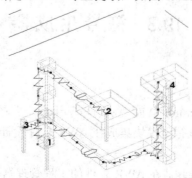

图 19-29　RLCK 寄生提取

对于微波设计(MMIC 或 PCB)，典型的应用是 ACE 提取或者电磁仿真(EMSight、AXIEM、Analyst 或源于 Vendors 的 EM 仿真)。应用 ACE 技术，可以自动从版图中识别连接线并把这些结构分解为现有模型，从而极大减少了对复杂互连线进行初步建模的时间。iNet 与 ACE 相结合的提取示例如图 19-30 所示。

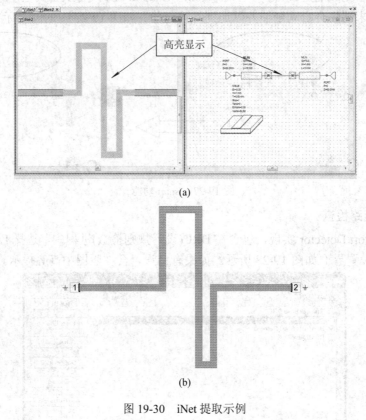

(a)

(b)

图 19-30　iNet 提取示例

图 19-30(a)右图是某电路的原理图，19-30(a)左图是版图，已经高亮显示了 iNet 连接线，图 19-30(b)就是经过提取得到的 iNet 的电磁结构图。

需要注意的是，对于每一个处理过程，iNets 都必须适当指定。对于硅和 MMIC 设计，iNets 由 PDK 指定。对于 PCB 设计，需要联系区域销售以得到 iNet 的相关 PCB 指定。

19.3　符号生成器

19.3.1　简介

符号生成器(Symbol Generator)智能模块可以基于子电路的特性，由设计者自定义子电路的符号。该智能模块集成在 AWR 软件设计环境之内，作为设计向导(Wizards)出现。

要使用符号生成器智能模块，在 AWR 软件的工程管理器树状图中找到 Wizards 节点，点击前面的"+"号展开，找到 Symbol Generator 项，

符号生成器介绍

双击，即启动符号生成器模块。相关界面如图 19-31 所示。

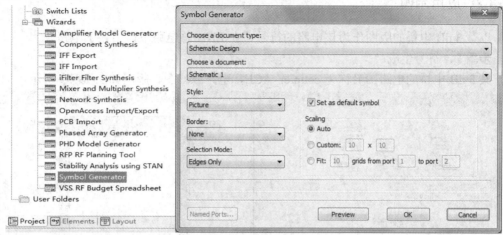

图 19-31 符号生成器界面

具体参数设置如下：

· **Choose a document type**：选择源文件的类型。通过下拉菜单选择，包括工艺元件、电磁结构、电路原理图、电路版图、系统框图等，界面如图 19-32 所示。默认类型是当前激活的窗口类型，并且该窗口类型也必须属于模块支持的类型。

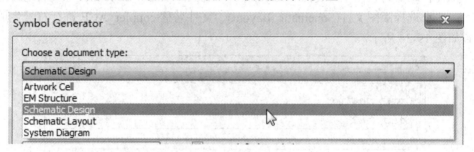

图 19-32 选择源文件类型界面

· **Choose a document**：选择要定义的源文件。

· **Style**：选择符号类型。选择 Picture 项，则生成符号和源文件的结构类似；选择 Block，则生成符号是仅包含端口的黑盒。通常选用 Picture，这样调用子电路时更为形象、直观。

· **Border**：选择符号的边界类型。None 表示没有边界；Thin 表示符号外画有一圈细的边界；Thick 表示符号外画有一圈粗的边界。通常选择 None。

· **Scaling**：对于 Picture 类型的符号，选择缩放比例。Auto 是自动缩放，基于当前电路或文件的显示尺寸，电路原理图和系统框图是 1∶1 的比例，版图按最近的两个端口间距为 10 格(grid)进行缩放，没有端口的版图按最大边长为 10 格进行缩放；Custom 为自定义大小；Fit 可指定不同端口之间的距离，以网格为单位。

· **Set as default symbol**：勾选后，该文件类型就默认在电路原理图中使用新符号。

· **Preview**：设置过程中点击该按钮，可以预览符号的形状。

设置全部完成后，点击 OK，则在工程管理器的树状图中 Circuit Symbols 节点下，将增加该符号项。

19.3.2　应用示例

以某 3 dB 电桥的版图作为该电路的符号，在 LNA 总电路中调用该子电路。

步骤 1，符号生成。

某 3 dB 电桥的电路图名称为 coupler_ACE，电路原理图、版图如图 19-33 所示。

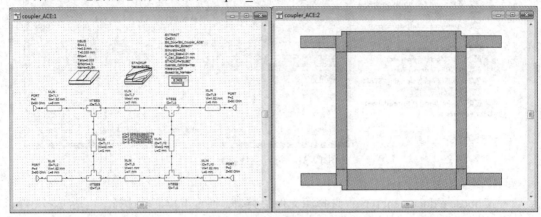

图 19-33　电路图和版图

在工程管理器树状图中，展开 Wizards 节点，双击 Symbol Generator 项，启动符号生成器模块。注意选择版图文件(Schematic Layout)、文件名称 coupler_ACE 进行符号生成，具体设置如图 19-34 所示。

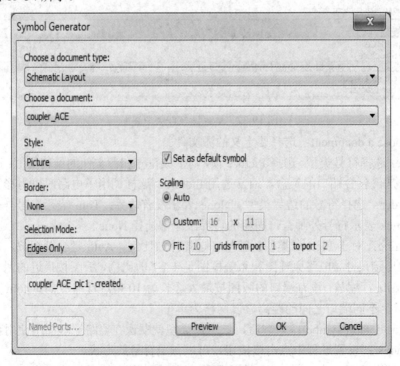

图 19-34　设置界面

设置完成后，点击 OK，则在工程管理器的 Circuit Symbols 节点下新增了 coupler_ACE_pic

项。双击该项，即可看到该模型，如图 19-35 所示。

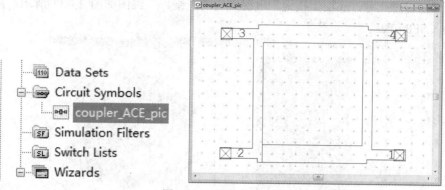

图 19-35　新的符号项

步骤 2，调用子电路。

在一个 LNA 总电路中调用 coupler_ACE 子电路，总电路原理图如图 19-36 所示，此处只做结构性示意。

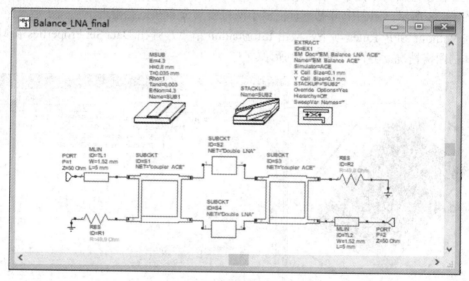

图 19-36　总电路原理图结构示意

从图 19-36 中可以看出，3dB 电桥以版图形式的符号显示，总电路结构因此更加直观、形象。

说明：除了可以应用 Symbol Generator 自动生成电路符号，也可以选择 Project→Circuit Symbols→Add Symbol，自行手动创建符号，但过程会更加繁琐。

19.4　图形预处理

图形预处理(Shape Pre Processing，SPP)功能可以减少电磁仿真时的网格剖分数量，从而加快仿真速度。具体方法是通过设置图形预处理规则(SPP rules)实现简化、合并部分网格，且不影响电磁仿真的精度。

　　例如，建立一个进行 AXIEM 仿真的电磁结构，命名为 Without_SPP_Rules，顶层有微带线、焊盘、过孔等，底层为接地。电磁结构的二维、三维图如图 19-37 所示，注意此时没有加入 SPP rules。

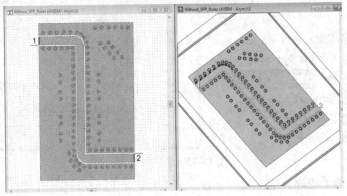

图 19-37　电磁结构图

　　在工程管理器树状图中，在该电磁结构项上点击右键，选择 Mesh，进行网格剖分，结果如图 19-38 所示。由图中可见，有很多小网格密集分布在过孔附近，加大了运算量。

　　在 Without_SPP_Rules 项下，双击 Information 节点，弹出 Data Set Properties 窗口，查看具体的网格情况。界面如图 19-39 所示。

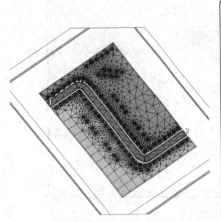

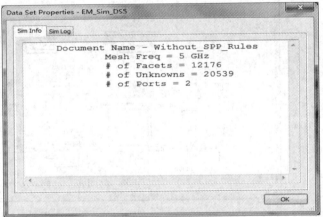

图 19-38　网格剖分图　　　　　　　　图 19-39　Data Set Properties 窗口

　　由图 19-39 可见，当前网格剖分的未知量(unknows)有 20 539 个，未知量较多。

　　加入 SPP rules：复制该电磁结构，重命名为 With_SPP_Rules。双击该项下的 **Enclosure** 节点，弹出 Elements Options 对话框，点击 Rules 标签，输入 SPPrules。SPP Rules 文本如图 19-40 所示。

　　SPP Rules 文本说明如下：

- ！之后的代码为注释，不是规则语句。
- LENGTH_UNITS um：长度单位，为 μm。
- REMOVE_VIA_PADS 3.0000 1：设置可移除的焊盘尺寸，焊盘/过孔的最大值为 3.0000，1 表示允许移除厚度为 0 的焊盘。

- MERGE_VIAS 1200：将距离为 1200 的过孔连接在一起。
- DECIMATE_MIN_EDGE 500：移除边长小于 500 μm 的图形。

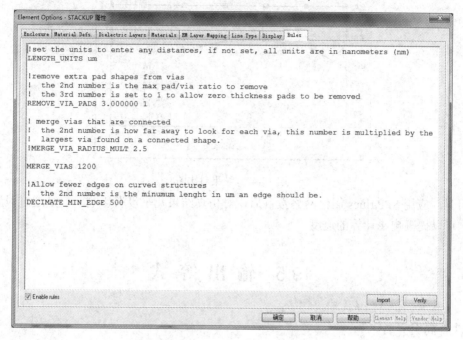

图 19-40　SPP Rules 文本

SPP rules 设置完成后，在 With_SPP_Rules 项上点击右键，选择 Mesh，查看此时的网格剖分情况，结果如图 19-41(a)所示。可知，此时的网格数量已经比之前明显减少，尤其是小网格，大都已经合并在了一起。再在 With_SPP_Rules 项下的 Information 节点上双击，查看具体网格情况，如图 19-41(b)所示。可以看到，此时未知量(unknows)为 2851 个。

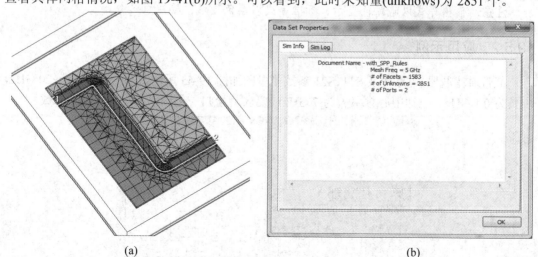

(a)　　　　　　　　　　　　　　　　　(b)

图 19-41　网格剖分与网格信息

由此可见，采用 SPP rules 后，网格数量减少为原来的 1/10。再对这两个电磁结构进行仿真分析，结果对比图如图 19-42 所示。

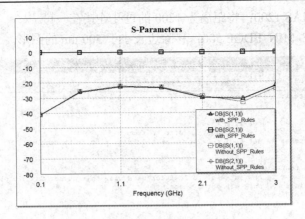

图 19-42　结果对比图

可见，应用 SPP rlues 简化网格数目后，对仿真结果几乎没有影响。但是通过设置 SPP rules，可以提高电磁计算的速度。

19.5　输　出　等　式

19.5.1　简介

输出等式(Output Equations)可以将测量结果指定为一个变量，从而可以在其他等式或测量中继续使用该变量。通过输出等式功能，可以实现对测量数据的后处理，也可以自定义新的测量项。一个工程可以包含多种输出等式文件，每个都可包含多种输出等式和标准等式(Standard Equations)。输出等式即指一种文件类型，也指能添加到这些文件里的等式类型。

注意：输出等式以暗绿色显示，标准等式以黑色显示，要注意区分。

19.5.2　应用示例

某带通滤波器，电路图及 S11、S21 参数测量图如图 19-43 所示，扫频范围为 1～20 GHz，步长为 0.1 GHz。已知中心频率 f_0 为 7 GHz，要求测量归一化频率 f/f_0 时的 S21 参数。

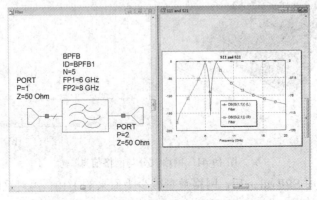

图 19-43　示例带通滤波器电路及其参数

1. 新建输出等式

在工程管理器树状图中找到 Output Equations 节点，点击右键，选择 New Output Equations，弹出对话框，将输出等式命名为 Output Equations，点击 Creat，则在 Output Equations 节点下新增一项，名为 Output Equations。界面如图 19-44 所示。

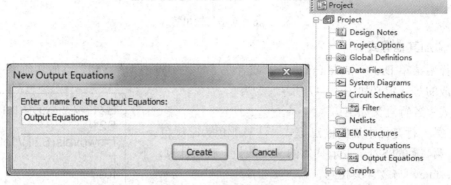

图 19-44　新建输出等式界面

2. 设置输出等式

此时在右侧区域已经自动激活输出等式窗口。选择主菜单 Draw→Add Output Equation，或者在工具栏中点击 ⌷ 按钮，则弹出对话窗，参数设置与测量图的测量项类似，仅多了一项定义 Variable Name(变量名称)，输入 S21，其他参数如图 19-45 所示。设置完成后，点击确定，并放置文本。

图 19-45　输出等式设置

小技巧：也可以不打开设置窗口，在工程管理器树状图中，选中已有的 S21 测量项，左键点击将其拖放进右侧输出等式窗口并放置，则自动添加该测量项的输出等式。默认的名称为 EQ1，此处更改为 S21。

设置完成的输出等式如图 19-46 所示，即将 S21 参数的测量结果定义为参数 S21。由测量图可知，该参数应该是对应 1～20 GHz 扫频范围内各个频率点所对应的一组 S21 数据。

$$S21 = Filter:DB(|S(2,1)|)$$

图 19-46　新增的输出等式

3. 添加其他等式

选择主菜单 Draw→Add Equation，或者在工具栏中点击 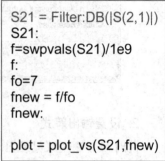 按钮，添加其他等式定义。最终完成的等式定义如图 19-47 所示。

等式中各行意义如下：

- 第一行是已添加的输出等式，注意颜色为暗绿色。
- 第二行的 S21：表示具体的 S21 数值，有待计算，下面的 f:、fnew: 与之含义相同。
- 第三行表示将 S21 的扫描频率除以 10^9，即除掉 GHz 单位。
- 第五行即定义中心频率 fo 为 7(GHz 已略去)。
- 第六行将归一化频率 f/f_o 定义为参数 fnew。
- 最后一行将两个变量 S21、fnew 的关系图定义为 plot。

注意除了第一行，其他行均为标准等式，颜色为黑色。

```
S21 = Filter:DB(|S(2,1)|)
S21:
f=swpvals(S21)/1e9
f:
fo=7
fnew = f/fo
fnew:

plot = plot_vs(S21,fnew)
```

图 19-47　最终等式定义

4. 添加测量图

添加一个新的测量图，测量 plot 参数，具体设置如图 19-48 所示。

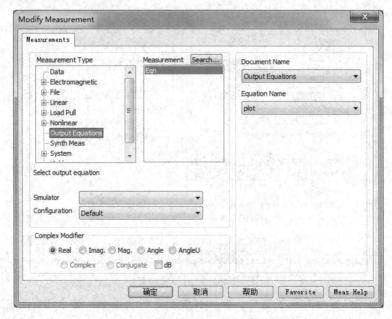

图 19-48　测量 plot 参数设置

重新分析电路，测量结果如图 19-49 所示。

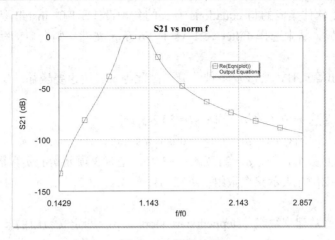

图 19-49　测量结果

这样便得到了归一化频率 f/f_0 条件下的 S21 参数值。此时的输出等式结果如图 19-50 所示。可以看到具体的 S21、fnew 参数的数值。

```
S21 = Filter:DB(|S(2,1)|)
S21: { -137.1,-132.8,-128.8,-125.1,-121.6,-118.3,-115.2,-112.3,-109.5,-106.8,-104.1,-101.6,-99.16,-96
f=swpvals(S21)/1e9
f: { 1,1.1,1.2,1.3,1.4,1.5,1.6,1.7,1.8,1.9,2,2.1,2.2,2.3,2.4,2.5,2.6,2.7,2.8,2.9,3,3.1,3.2,3.3,3.4,3.5,3.6,3.
fo=7
fnew = f/fo
fnew: { 0.1429,0.1571,0.1714,0.1857,0.2,0.2143,0.2286,0.2429,0.2571,0.2714,0.2857,0.3,0.3143,0.32

plot = plot_vs(S21,fnew)
```

图 19-50　输出等式结果

本应用示例的工程文件可在 AWR 官网下载，网址为 https://awrcorp.com/download/ kb.aspx?File=/13_Examples/Filter_S21_vs_F_Fo.emz。也可以从主菜单选择 File→Open Example，弹出新窗口，界面如图 19-51 所示，在底部的文本框输入 equations mwo，则会

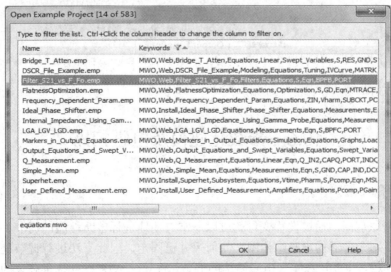

图 19-51　打开示例的工程文件

在上方显示 AWR 软件集成的与 equations 有关的各种设计示例。Install 是安装在本地的工程，Web 是网页版。从中选择 Filter_S21_vs_F_Fo.emp 文件，则会启动默认浏览器，自动链接到前述网址。

在自定义输出等式时，会涉及多种计算，因此等式表达也要遵循一定的语法规则，主要如下：

- 变量可以是实数或者复数，如：$d = 30.2-5.1*j$。
- 变量可以是字符，如：mystring= "this is a string"。
- 变量可以是数组，如：$a = \{1.2, 4.1, -3.2\}$，是有 3 项元素的实数数组；$a[2] = 4.1$，表示第 2 项元素；$a[*]$ 表示整个数组；$A[\{2, 3\}] = \{4.1, -3.2\}$，是由 a 的第 2、3 项构成的新数组。
- 通过内置函数建立数组：stepped(start, stop, step)，即定义数组的起始、终止、步长。例如：

$A = $ stepped$(3, 6, 1) = \{3, 4, 5, 6\}$，即从 3 到 6，以 1 递增的数组，即 $\{3, 4, 5, 6\}$；

$B = $ stepped$(4, 8, 2) = \{4, 6, 8\}$，即从 4 到 8，以 2 递增的数组，即 $\{4, 6, 8\}$；

若 $C = \{2, 4, 6, 8, 5, 3, 1\}$，则 $D = C[$ stepped$(2, 6, 2)] = \{4, 8, 3\}$，即从 C 的第 2 项开始，到第 6 项结束，以 2 递增的各个元素，构成新的数组 D，即为 $\{4, 8, 3\}$。

- 各种扫描函数：

指定扫描点数：points(start,stop,points)，swplin(start, stop, points)，swpdec，swpoct 等。

指定扫描范围：swpspan(center, span, points)，即扫描中心、跨度、点数。

指定扫描步长：swpspanst(center, span, step)，即扫描中心、跨度、步长。

另外，当有多个输出等式时，AWR 软件是按照等式的位置顺序进行仿真计算，即从上向下，从左到右，依次序定义。因此，在编辑输出等式时，必须要注意等式的位置顺序。比如前述示例中，如果将"S21:"放到第一行，则仿真就会报错，如图 19-52 所示。无法计算 S21 参数的数值，因为按照此排列顺序，S21 还未定义。

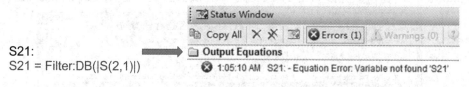

图 19-52　仿真报错

19.6　参数化建模及电磁扫描

19.6.1　简介

对于电路原理图，通过设置变量就可以非常方便地进行电路性能的调节、扫描、优化等计算分析。对于普通的电磁结构图，几何尺寸已固定，因此无法进行调节处理。但是，通过参数化建模，也就可以实现电磁结构的调节、优化。AWR 软件提供强大的技术支持以进行电磁结构的参数化处理，从而实现以下功能：

- 通过扫描一个电磁结构的多种几何尺寸，生成一个基于电磁的模型；
- 通过仅仿真分析工程里需要的几何尺寸，生成一个基于电磁的模型；
- 不使用提取流程，就能优化一个电磁结构；
- 不使用提取流程，就能分析一个电磁结构的成品率。

有三种不同的技术适用于一个完整的参数化电磁文档，包括：

- 在 STACKUP 中定义变量，利用等式进行电磁结构中的任何介质或材料的参数化；
- 使用形状调节器(Shape Modifiers)参数化电磁结构的几何尺寸；
- 使用 pCells 参数化电磁结构的几何尺寸。

注意： 参数化设置只适用于对电磁结构进行 AXIEM 或 Analyst 仿真分析时。

在对电磁结构进行先进的参数化处理时，明确 AWR 软件中电磁原理图(EM Schematic)的概念非常重要。类似于电路原理图有对应的版图视图，每个电磁文件也有等效的原理图视图。通常情况下，设计者并不需要访问这个原理图。但是，在参数化处理一个几何模型时，电磁原理图就能够极大地简化处理过程。

要访问电磁原理图，先激活电磁结构图窗口，从主菜单选择 View→View Schematic，或者在工具栏点击 ▣(View EM Schematic)按钮，则打开电磁原理图界面，如图 19-53 所示。

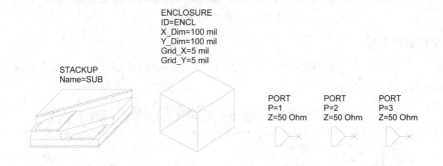

图 19-53　电磁原理图

一个未编辑过的电磁原理图通常就包括这几项基本元件。如果电磁结构是通过提取而创建的，原理图中还会有 EXTRACT 模块。STACKUP 模块和 ENCLOSURE 模块可以直接编辑，注意这两个模块必须存在且只能各有一个，否则会报错。在电磁结构中增加端口时，电磁原理图中也会自动添加。注意不能在电磁原理图中添加、移除或编辑端口，只能在电磁结构中添加。

19.6.2　应用示例

建立一个 Y 形结的电磁结构，对线宽进行参数化建模，进行电磁扫描，分析 S 参数。

参数化建模和电磁扫描

1. 新建电磁结构

在工具栏点击 ▤ 按钮，在弹出的窗口中输入电磁结构名称 Y_Junction，仿真器选择 AWR AXIEM，设置界面如图 19-54 所示，则在工程管理器树状图的 EM Structures 节点下新增 Y_Junction 项。

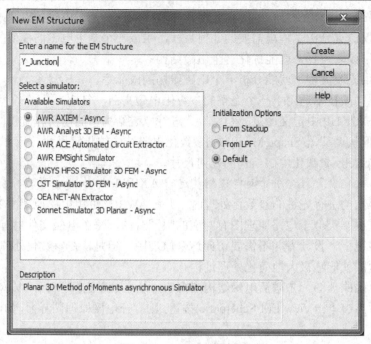

图 19-54　新建电磁结构

2. 设置边界条件

点击 "+" 号展开 Y_Junction 项，双击其下的 Enclosure 项，设置各项边界条件，各标签页的具体设置如图 19-55 所示。

(a)

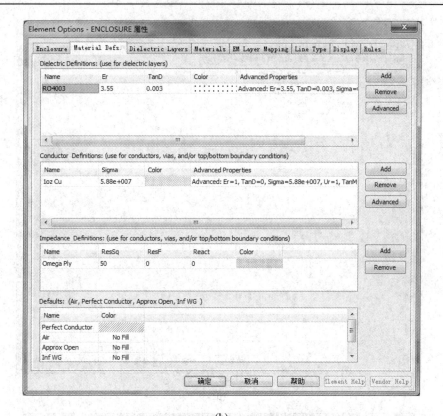

(b)

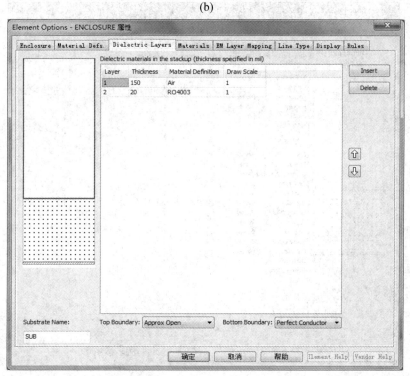

(c)

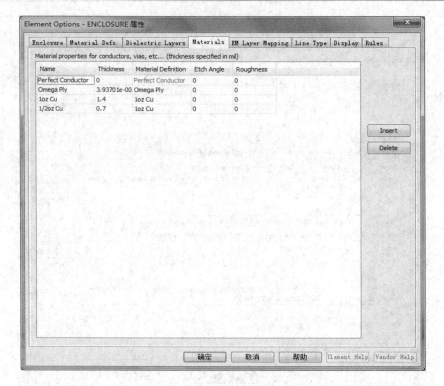

(d)

(e)

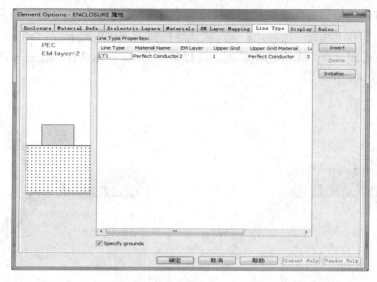

(f)

图 19-55 设置边界条件

3. 绘制 Y 形结

点击左下方的 Layout 标签,进入版图管理器。选择 Drawing Layers 中的 Copper 层,则 EM Layers 标签中依次为 2、1oz Cu、Conductor,如图 19-56 所示。

选择菜单 Draw→Rectangle,开始绘制。不要点击鼠标,按 Tab 键,输入起点 0、0,再按 Tab 键,输入 200、50,即绘制一个长为 200 mil、宽为 50 mil 的矩形。具体界面如图 19-57 和图 19-58 所示。

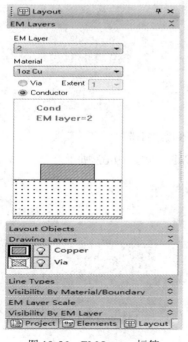

图 19-56 EM Layers 标签

图 19-57 矩形参数

图 19-58 绘制矩形

用相同方法绘制另外两条微带线，尺寸为 200 mil × 25 mil。点左键选中一条窄微带线，再点击右键，选择 Rotate，旋转，3 条微带线连接如图 19-59 所示。

按 Ctrl + A 键，选中所有的微带线，选择菜单 Draw→Modify Shapes→Union，组合后的结构如图 19-60 所示。

图 19-59　连接微带线　　　　　　　　　图 19-60　组合微带线

4. 参数化设置

分别对 3 条微带线的宽度进行参数化设置。先选中微带线，选择主菜单 Draw→Parameterized Modifiers→Edge Length，将光标移动到 Y 形结最左侧的末端，当出现标识符号时点击左键，再将光标向外侧扩展移动，再次点击左键放置，即添加了边沿长度编辑器，可以用来定义线宽，如图 19-61 所示。

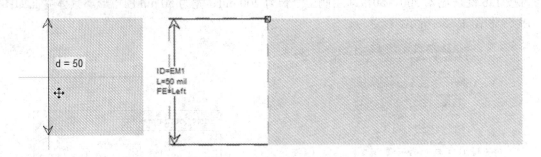

图 19-61　添加边沿长度编辑器

双击长度编辑器，将长度数值 50 改为变量 W1，如图 19-62 所示。

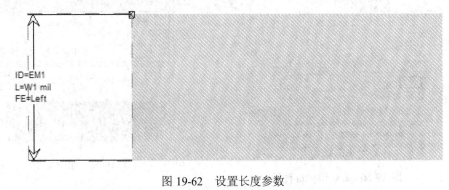

图 19-62　设置长度参数

将另外两条微带线的线宽分别设为 W2、W3，如图 19-63 所示。

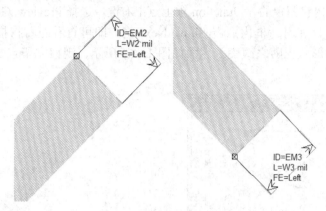

图 19-63　设置其他长度参数

5. 定义变量及扫描模块

选择主菜单 View→View Schematic，打开电磁原理图；选择主菜单 Draw→Add Equation，分别设置 W1、W2、W3 变量等式；按 Ctrl + L 键，输入 SWP，选择 SWPVAR 模块并添加，共添加三个扫描变量模块，具体参数设置如图 19-64 所示，即 W1 可取 40、50、60，W2、W3 均可取 20、25、30。

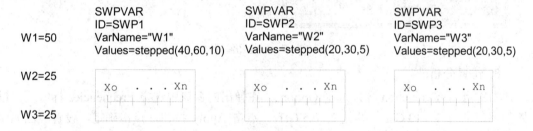

图 19-64　添加扫描变量模块

6. 添加端口

返回电磁结构图，选中微带线，选择菜单 Draw→Edge Port，分别在 Y 形结的 3 个末端添加边缘端口。最终完成的 Y 形结的二维、三维电磁结构如图 19-65 所示。

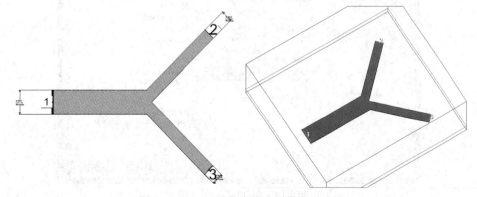

图 19-65　Y 形结的二维、三维电磁结构

7. 预览几何尺寸

在工程管理器树状图中的 Y_Junction 项上点击右键，选择 Preview Geometry，则打开预览几何尺寸窗口，在对话框内点击 Show Next 键，即可查看随着扫描参数(线宽)的改变，Y 形结的几何形状也随之改变。界面如图 19-66 所示，观察完毕点击 Close，关闭预览窗口。

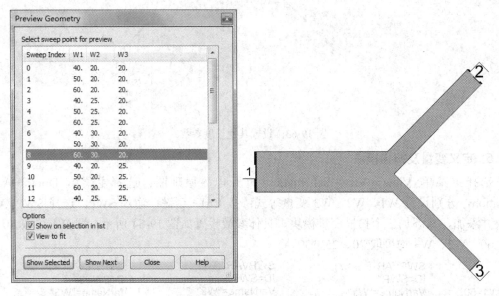

图 19-66　预览几何尺寸

8. 仿真分析

右键点击 Y_Junction 项，选择 Options，在弹出的窗口中选择 Frequencies 标签页，设置频率范围为 1～10 GHz，步进为 0.5 GHz，点击 Apply 按钮，点击确定，设置界面如图 19-67 所示。

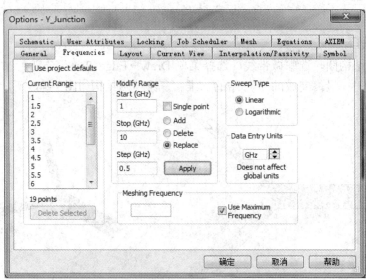

图 19-67　设置频率范围

添加一个矩形测量图，测量 S21 参数，3 个扫描变量模块都设为 Select with tuner，设置如图 19-68 所示。

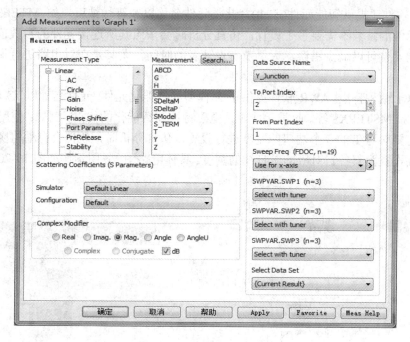

图 19-68　添加 S21 测量项

同理再添加 S31 测量项。设置完成后，按 F8 键，分析特性。在工具栏点击 Tune 按钮，结果如图 19-69 所示。

改变变量调节器 W1、W2、W3 的滑块位置，测量结果将会同步变化。

通过本例可知，利用参数化设置及变量扫描，可以很方便地观察一个电磁结构在不同结构参数时的特性变化情况。

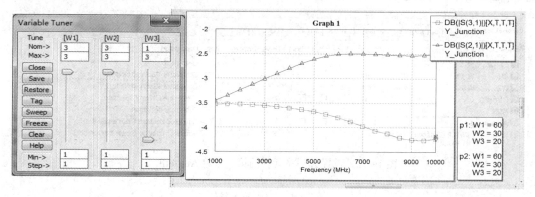

图 19-69　测量结果

19.7　X 模型元件和智能元件 iCells

除了普通的微波元件，AWR 软件还提供基于电磁的 X 模型元件(X-model)，此类元件名称以 X 符号结束，如 MTEEX、MSTEPX 元件等。X 模型元件在仿真计算时比普通微波元件的电磁特性更加精确。

　　AWR 软件还提供智能元件(iCell)，此类元件名称以 $ 符号结束，如 MTEE$、MLIN$等。智能元件的参数不需要手工设置，仿真分析时会按照其所连接元件的参数值进行自动设置。智能元件可以减少错误，大量节省设计者的时间，尤其是在对电路进行调节、优化的阶段。

　　结合以上两种特点，AWR 软件提供了 X 模型的智能化元件，元件名称以 X$ 符号结束，如 MTEEX$、MSTEPX$ 等。此类元件兼具电磁特性和智能化的优点。例如：使用 MTEEX$元件，不需要对魔 T 的 3 个端口的宽度进行设置，仿真分析时，软件会自动将魔 T 的 3 个端口的宽度设置为其各自对应的微带线的宽度。具体电路图、版图示例如图 19-70、图 19-71所示。

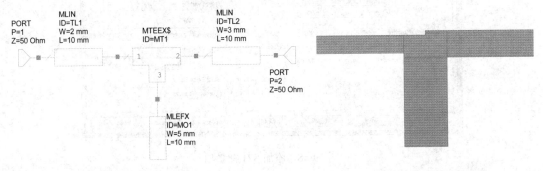

　　　　　图 19-70　电路图示例　　　　　　　　　　　　　图 19-71　版图示例

　　由版图中可以看出，魔 T 的 3 个端口宽度自适应设置，与其所连接的微带线宽度一致。

　　需要注意的是，X 模型元件有频率和宽度等使用范围限定。若模型需要的数据在已有的数据表之外，可以设置 X 模型的第二参数 AutoFill 为 1，就可以自动填充已有的数据库，设置界面如图 19-72 所示。

Parameters	Statistics	Display	Layout	Model Options	Vector					
Name	Value	Unit	Tune	Opt	Limit	Lower	Upper	Step	Description	
ID	MS1								Element ID	
W1	W@1	mm							Conductor Width @ Node 1	
W2	W@2	mm							Conductor Width @ Node 2	
Offset	0	mm	☐	☐	☐	0	0	0	Centerline Offset Dimension	
MSUB									Substrate definition	
AutoFill	1		☐	☐	☐	0	0	0	AutoFill DataBase if not equal to 0	
SimName	"AWR.MWOffice.EMSightIP"								Simulator used to create the X-Model	

图 19-72　设置 X 模型元件的第二参数 AutoFill

19.8　器件库安装

　　AWR 软件支持在线器件库文件。打开 AWR 软件，激活元件管理器界面，在左侧树状图中展开 Circuit Elements→Libraries→AWR web site，可以看到在线器件库的分类，如图19-73 所示。

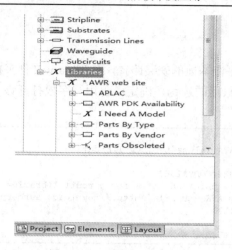

图 19-73　在线器件库文件

选择适当的分类，就可查看并使用需要的器件库元件。在线器件库的优势是不需要本地安装，不占用本地存储空间，同时元件库更新也比较及时。

19.8.1　本地器件库安装

除了在线器件库，AWR 软件也支持本地器件库。本地器件库并没有打包在 AWR 软件的安装包中，需要另行下载、安装，且需要自定义相关文件。本地库的优点是查看、使用方便，不受网络的影响，不足之处就是器件库需要手动更新。安装方法如下：

1. 下载器件库

可以在 AWR 软件的官网注册、下载，也可以在器件供应商的网站下载。AWR 软件官网提供的本地库压缩包一般是 exe 文件，下载后可直接双击解压缩。

2. 安装器件库

以 AWRV13 版本为例，可以在 AWR 官网下载器件库，库文件名为 VENDOR_LOCAL_13_0.exe。双击该库文件，安装。安装过程其实就是解压缩，解压路径不需要与 AWR 软件的安装路径一致，可以是本机的任意位置，此处是解压到 D 盘根目录，点击 Unzip，解压，具体界面如图 19-74 所示。

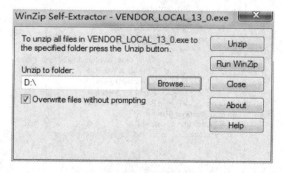

图 19-74　安装器件库

解压缩完成后，即在 D 盘新生成 xml_local 文件夹，可将其更名为 13.0_local。点击 Close

关闭解压窗口。

3. 定义库文件

打开 AWR V13 主程序在本地的安装路径，在 Library 文件夹内找到 lib.xml 文件，先点击右键，选择属性，去掉只读的选钩，确定；再用写字板打开该 xml 文件，当前内容如图 19-75 所示。

```
<?xml version="1.0"?>
<XML_COMPONENT_DATA xmlns="urn:awr-lib-data">

    <COPYRIGHT>AWR</COPYRIGHT>
    <SUMMARY>Entry point XML file for circuit libraries</SUMMARY>
    <FILE Name="* AWR web site">http://downloads.awrcorp.com/weblibs/13_
0/top_v13.xml</FILE>

</XML_COMPONENT_DATA>
```

图 19-75　打开 lib.xml 文件

要定义本地器件库，需要在 FILE 语句后再加入一条 FILE 语句，指定库文件位置，如下所示：

<FILE Name="Vendor Local">D:\13.0_local\top_v13_local_MWO.xml</FILE>

添加后的界面如图 19-76 所示。

```
<?xml version="1.0"?>
<XML_COMPONENT_DATA xmlns="urn:awr-lib-data">

    <COPYRIGHT>AWR</COPYRIGHT>
    <SUMMARY>Entry point XML file for circuit libraries</SUMMARY>
    <FILE Name="* AWR web site">http://downloads.awrcorp.com/weblibs/13_
0/top_v13.xml</FILE>
    <FILE Name="Vendor Local">D:\13.0_local\top_v13_local_MWO.xml</FILE>

</XML_COMPONENT_DATA>
```

图 19-76　添加指定库文件位置语句

点击保存，关闭写字板。将 lib.xml 文件的属性改回只读，也可不改，方便后续编辑。

4. 查看本地库

重新启动 AWR 软件，激活元件管理器界面，在 Libraries 项下，除了在线库文件，又新增了 Vendor Local 库(见图 19-77)，本地库的元件分类与在线库文件相同。

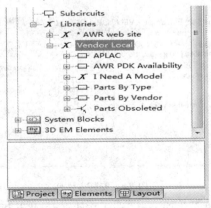

图 19-77　添加本地库文件

说明：由于器件库是由各个器件供应商提供的，因此 AWR 软件不保证元件库的精准性。

19.8.2　Murata 器件库安装

Murata 器件库在微波/射频电路中有非常广泛的使用，可以下载最新的库文件拷贝至已有的本地库文件夹内，覆盖、替换旧的 Murata 库。此处介绍另一种方法，将 Murata 库单独拷贝至 AWR 软件的安装文件夹内，并单独定义库文件。步骤如下：

(1) 在 Murata 官网下载适用于 AWR 软件的器件库，一般为 zip 文件，解压缩至本地文件夹。

(2) 找到 AWR 主程序在本地的安装路径，并打开 Library 文件夹，具体路径为 C:\Program Files (x86)\AWR\AWRDE\13\Library。

(3) 将已解压缩的 Murata 文件夹完整拷贝至 Library 文件夹内，如图 19-78 所示。

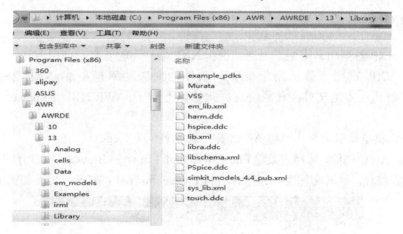

图 19-78　拷贝文件夹

(4) 编辑 Library 文件夹内的 lib.xml 文件，用写字板打开，在倒数第二行再添加一个 FILE 语句：

<FILE Name="Murata">C:\Program Files (x86)\AWR\AWRDE\13\Library\Murata\parts.xml</FILE>
界面如图 19-79 所示。点击保存，关闭写字板。

```
<?xml version="1.0"?>
<XML_COMPONENT_DATA xmlns="urn:awr-lib-data">

    <COPYRIGHT>AWR</COPYRIGHT>
    <SUMMARY>Entry point XML file for circuit libraries</SUMMARY>
    <FILE Name="* AWR web site">http://downloads.awrcorp.com/weblibs/13_
0/top_v13.xml</FILE>
    <FILE Name="Vendor Local">D:\13.0_local\top_v13_local_MWO.xml</FILE>
    <FILE Name="Murata">C:\Program Files (x86)\AWR\AWRDE\13\Library\Murata
\parts.xml</FILE>

</XML_COMPONENT_DATA>
```

图 19-79　编辑 lib.xml 文件

(5) 重启 AWR 软件，打开元件管理器界面，在 Libraries 项下就已新增了 Murata 库，界面如图 19-80 所示。

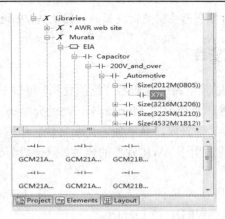

图 19-80　Murata 库已经添加

19.8.3　NXP 器件库安装

本节以 NXP 射频功率模型库为例，说明 NXP 器件库的安装、使用方法。

(1) 在 NXP 官网下载适用于 AWR 软件的射频功率模型库 NXP_RFpower_Lib_V09p0.zip，解压至本地文件夹任意位置，此处解压至 D:\AWR\NXP_RFpower_Lib_V09p0 文件夹。

注意：此模型库仅适用于 APLAC 仿真，温度单位为 DegC。

(2) 启动 AWR 软件，选择主菜单 File→New With Library→Browse，在打开的窗口中选择库文件的放置路径，展开文件夹，选择 NXP_RFpower.ini 文件，打开，界面如图 19-81 所示。

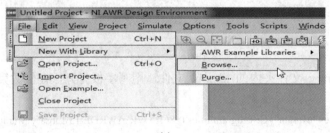

(a)

(b)

图 19-81　选择库文件的放置路径

(3) 激活元件管理器界面,在 Libraries 项下已新增 *NXP RFpower 库,如图 19-82 所示。

图 19-82　已新增 *NXP RFpower 库

(4) 若已有一个工程文件,要添加 NXP 库,则选择主菜单 Project→Process Library→ Add/Remove Library…,界面如图 19-83 所示。

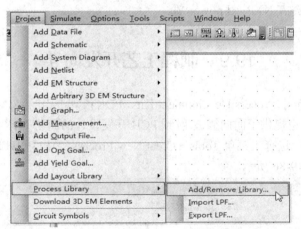

图 19-83　已有工程文件添加库文件

在新打开的窗口中,若已有低版本的 NXP 库文件,则需点击 Remove 按钮,先移除。 再点击 Add 按钮,添加库,界面如图 19-84 所示。

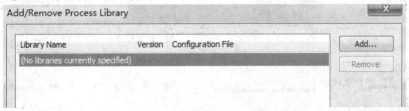

图 19-84　先移除低版本的 NXP 库文件

在新开窗口中,若有合适的库文件,可以直接选择,此处选择 NXP_RFpower 9.0 即可; 若没有,则点击 Browse 按钮,选择 NXP 库文件的放置路径,展开文件夹,选择 NXP_RFpower,点击 OK,界面如图 19-85 所示。

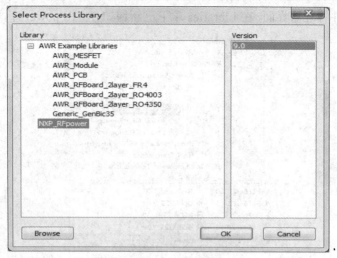

图 19-85　选择 NXP 库文件

打开元件管理器界面，在 Libraries 项下也就添加了 NXP RFpower 库。

说明：指定过 NXP RFpower 库后，下一次再运行 AWR 软件时，主菜单 File→New With Library 的列表里就会有 NXP_RFpower 项。

19.9　制程工艺开发向导

制程工艺开发向导(Process Development Kits，PDK)主要应用于 MMIC 和 LTCC 电路设计，AWR 软件同时也提供了面向微波/射频 PCB 开发设计的简易 PDK。

启动 AWR 软件，选择主菜单 Tools→Creat New Process，弹出新窗口，点击 Create Layers 按钮后，界面如图 19-86 所示。

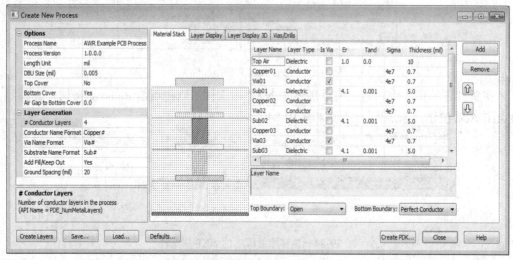

图 19-86　Creat New Process 窗口

在左侧窗口重新对板材进行定义，在 Material Stack 标签页中只保留 Top Air、Copper01、Via01、Sub01 层，其他的多余层依次选中后，点击 Remove 按钮全部移除。重新定义后的各项设置如图 19-87 和图 19-88 所示。

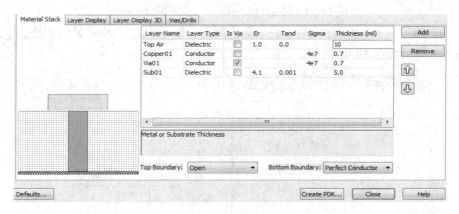

图 19-87　重新对板材进行定义

图 19-88　重新定义后的 Material Stack 标签页

点击 Create PDK...按钮，选择保存路径，保存该 PDK 的属性文件 NEW PDK.ini。随后，在 AWR 设计环境中，软件会自动生成二维、三维版图，并自动激活至版图管理器界面，在左侧的 Layout Objects 窗口内，已自动添加了 NEW PDK.lpf 项和 AWR_PCB_VIA 项，即该 PDK 所定义的 lpf 文件和单元库文件。同时，工程文件也已自动命名为 NEW PCB_Test.emp。界面如图 19-89 所示。

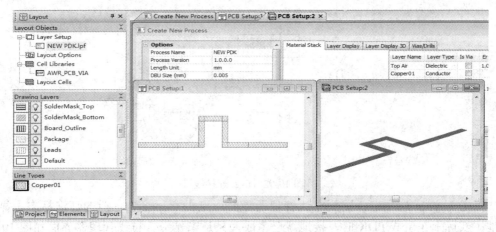

图 19-89　PDK 创建完成界面

激活工程管理器,可以看到在 Global Definitions 节点下新增了两项,如图 19-90 所示。

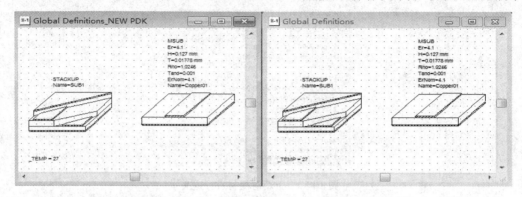

图 19-90 Global Definitions 节点下新增了两项

软件自动生成了电路原理图 PCB Setup,用来查看所生成的 PDK 是否正确。电路图、二维版图的对比如图 19-91 所示。

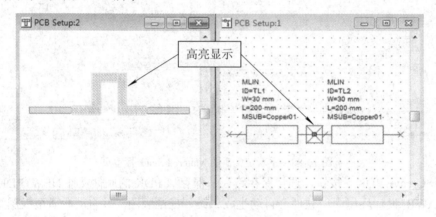

图 19-91 电路图和版图

注意图中高亮部分是两个 MLIN 元件的连接点,即 iNet。可以将元件再向两边移动一段距离,iNet 连接线将会显示得更加清楚。界面如图 19-92 所示。

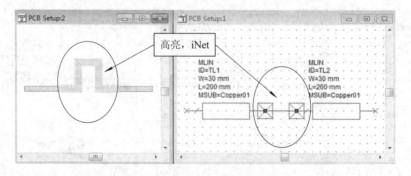

图 19-92 iNet 连接线

点击 Layout 选项卡,回到布线管理器界面,点击 Copper01+ 前的灯泡标志,显示接地。实际上在生成 PDK 时,接地就已生成,只是未显示。布线管理器界面如图 19-93 所示。

图 19-93　布线管理器

二维、三维版图如图 19-94 所示。

图 19-94　二维版图和三维版图

可以看到，版图的大面积铺地已经定义，铺地缝隙即是按照 PDK 定义的 20 mm。

如果还要进行电磁仿真，可以先完善端口，再另行添加电磁提取器，对电路图中的 MLIN 元件、iNet 连接线进行电磁提取。版图中的铺地也可以进行电磁提取，需要激活二维版图窗口，选中铺地，点击右键，选择 Shape Properties，在弹出的窗口中勾选 Enable 项，即允许电磁提取。设置界面如图 19-95 所示。

图 19-95　允许电磁提取

执行提取后,即可得到该电路图的电磁结构图。经过 Mesh 网格分析后,结果如图 19-96 所示。

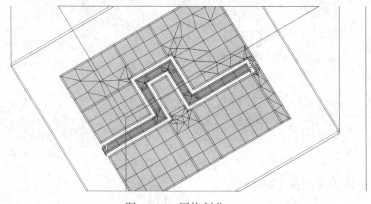

图 19-96　网格剖分

19.10　设计规则检查

设计规则检查(Design Rule Checking,DRC)主要应用于 MMIC 设计,可以在激活的布线窗口内检查各种设计规则。在分层设计中,当从顶层运行 DRC 时,所有层级都会被检查。DRC 也可以只在分层的较低层运行,只需将较低层激活为版图视窗。

要打开 DRC 对话窗,需要在版图浏览时,选择 Verify→Design Rule Check。

对版图运行 DRC 时,可以进行若干种类检查:

- 基于单元的检查:对参数化的布线单元设置程序规则。
- 短路线检查:检查布线中的任何短路线(即连接线),指出没有放置在一起的布线。
- 基于矩形的检查:对于由版图的 Flat 版本生成的矩形,提供规则设置(Flat 指分层设计的所有层级的矩形都被扁平到了分层结构的一个层级上)。

通过 DRC 对话框,可以加载已保存的规则文件、编辑规则文件、运行所有的检查规则或者只运行选择的规则、取消所有规则、在完整版图上运行 DRC、在区域内运行 DRC、运行第三方 DRC 引擎等。DRC 中还包括版图、原理图一致性检查(LVS)等技术。

除了内建的 DRC 功能,还可以从 AWR 软件环境运行第三方 DRC 引擎,比如 Calibre、Assura、开源的 ICED 等,进行版图验证,检查出的错误将显示在 AWR 的状态窗口中。

19.11　负载牵引

负载牵引(Load Pull)是微波/射频电路设计中经常使用到的技术,在 AWR 设计环境中完全支持。具体使用方法可参考 AWR 软件自带的 Help 文档。